R. Krumm / Internationale Umweltpolitik

Springer
*Berlin
Heidelberg
New York
Barcelona
Budapest
Hongkong
London
Mailand
Paris
Santa Clara
Singapur
Tokio*

Raimund Krumm

Internationale Umweltpolitik

Eine Analyse
aus umweltökonomischer Sicht

Mit 17 Abbildungen

Raimund Krumm
Im Rotbad 26
72076 Tübingen

Die Deutsche Bibliothek – CIP-Einheitsaufnahme
Krumm, Raimund:
Internationale Umweltpolitik: eine Analyse aus umweltökonomischer Sicht/Raimund Krumm. – Berlin; Heidelberg; New York; Barcelona; Budapest; Hongkong; London; Mailand; Paris; Santa Clara; Singapur; Tokio: Springer, 1996
  Zugl.: Tübingen, Univ., Diss., 1995

ISBN-13: 978-3-642-80052-8   e-ISBN-13: 978-3-642-80051-1
DOI: 10.1007/978-3-642-80051-1

Dieses Werk ist urheberrechtlich geschützt. Die dadurch begründeten Rechte, insbesondere die der Übersetzung, des Nachdrucks, des Vortrags, der Entnahme von Abbildungen und Tabellen, der Funksendung, der Mikroverfilmung oder der Vervielfältigung auf anderen Wegen und der Speicherung in Datenverarbeitungsanlagen, bleiben, auch bei nur auszugsweiser Verwertung, vorbehalten. Eine Vervielfältigung dieses Werkes oder von Teilen dieses Werkes ist auch im Einzelfall nur in den Grenzen der gesetzlichen Bestimmungen des Urheberrechtsgesetzes der Bundesrepublik Deutschland vom 9. September 1965 in der jeweils geltenden Fassung zulässig. Sie ist grundsätzlich vergütungspflichtig. Zuwiderhandlungen unterliegen den Strafbestimmungen des Urheberrechtsgesetzes.

© Springer-Verlag Berlin Heidelberg 1996
Softcover reprint of the hardcover 1st edition 1996

Die Wiedergabe von Gebrauchsnamen, Handelsnamen, Warenbezeichnungen usw. in diesem Werk berechtigt auch ohne besondere Kennzeichnung nicht zu der Annahme, daß solche Namen im Sinne der Warenzeichen- und Markenschutz-Gesetzgebung als frei zu betrachten wären und daher von jedermann benutzt werden dürften.

Einbandgestaltung: E. Kirchner, Heidelberg
SPIN 10507169   30/3136-5 4 3 2 1 0 – Gedruckt auf säurefreiem Papier

*Meiner Frau Susanne
und meinen Eltern*

Vorwort

Seit einigen Jahren zeichnen sich verstärkt globale Umweltprobleme ab, deren Lösung für die Menschheit von existenzieller Bedeutung ist. Die in diesem Zusammenhang allgemein bekannten Stichworte sind der „Treibhauseffekt" und das „Ozonloch". Diese Phänomene sind dadurch gekennzeichnet, daß mehr oder weniger jedes Land zu deren Entstehung beigetragen hat und sich niemand den damit verbundenen ökologischen Folgen entziehen kann. Die nachstehend angeführte Untersuchung soll Ansätze zur Lösung derart strukturierter Umweltprobleme aufzeigen. Die Analyse erfolgt aus umweltökonomischer Sicht und ist modelltheoretisch fundiert.

Die Untersuchung entstand während meiner Tätigkeit als wissenschaftlicher Mitarbeiter an der Eberhard-Karls-Universität Tübingen. Die Arbeit wurde im wesentlichen Ende des Jahres 1994 abgeschlossen und im Juni 1995 von der hiesigen wirtschaftswissenschaftlichen Fakultät als Dissertation angenommen. Bei dem vorliegenden Text handelt es sich um eine für die Drucklegung geringfügig überarbeitete Fassung.

Mein besonderer Dank gilt meinem Doktorvater, Professor Dr. Dieter Cansier, der mich während der Arbeit in vielfältiger Weise unterstützt hat. Dies schließt hauptsächlich seine ständige Bereitschaft zur kritischen Diskussion ein. Professor Dr. Adolf Wagner danke ich für die freundliche Übernahme des Zweitgutachtens.

Bedanken möchte ich mich aber auch bei allen Mitarbeiterinnen und Mitarbeitern des Lehrstuhls, die maßgeblich dazu beigetragen haben, daß die Arbeit in einem angenehmen Umfeld fertiggestellt werden konnte. Dieser Dank gilt auch meinem früheren Kollegen Dr. Wolfgang Richter. Nicht weniger zu Dank verpflichtet bin ich Diplom-Kauffrau Petra Frick. Sie hat die Druckfassung der diversen Abbildungen angefertigt. Danken möchte ich vor allem auch meinem neuen Mitarbeiter, Diplom-Volkswirt Stefan Bayer, der in gekonnter Weise die Erstellung der reproduktionsreifen Druckvorlage übernahm.

Tübingen, im August 1995 *Raimund Krumm*

Inhaltsverzeichnis

Abbildungsverzeichnis XIII
Symbolverzeichnis XV

Einführung 1

Teil I: Die Elementarebene internationaler Umweltpolitik   3

Kap. 1: Internationale Umweltpolitik als Problemstellung ..   5
  1. Grundzusammenhänge internationaler Umweltpolitik   5
    a) Reziproke Emission von Globalschadstoffen   5
    b) Umweltschutz als internationales öffentliches Gut   5
  2. Ausgewählte Konstellationen internationaler Umweltbeziehungen   6
    a) Die Konstellation des Gefangenendilemmas   6
    b) Die Konstellation des Chicken-Game   8
  3. Zusammenfassung   9

Kap. 2: Internationale Umweltpolitik und deren
       Effizienzpotentiale 10
  1. Kooperation versus Nichtkooperation: Das Potential für
    Verhandlungsgewinne 10
    a) Kalküle aus nationaler bzw. globaler Perspektive 10
    b) Vergleich zwischen kooperativer und nichtkooperativer Lösung 13
    c) Axiomatisch fundierte Umsetzung der Kooperationslösung 21
  2. Kooperation auf der Grundlage unterschiedlicher nationaler
    Machtpositionen 24
    a) Zwischenstaatliche Allokation der Vermeidungspflichten 25
    b) Einbeziehung nationaler Nichtverschlechterungsbedingungen....... 26
    c) Axiomatisch fundierte Umsetzung der Kooperationslösung 28
  3. Kooperation auf der Grundlage eines einfach strukturierten
    Regimes 29
    a) Kooperation im Falle zwischenstaatlicher
       Vermeidungsnutzendifferenzen 30
    b) Kooperation im Falle zwischenstaatlicher
       Vermeidungskostendifferenzen 32
    c) Kooperation im Falle zwischenstaatlicher Differenzen bei
       Vermeidungsnutzen und Vermeidungskosten 33
    d) Stabilität umweltpolitischer Kooperation 33
  4. Zusammenfassung 34

Teil II: Die Instrumentalebene internationaler Umweltpolitik 39

Kap. 3: Internationale Umweltpolitik auf der Grundlage von Zertifikatelösungen 41
  1. Festsetzung des globalen Emissionsziels 41
    a) Die effiziente globale Emissionsmenge 42
    b) Die national präferierte globale Emissionsmenge 43
  2. Allokation der nationalen (Erst-)Ausstattung mit Emissionsrechten 44
    a) Allokation nach emissionsbezogenen Kriterien 45
    b) Allokation nach bevölkerungsbezogenen Kriterien 47
    c) Allokation nach einkommensbezogenen Kriterien 48
    d) Allokation nach gemischten Kriterien 49
    e) Allokation nach Nutzen/Kosten-bezogenen Kriterien 50
    f) Allokation nach zahlungsbereitschaftsbezogenen Kriterien 54
  3. Flexibilisierung der nationalen Ausstattung mit Emissionsrechten 55
    a) Fixe Ausstattung mit nationalen Emissionsrechten 55
    b) Flexible Ausstattung mit nationalen Emissionsrechten 56
    c) Ausstattung mit handelbaren nationalen Emissionsrechten 57
  4. Emissionsrechtehandel und Kosteneffizienz 58
    a) Vollständige Konkurrenz auf dem Zertifikatemarkt 58
    b) Unvollständige Konkurrenz auf dem Zertifikatemarkt 60
    c) Weitere Aspekte zu Emissionsrechtehandel und Kosteneffizienz 62
  5. Determinanten der Teilnahmebereitschaft 63
    a) Die nationalen Nichtverschlechterungsbedingungen 63
    b) Exogene Determinanten der Teilnahmebereitschaft 64
    c) Endogene Determinanten der Teilnahmebereitschaft 67
  6. Reaktion auf nationaler Ebene 68
  7. Zusammenfassung 70

Kap. 4: Internationale Umweltpolitik auf der Grundlage von Steuerlösungen 73
  1. Systeme einer internationalen Emissionsbesteuerung 73
  2. Internationales Emissionsteuersystem bei exogenem Redistributionsschlüssel 73
    a) Grundzusammenhänge des Steuersystems 73
    b) Verhalten innerhalb des Steuersystems 75
    c) Existenz eines einheitlichen effizienten Steuersatzes 76
    d) Existenz eines einheitlichen „akzeptablen" Steuersatzes 79
  3. Determinanten der Teilnahmebereitschaft 81
    a) Länderszenarien bei exogenem Redistributionsschlüssel 81
    b) Kriterien für die Festsetzung des Redistributionsschlüssels 83

4. Explizite Intergration nationaler Nichtverschlechterungsbedingungen 87
   a) Verhalten innerhalb des Steuersystems 88
   b) Festsetzung von optimalem Steuersatz und Redistributionsschlüssel 89
5. Steuersystem und Kosteneffizienz 91
   a) Der Fall des großen Landes 91
   b) Der Fall des kleinen Landes 92
6. Reaktion auf nationaler Ebene 93
7. Alternativsystem: Internationales System nationaler
   Emissionsteuern 94
   a) Das Verhalten der Länder innerhalb des Steuersystems 94
   b) Der aus nationaler Sicht präferierte Steuersatz 96
   c) Der aus globaler Sicht präferierte Steuersatz 97
   d) Vergleich mit dem internationalen Emissionsteuersystem 99
8. Zusammenfassung 99

Teil III: Die Dimensionalebene internationaler Umweltpolitik 103

Kap. 5: Internationale Umweltpolitik und langfristiger Zeithorziont 105

1. Intertemporale Entscheidung bei stationären
   Rahmenbedingungen 106
   a) Umweltpolitik bei endlichem Zeithorizont 107
   b) Umweltpolitik bei unendlichem Zeithorizont 109
2. Intertemporale Entscheidung bei dynamischen
   Rahmenbedingungen 116
   a) Bedingungen für umweltpolitische Effizienz 117
   b) Nichtkooperative Openloop-Ansätze 121
   c) Nichtkooperative Feedback-Ansätze 127
   d) Ansätze umweltpolitischer Kooperation 129
3. Zusammenfassung 132

Kap. 6.: Internationale Umweltpolitik und einseitige Selbstbindung 138

1. Altruistische Selbstbindung 138
   a) Selbstbindung unter nichtkooperativen Rahmenbedingungen ... 138
   b) Selbstbindung unter kooperativen Rahmenbedingungen 142
2. Egoistische Selbstbindung 149
   a) Selbstbindung unter nichtkooperativen Rahmenbedingungen ... 152
   b) Selbstbindung unter kooperativen Rahmenbedingungen 153
3. Zusammenfassung 157

*Kap. 7.: Internationale Umweltpolitik und
zwischenstaatliche Koalitionsbildung* 160
1. Zustandekommen von Koalitionen 161
   a) Konstitutive Unsicherheiten als Beitrittsmotiv 161
   b) Externe Zusatzvermeidung als Beitrittsmotiv 163
2. Erweiterung von Koalitionen 164
   a) Erweiterungschancen einer nichtgebundenen Basiskoalition 164
   b) Erweiterungschancen einer gebundenen Basiskoalition 165
3. Zusammenschlüsse von Koalitionen 166
   a) Rangkonzeption und kleine Koalitionen 166
   b) Sukzessivzusammenschluß zu größeren Koalitionen 170
4. Koalitionsbildung unter speziellen Rahmenbedingungen 172
   a) Kooperationsbedingungen der Ländergruppen 173
   b) Zustandekommen und Förderung von Kooperation 177
5. Zusammenfassung 180

*Kap. 8.: Internationale Umweltpolitik und
zwischenstaatliche Multibeziehungen* 183
1. Relevanz versus Irrelevanz zwischenstaatlicher Multibeziehungen 183
2. Optimalität durch reziproke einseitige Kooperationsmaßnahmen 189
   a) Isolierte Betrachtung von Politikfeldern 189
   b) Verknüpfung von Politikfeldern 190
3. Optimalität durch reziproke Vollkooperationsmaßnahmen 194
   a) Spezielle Szenarien der Verknüpfung von Politikfeldern 194
   b) Allgemeine Szenarien der Verknüpfung von Politikfeldern 196
4. Zusammenfassung 200

Teil IV: Abschließende Gesamtbetrachtung   203

Literaturverzeichnis 221
Stichwortverzeichnis 231

Abbildungsverzeichnis

Abbildung 1: Internationale Umweltkooperation: Effizienzgewinne gegenüber einer nichtkooperativen Lösung. 15

Abbildung 2: Internationale Umweltkooperation: Felder potentieller Pareto-Verbesserungen gegenüber einer nichtkooperativen Lösung. 17

Abbildung 3: Potentielle zwischenstaatliche Wohlfahrtsrelationen bei internationaler Umweltkooperation. 19

Abbildung 4: Internationale Umweltkooperation: Zwischenstaatliche Wohlfahrtsrelationen und die Relevanz von Transferzahlungen. 21

Abbildung 5: Nationale Wohlfahrtspositionen bei axiomatisch fundierter internationaler Umweltkooperation. 23

Abbildung 6: Zwischenstaatlicher Handel mit internationalen Emissionsrechten: Die Realisierung von Handelsgewinnen und globaler Kosteneffizienz. 60

Abbildung 7: Zwischenstaatlicher Handel mit internationalen Emissionsrechten: Die Relevanz der Konstellation nationaler Grenzvermeidungskosten. 65

Abbildung 8: Zwischenstaatlicher Handel mit internationalen Emissionsrechten: Die Relevanz der globalen Emissionshöchstgrenze. 66

Abbildung 9: Internationales System nationaler Emissionsteuern: Die relevanten Optimierungskalküle der Länder. 95

Abbildung 10: Internationales System nationaler Emissionsteuern: Intervallbereiche für die Festlegung des Steuersatzes. 98

Abbildung 11: Phasendiagrammanalyse von Emissionsteuersatz und Schadstoffkonzentration: Kooperative versus nichtkooperative internationale Umweltpolitik. 120

Abbildung 12: Re-Allokation nationaler Vermeidungsaktivität durch einseitige altruistische Selbstbindung im nichtkooperativen Rahmen. 140

Abbildung 13: Zwischenstaatliche Wohlfahrtsumverteilung durch Selbstbindung auf einseitige Umweltschutzmaßnahmen für den Nichteinigungsfall. 143

Abbildung 14:	Zwischenstaatliche Wohlfahrtsrelationen bei einheitlicher Vermeidungspflicht: Die Relevanz einseitiger altruistischer Selbstbindung.	147
Abbildung 15:	Internationale Umweltprobleme und egoistische Selbstbindung: Relevanz für die Realisierbarkeit zwischenstaatlicher Wohlfahrtsrelationen.	155
Abbildung 16:	Anreiz zu egoisitischer Selbstbindung bei internationaler Umweltkooperation.	156
Abbildung 17:	Mindestteilnahmeniveau für ein marginales b-Land $Y_b \to 0$ für den Fall einer Vollkompensation ($z_b = c_b$).	175

Symbolverzeichnis

B	-	(Brutto)Nutzen aus Vermeidungs- bzw. Emissionsaktivität
C	-	Vermeidungskosten
D	-	Schadenkosten, Drohpunkt
E	-	Emissionsniveau (global)
G	-	(Schadstoff)Konzentrationsniveau
H	-	Hamiltonfunktion
I	-	Indifferenzkurve
P	-	Bevölkerung
Q	-	Vermeidungsniveau (global)
R	-	Reaktionsfunktion
S	-	Sanktionskosten (Durchsetzungs- bzw. Wirkungskosten)
T	-	Endperiode
V	-	Wertfunktion
W	-	Wohlfahrtsniveau (global)
X	-	Konsum privater Güter
Y	-	Sozialprodukt, Produktionsoutput
Z	-	Seitenzahlungen (Transfers)
c	-	Vermeidungsstückkosten
e	-	Emissionsniveau (national)
f	-	Funktionssymbol
g	-	Funktionssymbol
k	-	Kooperationsanteil
q	-	Vermeidungsniveau (national)
r	-	Zinssatz, Diskontrate
α	-	Gewichtungsfaktor, Erstausstattungsanteil
β	-	Redistributionsparameter
δ	-	Diskontfaktor
η	-	natürliche Schadstoffabbaurate
λ	-	Lagrangemultiplikator
μ	-	Lagrangemultiplikator
τ	-	Emissionsteuersatz
Γ	-	Spiel, Sanktionsintensität

Indizes

i	-	Länderindex
j	-	Länderindex
t	-	Zeitindex
C	-	Kooperationsindex
N	-	Nichtkooperationsindex

Einführung

Internationale Umweltprobleme sind in zunehmendem Maße Gegenstand der öffentlichen Diskussion. So ist zu befürchten, daß die übermäßige anthropogene Emission von Treibhausgasen in die Atmosphäre mit spürbaren Klimaveränderungen („zusätzlicher Treibhauseffekt") verbunden ist, ohne daß sich die davon betroffenen Ökosysteme in adäquater Weise auf diese Entwicklung einstellen könnten.[1] Dies hätte unabsehbare Konsequenzen für Mensch und Natur. Die Hauptursache für den (zusätzlichen) „anthropogenen Treibhauseffekt" liegt in der übermäßigen Emission von Kohlendioxid. Wichtig sind aber auch die geringeren Emissionsmengen von Fluorchlorkohlenwasserstoffen (FCKW), Methan, Ozon (in der unteren Atmosphäre) und Distickstoffoxid, da deren spezifisches Treibhauspotential höher ist als das von Kohlendioxid. Eine Gruppe dieser Gase, die Fluorchlorkohlenwasserstoffe, trägt nicht nur zum Treibhauseffekt bei, vielmehr sind diese auch die Hauptverantwortlichen für den sukzessiven Abbau der Ozonschicht in der Stratosphäre, welche alle Lebewesen vor der schädlichen UV-B-Strahlung schützt (Ozonloch).[2]

Die Abwehr der Gefahren, welche aus dem Treibhauseffekt und der Ausdünnung der Ozonschicht resultieren, würde ein spürbare Senkung der Emission der entsprechenden Schadstoffe erfordern. Die Ländergemeinschaft hat den entsprechenden Handlungsbedarf inzwischen grundsätzlich erkannt. So wurde 1987 das sog. Montrealer Protokoll verabschiedet, welches den stufenweisen Ausstieg aus der Verwendung von FCKW vorsieht, wobei den Entwicklungsländern längere Anpassungsfristen zugebilligt wurden. Verschärfte Maßnahmen zum Schutz der Ozonschicht wurden dann auf den Konferenzen in London (1990) und Kopenhagen (1992) vereinbart. Der Handlungsbedarf in bezug auf die Klimaproblematik wurde auf der Weltklimakonferenz von Toronto (1988) formuliert. Die in Frage kommenden umweltpolitischen Strategien waren dann Gegenstand der Folgekonferenz 1990 in Genf. Einen gewissen Durchbruch konnte die UN-Konferenz für Umwelt und Entwicklung in Rio de Janeiro (1992) erzielen, bei der sich ein Teil der Länder erstmals auf konkrete Reduktionsziele für die Emission klimaschädlicher Gase festgelegt hat. Die inzwischen vereinbarten bzw. umgesetzten Umweltschutzverpflichtungen können aber nicht darüber hinwegtäuschen, daß gerade im Hinblick auf die Lösung der Treibhausproblematik weitaus größere umweltpolitische Anstrengungen notwendig sind.

Die angeführten internationalen Umweltprobleme sind zum einen dadurch gekennzeichnet, daß sich kein Land den entsprechenden ökologischen Auswirkungen entziehen kann, zum anderen haben zur Entstehung dieser Phäno-

---

[1] Die anthropogene Emission von Treibhausgasen verstärkt den sog. *„natürlichen Treibhauseffekt"*, der, für sich genommen, eine ökologisch verträgliche Durchschnittstemperatur sichert. Die Umweltproblematik entsteht also erst durch den *(zusätzlichen)* *„anthropogenen Treibhauseffekt"*.

[2] Eine ausführliche Darstellung der relevanten Zusammenhänge findet sich bei Cansier (1991), S. 1ff.

mene praktisch alle Länder (wenn auch in recht unterschiedlichem Maße) beigetragen. Daraus ergibt sich die Notwendigkeit, daß sich zumindest die Hauptverursacherländer an den erforderlichen Lösungsanstrengungen beteiligen.

Die vorliegende Arbeit befaßt sich aber nicht unmittelbar mit der Lösung der beispielhaft angeführten Umweltprobleme, sondern vielmehr mit Fragestellungen, wie sie für internationale Umweltprobleme, die durch die reziproke Emission von sog. Globalschadstoffen verursacht werden, generell relevant sein können. Das Hauptaugenmerk gilt dabei dem Problem, inwieweit eine umweltpolitische Kooperation zwischen den Ländern möglich erscheint. Die Untersuchung erfolgt aus umweltökonomischer Sicht und basiert auf diversen analytischen Szenarien, die unterschiedliche umweltpolitische Rahmenbedingungen abbilden und sich im Aufbau der Arbeit wiederfinden.

Im ersten Kapitel wird die für die Arbeit relevante Form internationaler Umweltprobleme näher charakterisiert und einer analytischen Einordnung unterzogen. Dabei werden diverse zwischenstaatliche Konstellationen erörtert. Anschließend wird das Potential für umweltpolitische Kooperationslösungen aufgezeigt, wie es sich auf der Grundlage der Schadens- und Vermeidungskostenfunktionen der Länder ergibt. In diesem Zusammenhang wird auf den Begriff der ökonomischen Effizienz abgestellt. Die entsprechenden Kapitel bilden den ersten Teil der Arbeit, der unter der Überschrift „Die Elementarebene internationaler Umweltpolitik" steht. Der zweite Teil umfaßt eine Darstellung der instrumentellen Ebene. Nach einer Analyse internationaler mengenpolitischer Instrumente erfolgt eine Untersuchung internationaler Umweltpolitik auf der Grundlage diverser steuerpolitischer Ansätze (Preislösung). In diesem Rahmen werden instrumentenspezifische Problemfelder vorgestellt, die allokative und distributive Fragestellungen zum Gegenstand haben. Im dritten Teil der Arbeit erfolgt eine „dimensionale" Erweiterung der Analyse (sog. Dimensionalebene). Zunächst wird der Fall der Einbettung von internationalen Umweltproblemen in einen längerfristigen Zeithorizont erörtert. Das nachfolgende Kapitel befaßt sich mit den Auswirkungen einer bewußten Einschränkung umweltpolitischer Optionen (Selbstbindung). Anschließend steht die Frage im Mittelpunkt, wie relevant es ist, daß mehrere Länder bzw. Ländergruppen von den entsprechenden Umweltproblemen betroffen sind und somit die Bildung umweltpolitischer Länderkoalitionen zustande kommen kann. Des weiteren wird analysiert, inwieweit Elemente anderer Politikfelder (etwa Handelsbeziehungen) als Mittel zur Förderung umweltpolitischer Kooperation „instrumentalisiert" werden können. Eine Zusammenfassung der Ergebnisse schließt die Arbeit ab.

Teil I:
Die Elementarebene internationaler Umweltpolitik

Kapitel 1: Internationale Umweltpolitik als Problemstellung

1 Grundzusammenhänge internationaler Umweltpolitik

a) Reziproke Emission von Globalschadstoffen

Wie bereits erwähnt befaßt sich die vorliegende Arbeit mit solchen internationalen Umweltproblemen, die ihre Ursache in der reziproken Emission von Globalschadstoffen haben. Bei Globalschadstoffen handelt es sich um solche Schadstoffe, welche sich nach ihrer Emission räumlich gleichmäßig verteilen, so daß (im Gegensatz zu den sog. Oberflächenschadstoffen) der Standort der Emissionsquelle unerheblich ist. D.h., unabhängig davon, in welchem Land ein solcher Schadstoff emittiert wird, hat die entsprechende Emission für das gemeinsame Umweltsystem der Länder stets dieselbe ökologische Relevanz. Es sei angenommen, daß die betreffenden Schadstoffe von allen Ländern emittiert werden. Damit kommt es aufgrund ihres Charakters als Globalschadstoff zu reziproken Externalitäten, d.h., die von den einzelnen Ländern emittierten Schadstoffe entfalten ihre ökologische Wirkung über die jeweiligen Landesgrenzen hinaus. Da die einzelnen Länder damit sowohl Verursacher als auch Betroffene dieser externen Effekte sind, spricht man (in Abgrenzung zu „einseitigen") von reziproken Externalitäten.

Betrachtet man nun die im Einführungsteil erwähnten Beispielfälle internationaler Umweltprobleme, nämlich Treibhauseffekt und Ozonloch, so ist unmittelbar ersichtlich, daß es sich bei diesen um Umweltphänomene handelt, die auf der reziproken Emission von Globalschadstoffen beruhen.

b) Umweltschutz als internationales öffentliches Gut

Ein zentrales Problem internationaler Umweltpolitik in Zusammenhang mit Globalschadstoffen ist die Tatsache, daß die Durchführung von Maßnahmen zur Minderung der Emission solcher Schadstoffe den Charakter der Bereitstellung eines internationalen öffentlichen Gutes hat.

Der Öffentliche-Gut-Charakter der entsprechenden Emissionsminderung ergibt sich daraus, daß die durch die Vermeidungsmaßnahme induzierte Umweltveränderung ein Gut darstellt, welches als ökologische Determinante (vermindertes globales Emissions- bzw. Konzentrationsniveau) in gleichem Ausmaß in die Wohlfahrtsfunktion eines jeden Landes eingeht. Dabei ist es zunächst einmal unerheblich, ob dieser Einfluß zu nationalen Wohlfahrtssteigerungen führt oder nicht.[1] Geht man aber regelmäßig davon aus, daß es sich um wohlfahrtserhöhende Maßnahmen handelt, dann kann man das

---

[1] In Zusammenhang mit dem Treibhauseffekt wird für einige nördliche Länder mitunter behauptet, daß diese von diesem Umweltphänomen profitieren würden. Für solche Länder wären dann Maßnahmen zur Emissionsminderung, die auf eine Bekämpfung des Treibhauseffektes abzielen, wohlfahrtsmindernd.

bereitgestellte Gut mit „globalem Umweltschutz" (bzw. verbessertem globalem Umweltzustand) beschreiben. Die Einwirkung auf die Wohlfahrt eines Landes führt zu keinerlei Beeinträchtigung der Einwirkungsintensität auf die anderen Länder (sog. Nichtrivalität bei der „Nutzung" des Gutes).

Ein weiteres Charakteristikum kommt dadurch zum Ausdruck, daß das Land, welches die Emissionsminderungsmaßnahmen durchführt, keine Möglichkeit hat, andere Länder vom Genuß des von ihm bereitgestellten Gutes „Umweltschutz" auszuschließen (Nicht-Ausschließbarkeit). Damit entfällt die Option, andere Länder zur Mitfinanzierung solcher Maßnahmen heranziehen zu können.

Die Bereitstellung internationaler öffentlicher Güter wäre in Analogie zur Bereitstellung nationaler öffentlicher Güter nicht problematisch, wenn auch auf internationaler Ebene eine staatliche Autorität verfügbar wäre. Da eine solche Institution aber (noch) nicht existiert, hängt die Bereitstellung internationaler öffentlicher Güter davon ab, inwieweit die einzelnen Länder diese freiwillig übernehmen.[2] Stellt man speziell auf die internationale Umweltproblematik ab, so kommt es nur dann zur Bereitstellung des Gutes „globaler Umweltschutz", wenn einzelne Länder bereit sind, in eigener Regie Maßnahmen zur Emissionsminderung zu ergreifen.

2 Ausgewählte Konstellationen internationaler Umweltbeziehungen

a) Die Konstellation des Gefangenendilemmas

Da ein internationales öffentliches Gut auch ohne eigenen Zahlungsbeitrag genutzt werden kann, ist es aus nationaler Sicht optimal, sich als Freifahrer zu verhalten, d.h., den anderen Ländern die Bereitstellung dieses Gutes zu überlassen. Da diese Strategie für alle Länder rational ist, kommt es zu keiner (bzw. einer suboptimalen) Bereitstellung des internationalen öffentlichen Gutes.[3] Dies würde bedeuten, daß keine oder lediglich unzureichende Maßnahmen zur Minderung der Emission von Globalschadstoffen ergriffen würden. Die Struktur dieses Problems entspricht der spieltheoretischen Figur des Gefangenendilemmas.[4]

Es sei vom Fall zweier Länder ausgegangen, wobei diese lediglich über zwei Handlungsalternativen verfügen, nämlich umweltpolitische „Kooperation" und „Nichtkooperation".[5] Wählt ein Land die Handlungsalternative

---

[2] Damit handelt es sich um eine Problemstellung, wie sie z.B. in der Theorie der privaten Bereitstellung öffentlicher Güter behandelt wird.
[3] Eine positive, wenngleich suboptimale, Bereitstellungsmenge ergibt sich dann, wenn es unter Berücksichtigung lediglich der nationalen Wohlfahrtseffekte rational ist, eine bestimmte Menge des internationalen öffentlichen Gutes bereitzustellen. Dieser Fall wird im zweiten Kapitel behandelt.
[4] Siehe dazu aus allgemeiner spieltheoretischer Sicht: Holler und Illing (1993), S. 8f.
[5] Die nachfolgenden Ausführungen dieses Kapitels basieren insbesondere auf Althammer und Buchholz (1993), S. 292ff.

„Kooperation" (C), so bedeutet dies, daß sich dieses Land insofern kooperativ verhält, als es global wirksame Emissionsvermeidungsmaßnahmen in einem ganz bestimmten Umfang durchführt. Wählt es die Alternative „Nichtkooperation" (N), so „verweigert" dieses Land die Kooperation, indem es keinen entsprechenden Beitrag zum Schutz des gemeinsamen Umweltsystems leistet.[6] Aus den Handlungsalternativen der beiden Länder ergeben sich vier mögliche Konstellationen: (C,C), (C,N), (N,C) und (N,N). Die nationale Wohlfahrt (im Sinne eines nationalen Nettonutzens aus Emissionsvermeidung, also (Brutto-)Vermeidungsnutzen abzüglich Vermeidungskosten), welche ein Land bei den einzelnen Konstellationen realisiert, wird mit $W_i(C,C)$, $W_i(C,N)$, $W_i(N,C)$ bzw. $W_i(N,N)$ bezeichnet.[7]

Das Gefangenendilemma beschreibt eine spezifische Rangfolge nationaler Präferenzen in bezug auf die internationale Konstellation aus kooperativem und nichtkooperativem Verhalten. Diese Dilemmasituation liegt dann vor, wenn beide Länder folgende Präferenzstruktur haben:

$$W_i(N,C) > W_i(C,C) > W_i(N,N) > W_i(C,N) \qquad (i=1,2). \qquad (1.1)$$

Ein Land schätzt also die sog. Freifahrerposition (N,C) am höchsten ein, bei der das andere Land kooperiert (C), es selber aber keinen Beitrag leistet (N). Die nächsthöhere Präferenz ergibt sich für den Fall gegenseitiger Kooperation (C,C), gefolgt von allgemeiner Nichtkooperation (N,N). Die aus nationaler Sicht am schlechtesten eingestufte Konstellation ist die, bei der man sich selbst kooperativ verhält, das andere Land jedoch keinen Beitrag leistet, diejenige Konstellation also, bei der man quasi „ausgenutzt" wird (C,N).

Damit ist für jedes Land die Handlungsalternative „Nichtkooperation" (N) dominante Strategie, d.h. diejenige Strategie des Landes, die unabhängig vom Verhalten des jeweils anderen Landes optimal ist. Die Strategiekombination (N,N) ist das einzige Nash-Gleichgewicht.[8] Das bedeutet, daß es für

---

[6] D.h. an dieser Stelle wird von der Möglichkeit der stetigen Variation nationaler Emissions- bzw. Vermeidungsmengen abgesehen; stattdessen wird hier eine diskrete Analyse auf der Basis einer (0,1)-Variation durchgeführt. In den folgenden Kapiteln wird dagegen überwiegend vom Fall stetiger Variation ausgegangen.

[7] So bezeichnet beispielsweise $W_i(N,C)$ die Wohlfahrt des Landes i für den Fall, daß es selbst nicht kooperiert (N), während sich das andere Land kooperativ verhält (C).

[8] Ein Nash-Gleichgewicht ist eine Strategiekombination, bei der jedes Land (bei gegebener optimaler Strategie der anderen Länder) seine optimale Strategie wählt. Wird ein Nash-Gleichgewicht realisiert, so gibt es für keines der Länder einen Anreiz, von dieser gleichgewichtigen Strategie abzuweichen. Das Konzept basiert auf folgender Überlegung: Im Ausgangspunkt muß jedes Land Erwartungen darüber bilden, welche Strategie die anderen Länder verfolgen werden. Auf dieser Grundlage hat es die jeweils beste Antwort festzusetzen. Indes gilt, daß sich die (gegenseitigen) Erwartungen aller Länder nur in dem Fall bestätigen, wenn die den anderen Ländern unterstellten Strategien ihrerseits beste Antworten auf die Strategien der restlichen Länder darstellen. Ein Nash-Gleichgewicht liegt also erst bei „wechselseitig besten Antworten" der Länder vor (vgl. z.B. Friedman (1986)).

jedes der beiden Länder rational ist, keinerlei Umweltschutzmaßnahmen zu ergreifen.

Die Gefangenendilemma-Situation ergibt sich dann, wenn die Länder über keine Möglichkeit verfügen, sog. bindende Verträge über gemeinsam durchzuführende Vermeidungsmaßnahmen abzuschließen. Bindende Verträge setzen jedoch die Fähigkeit zur exogenen Durchsetzung der Umweltschutzvereinbarung voraus. Diese Möglichkeit ist aber oftmals nicht gegeben. Wenn also eine solchermaßen flankierte Vertragslösung nicht realisierbar ist, muß ein auf Kooperation angelegtes Konzept so gestaltet sein, daß die betreffenden Staaten ein Eigeninteresse an der Einhaltung der Umweltvereinbarung haben. Ein solches Eigeninteresse könnte dann vorliegen, wenn es für ein Land im langfristigen Kontext rational ist, auf die Wahrnehmung kurzfristiger Vorteile aus Freifahrerverhalten (durch Nichtkooperation bzw. Vertragsbruch) zu verzichten, um über eine längere Frist (gemeinsam mit anderen Ländern) Kooperationsgewinne aus umweltpolitischer Zusammenarbeit zu realisieren.[9] Auf diesen langfristigen Aspekt wird insbesondere im fünften Kapitel ausführlich eingegangen.

b) Die Konstellation des Chicken-Game

Bisher wurde unterstellt, daß die vorliegende zwischenstaatliche Konstellation grundsätzlich durch die Situation des Gefangenendilemmas gekennzeichnet ist. Es ist aber nicht auszuschließen, daß im Gegensatz zum Gefangenendilemma die Präferenzstruktur eines oder sogar beider Länder so gestaltet ist, daß die Durchführung einseitiger Maßnahmen (C, N) derjenigen Situation vorgezogen wird, in der keine Seite Umweltschutz betreibt (N, N). Im Vergleich zum Gefangenendilemma vertauscht sich also die Reihenfolge der beiden untersten Präferenzpositionen. Dies entspricht der Präferenzordnung des sog. Chicken-Game:[10,11]

$$W_i(N, C) > W_i(C, C) > W_i(C, N) > W_i(N, N) \qquad (i = 1, 2). \qquad (1.2)$$

Haben beide Länder eine solche Präferenzstruktur, so ergibt sich für keines der Länder eine dominante Strategie. Damit hängt die optimale eigene Strategie vom Verhalten des jeweils anderen Landes ab. Im Vergleich zur Situation des Gefangenendilemmas ist die beste Reaktion auf C auch hier N, jedoch ist die optimale Antwort auf N nun C. Es ergeben sich damit zwei (symmetrische) Nash-Gleichgewichte, nämlich (C, N) und (N, C). Eines der beiden Länder nimmt also die Freifahrerposition ein, während das andere einseitig global wirksame Umweltschutzmaßnahmen durchführt.

Solche Eindeutigkeitsprobleme hinsichtlich der konkreten Gleichgewichtssituation treten dann nicht auf, wenn die folgende, realistischere Konstel-

---
[9]vgl. Holler und Illing (1993), S. 21f.
[10]vgl. Althammer und Buchholz (1993), S. 296.
[11]Zu den grundlegenden spieltheoretischen Aussagen zum Chicken-Game siehe Rapoport and Chammah (1966), S. 10f.

lation unterstellt wird, nämlich die, daß lediglich das eine Land die Präferenzstruktur des Chicken-Game hat („Chicken-Land" i), während die Präferenzordnung des anderen Landes durch die Gefangenendilemma-Position charakterisiert ist („Gefangenen-Land" j).[12] Damit sind die internationalen Umweltbeziehungen durch folgende zwischenstaatliche Konstellation gekennzeichnet:

$$W_i(N,C) > W_i(C,C) > W_i(C,N) > W_i(N,N),$$
$$W_j(N,C) > W_j(C,C) > W_j(N,N) > W_j(C,N). \tag{1.3}$$

In diesem Fall ergibt sich eine eindeutige Lösung: Für das Gefangenen-Land j ist N dominante Strategie, so daß das Chicken-Land i „C" spielt. Die Lösung ist damit (C, N), d.h. Land i ergreift einseitige Vermeidungsmaßnahmen, und Land j verhält sich als umweltpolitischer Freifahrer.

Würden internationale Beziehungen durch eine solche Konstellation der Länder bzw. Ländergruppen charakterisiert, wären internationale Umweltprobleme nicht so gravierend. Man muß jedoch wohl davon ausgehen, daß die Grundstruktur internationaler Umweltbeziehungen regelmäßig durch Länder mit einer Gefangenendilemma-Präferenzordnung abgebildet wird.

3 Zusammenfassung

Maßnahmen zur Minderung der Emission von Globalschadstoffen haben den Charakter der Bereitstellung eines internationalen öffentlichen Gutes. Da aber auf internationaler Ebene eine staatliche Autorität, welche die Bereitstellung übernehmen könnte, (noch) nicht existiert, ist man darauf angewiesen, daß einzelne Länder die Bereitstellung freiwillig übernehmen. Aufgrund der Tatsache, daß das internationale öffentliche Gut „globaler Umweltschutz" auch ohne eigenen nationalen Beitrag „genutzt" werden kann, ist es für ein Land optimal, die Freifahrerposition einzunehmen und die Durchführung von Umweltschutzmaßnahmen anderen Ländern zu überlassen. Da dieses Kalkül für alle Länder gilt, werden überhaupt keine Vermeidungsaktivitäten durchgeführt (Gefangenendilemma). Diese Situation liegt dann vor, wenn die Länder nicht in der Lage sind, sog. bindende Verträge (also solche mit exogener Durchsetzungsfähigkeit) abzuschließen. Nimmt man aber an, daß ein Teil der Länder die Präferenzordnung des sog. Chicken-Game hat, dann werden diese Länder einseitig Maßnahmen zum Umweltschutz ergreifen, da sie einen solchen Zustand der Situation allgemeiner Nichtkooperation vorziehen. Unterstellt man jedoch, daß die Struktur des Gefangenendilemmas die internationalen Umweltbeziehungen besser abbildet, dann scheint sich die Lösung internationaler Umweltprobleme recht schwierig zu gestalten.

---

[12]vgl. Althammer und Buchholz (1993), S. 297.

Kapitel 2: Internationale Umweltpolitik und deren Effizienzpotentiale

1 Kooperation versus Nichtkooperation: Das Potential für Verhandlungsgewinne

a) Kalküle aus nationaler bzw. globaler Perspektive

Bei den bisherigen Ausführungen wurde insoweit eine diskrete Betrachtung vorgenommen, als den Ländern lediglich zwei umweltpolitische Handlungsmöglichkeiten eingeräumt wurden, nämlich „Kooperation" und „Nichtkooperation", welche für die Durchführung bzw. Verweigerung nationaler Emissionsvermeidung bestimmten Umfangs standen. In diesem Kapitel erfolgt nun der Übergang zur stetigen Betrachtungsweise. Es werden diverse Funktionen zugrunde gelegt, die eine stetige Variation nationaler Emissions- bzw. Vermeidungsniveaus zulassen. Dabei wird unterstellt, daß sich den jeweiligen Emissions- und Vermeidungsmengen eindeutig bestimmte Nutzen- und Kostengrößen zuordnen lassen. Zwar dürfte in der Realität das „Aufstellen" exakter Funktionen (z.B. von Schadenskostenfunktionen) kaum möglich sein, dennoch wird man in vielen Fällen in der Lage sein, zumindest gewisse Abschätzungen vornehmen zu können, um einen Zusammenhang zwischen Emissions- bzw. Vermeidungsmengen und Nutzen-/Kosten-Größen herzustellen. Die im folgenden verwendeten mathematischen Funktionen sollen solche Abschätzungen abbilden.

Die Länder verfolgen annahmegemäß das Ziel der Maximierung ihrer nationalen Wohlfahrt. Dabei legt ein Land i folgende nationale Wohlfahrtsfunktion zugrunde:

$$W_i = B_i(e_i) - D_i(E). \tag{2.1}$$

Die nationale Wohlfahrt wird durch Emissionstätigkeit in gegensätzlicher Weise beeinflußt. Zum einen lassen sich die nationalen Emissionen als notwendiger Input für die inländische Produktion interpretieren. Insoweit kann man von einem (Brutto-)Nutzen aus nationaler Emissionstätigkeit (e_i) sprechen: $B_i = B_i(e_i)$. Dabei wird unterstellt, daß der Grenznutzen mit zunehmendem Emissionsniveau zurückgeht ($B_i' > 0$, $B_i'' < 0$). Auf der anderen Seite führt die Emission von Schadstoffen zur Schädigung der Umwelt. Geht man wie hier von Globalschadstoffen aus, dann sind die in einem Land auftretenden Umweltschäden vom aggregierten Emissionsniveau aller Länder (E) abhängig. Auf der Grundlage dieser physischen Umweltschäden ergeben sich durch entsprechende Bewertung die (monetären) Schadenskosten $D_i = D_i(E)$. Es sei angenommen, daß die Schadenskosten mit zunehmender globaler Emissionstätigkeit überproportional ansteigen ($D_i' > 0$, $D_i'' > 0$).

Berücksichtigt man die Tatsache, daß das Vermeidungsnivau eines bestimmten Zeitraumes (q_i) als Differenz zwischen den Emissionsniveaus zu Beginn (e_i^0) und am Ende dieses Zeitraums (e_i) definiert ist,

$$q_i = e_i^0 - e_i,$$

dann läßt sich die nationale Wohlfahrtsfunktion auch unmittelbar in Abhängigkeit vom Vermeidungsniveau ausdrücken.[1] Es gilt dann (bei exogenem e_i^0) für Land i die folgende Wohlfahrtsfunktion:

$$W_i = B_i(Q) - C_i(q_i). \qquad (2.2)$$

Die nationale Wohlfahrt ist damit um so höher, je höher die globale Vermeidungsmenge Q ist. Dies ist ein Reflex der Tatsache, daß die durch globale umweltpolitische Maßnahmen vermiedenen Schäden Vermeidungsnutzen darstellen. Der Vermeidungsnutzen ist ansteigend und konkav in Q ($B_i'>0$, $B_i''<0$). Die Durchführung von Vermeidungsmaßnahmen auf nationaler Ebene hat dagegen auch negative Wohlfahrtswirkungen, und zwar insoweit, als dabei nationale Vermeidungskosten anfallen.[2] Da die nationale Emissionsvermeidung mittels Inputeinschränkung geringere nationale Einkommen impliziert, kann man die Vermeidungskosten auch als foregone income auffassen. Die Vermeidungskosten sind ansteigend und konvex in q_i (d.h. $C_i'>0$, $C_i''>0$).

Die Zielsetzung eines Landes i, die oben definierte Wohlfahrtsfunktion zu maximieren, impliziert sein umweltpolitisches Kalkül, Kosten und Nutzen nationaler Vermeidungsmaßnahmen so gegeneinander abzuwägen, daß daraus das maximale nationale Wohlfahrtsniveau resultiert. Das im konkreten Einzelfall maßgebliche Kalkül des Landes hängt davon ab, ob sich die Festsetzung des nationalen Vermeidungsniveaus in einem international koordinierten Rahmen abspielt oder ob eine isolierte Entscheidung getroffen wird. An dieser Stelle soll zunächst der Fall abgehandelt werden, bei dem die nationalen Überlegungen zur Reduzierung der Emission des Globalschadstoffes zwischenstaatlich nicht koordiniert werden. Außerdem nimmt jedes Land bei der Festsetzung seiner aus nationaler Sicht optimalen Vermeidungsmenge das Emissionsvermeidungsniveau der jeweils anderen Länder als gegeben (Nash-Annahme). Damit legt ein Land i folgenden Optimierungsansatz zugrunde:

$$\max_{q_i} \{ B_i(Q) - C_i(q_i) \}. \qquad (2.3)$$

Ein Land maximiert dann seine nationale Wohlfahrt, wenn es seine Vermeidungsmenge so festlegt, daß gilt:

$$\frac{dB_i}{dq_i} = \frac{dC_i}{dq_i}. \qquad (2.4)$$

---

[1] Dies schließt den Fall $q_i<0$ ein, bei dem eine negative Vermeidungsmenge, also ein Emissionszuwachs, realisiert wird.

[2] In der Praxis dürften Emissionsvermeidungsmaßnahmen eines Landes die Realeinkommen anderer Länder beeinflussen, und zwar durch allgemeine Gleichgewichtseffekte von Preisen international gehandelter Güter (vgl. Hoel (1991b), S. 57). Dieser Sachverhalt wird hier jedoch vernachlässigt.

Der nationale Grenznutzen aus einer zusätzlichen Vermeidungseinheit muß damit den für das Land anfallenden Grenzkosten entsprechen. Vermeidungsinduzierte Wohlfahrtszuwächse, die bei anderen Ländern anfallen, bleiben unberücksichtigt. Ist die Bedingung (2.4) für ein positives q_i erfüllt, dann realisiert das Land ein Vermeidungsniveau, das höher ist als Null. Insofern ergibt sich ein Unterschied zu dem im ersten Kapitel abgeleiteten Ergebnis, nach dem sich (aufgrund der dort vorgenommenen diskreten „Betrachtungsweise") eine Vermeidungsmenge von Null ergab.

Da aber die Vermeidungsaktivität eines jeden Landes Einfluß auf das globale Vermeidungsniveau hat, hängt das optimale nationale Vermeidungsniveau von der Gesamtvermeidungsmenge der übrigen Länder ab.[3] Ein Nash-Gleichgewicht ergibt sich dann, wenn die festgelegte Vermeidungsmenge jeden Landes die gegenseitig beste Antwort auf die Fixierung der Vermeidungsniveaus der jeweils anderen Länder ist.

Ein solches Nash-Gleichgewicht stellt jedoch keine optimale Lösung dar. Legt man als Maßstab für die Optimalität die Maximierung der globalen Wohlfahrt zugrunde, so müßten die nationalen Vermeidungsmengen so determiniert werden, daß die einzelnen Länder nicht nur die internen Nutzen nationaler Vermeidungsaktivität, sondern auch die bei anderen Ländern anfallenden externen Nutzen berücksichtigen.

Diesem Umstand würde bei der Maximierung der globalen Wohlfahrt Rechnung getragen. Dabei wäre der folgende Ansatz heranzuziehen:

$$\max_{q_1,\ldots,q_n} \left\{ \sum_{i=1}^{n} \left(B_i(Q) - C_i(q_i) \right) \right\}. \quad (2.5)$$

Für die Festsetzung der jeweiligen nationalen Vermeidungsmengen ergäben sich damit die Bedingungen

$$\sum_{i=1}^{n} \frac{dB_i}{dq_i} = \frac{dC_i}{dq_i} \quad (i = 1, \ldots, n). \quad (2.6)$$

Damit würde jedes Land seine Vermeidungsaktivität solange ausdehnen, bis die aus einer zusätzlichen Vermeidungseinheit für das Land anfallenden Grenzkosten den globalen Grenznutzen entsprechen; in diesem Fall wären also die externen Nutzen nationaler Vermeidungstätigkeit (voll) einbezogen. Ein solcher Ansatz impliziert zudem, daß die auf globaler Ebene insgesamt notwendige Vermeidungsaktivität kosteneffizient auf die einzelnen Länder aufgeteilt wird.

---

[3] Dies gilt dann nicht, wenn der Grenzvermeidungsnutzen konstant angenommen wird. In dieser Arbeit wird jedoch regelmäßig ein fallender Grenzvermeidungsnutzen unterstellt, da dies der realistischere Fall sein dürfte.

b) Vergleich zwischen kooperativer und nichtkooperativer Lösung

Im folgenden sollen nun die Wirkungen kooperativer und nichtkooperativer internationaler Umweltpolitik miteinander verglichen werden, wobei zunächst auf eine graphische Darstellung (für den 2-Länder-Fall) zurückgegriffen wird.[4]

In der umseitigen Abbildung 1 sind im linken Teil Länder-Diagramme eingezeichnet, die auf die jeweilige nationale Situation von Land 1 bzw. Land 2 abstellen. Dabei sind die nationalen Emissionsmengen von links nach rechts und die entsprechenden Vermeidungsniveaus jeweils von rechts nach links abgetragen. Die Grenzvermeidungsnutzen- bzw. Grenzvermeidungskostenkurven haben die üblichen Verläufe, wobei sich Land 1 durch relativ hohe Grenznutzen und Grenzkosten auszeichnet, während Land 2 bei beiden Komponenten eher niedrige Werte aufweist. Es ist zu beachten, daß die Lage der Grenzvermeidungsnutzenkurve eines Landes auch durch die Vermeidungsmenge des jeweils anderen Landes mitbestimmt wird.

Im rechten Teil der Abbildung ist das Koalitionsdiagramm einer aus Land 1 und 2 bestehenden (globalen) Umweltkoalition eingezeichnet. So ergibt sich die globale Grenzvermeidungsnutzenkurve durch vertikale Aggregation der entsprechenden nationalen Grenzkurven. In einer solchen Vorgehensweise kommt der Öffentliche-Gut-Charakter nationaler Vermeidungsmaßnahmen zum Ausdruck. Der globalen Grenzvermeidungskostenkurve liegt dagegen eine horizontale Aggregation der betreffenden nationalen Kurven zugrunde, wodurch die für jedes globale Vermeidungsniveau weltweit minimalen Grenzvermeidungskosten abgebildet werden.

Der sich bei nichtkooperativer Umweltpolitik ergebende Gleichgewichtszustand ist in den Länderdiagrammen durch die jeweiligen Schnittpunkte der nationalen Grenzvermeidungsnutzen- und Grenzvermeidungskostenkurven gekennzeichnet. Diesem zwischenstaatlich unkoordinierten umweltpolitischen Verhalten sind die nationalen Vermeidungsmengen q_1^N bzw. q_2^N zugeordnet, was einem globalen Vermeidungsniveau von Q^N entspricht. Bei kooperativer Umweltpolitik (auf der Grundlage globaler Wohlfahrtsmaximierung) ergibt sich dagegen ein höheres globales Vermeidungsniveau, nämlich Q^C, welches nationale Vermeidungspflichten von q_1^C bzw. q_2^C impliziert. Es zeigt sich, daß bei beiden Ansätzen sowohl das globale Vermeidungsniveau als auch die jeweiligen nationalen Vermeidungsmengen voneinander abweichen. So ergibt sich im Falle umweltpolitischer Kooperation ein höheres globales Vermeidungsniveau als beim nichtkooperativen Nash-Fall. Während dies für Land 1 im Kooperationsfall einen relativ geringen Zusatzvermeidungsbedarf impliziert, bringt das Kooperationsregime für Land 2 eine durchgreifende Ausweitung seiner „Vermeidungspflicht", was an dessen günstigeren Grenzkostenverhältnissen liegt.

Der koordinierungsinduzierte Zuwachs an globaler Wohlfahrt (ΔW), der globale Verhandlungsgewinn, ist im rechten Teil der Abbildung eingezeichnet.

---

[4] Die Ausführungen, die auf die entsprechende graphische Darstellung (Abb. 1) Bezug nehmen, basieren zum Teil auf Proost and van Regemorter (1992), S. 137ff.

Dieser läßt sich in zwei Komponenten aufspalten, denen man die Begriffe Kosten-Effizienzgewinn bzw. Niveau-Effizienzgewinn zuordnen könnte.

Die erste Komponente des globalen Verhandlungsgewinns hat ihre Ursache in dem Umstand, daß bei umweltpolitischer Kooperation globale Kostenüberlegungen zum Zuge kommen und so Verpflichtungen zur Emissionsvermeidung von dem Land mit den höheren Grenzvermeidungskosten auf das Land mit den niedrigeren Grenzvermeidungskosten verlagert werden können. Damit ergibt sich für den Teil der kooperativen globalen Vermeidungsmenge, der auch unter nichtkooperativen Bedingungen realisiert worden wäre, ein entsprechender Kosten-Effizienzgewinn, der bei einem zwischenstaatlichen Ausgleich der Grenzvermeidungskosten maximal ist. Die betreffenden globalen Vermeidungsmaßnahmen würden dann zwar auf kosteneffiziente Weise umgesetzt, gleichwohl bliebe die Tatsache, daß die realisierte globale Vermeidungsmenge Pareto-suboptimal wäre. Der Kosten-Effizienzgewinn ist im Koalitionsdiagramm von Abbildung 1 durch die schraffierte Fläche im Bereich der globalen Vermeidungsmenge von $E^{\max}$ bis Q^N eingezeichnet (ΔW_a). Der untere Teil der Flächenbegrenzung bildet die Grenzvermeidungskostensituation bei umweltpolitischer Kooperation ab, während die darüberliegende Differenzfläche das entsprechende Kosteneffizienzpotential im Vergleich zur nichtkooperativen Lösung aufzeigt.

Zusätzlich entsteht durch Kooperation eine Art von Niveau-Effizienzgewinn, und zwar als Ergebnis des Faktums, daß im kooperativen Rahmen alle mit Vermeidungsaktivitäten verbundenen positiven externen Effekte ins Kalkül mit einbezogen werden. Damit ergibt sich gegenüber dem unkoordinierten Zustand ein höheres globales Vermeidungsniveau, wobei der Bereich der entsprechenden Zusatzvermeidungsmenge durch einen Überschuß des globalen Grenzvermeidungsnutzens über die Grenzvermeidungskosten gekennzeichnet ist. Wird die betreffende Zusatzvermeidung durchgeführt, so kommt es zu einem Ausgleich der beiden Grenzgrößen. Im Koalitionsdiagramm von Abbildung 1 ist der Niveau-Effizienzgewinn als Fläche zwischen den globalen Grenzvermeidungsnutzen und Grenzvermeidungskosten im Bereich (zusätzlicher) globaler Emissionsvermeidung von Q^N bis Q^C ausgewiesen (ΔW_b).

Die Zusammenhänge zwischen kooperativer und nichtkooperativer internationaler Umweltpolitik sollen nun noch auf ein andere algebraische bzw. graphische Weise dargestellt werden.[5] Die Bedingungen für die Festsetzung der nationalen Vermeidungsniveaus bei nichtkoordiniertem umweltpolitischen Verhalten (Nash-Bedingungen (2.4))

---

[5] Eine vergleichbare Vorgehensweise findet sich bei Kuhl (1987), der jedoch bei seiner Analyse nicht auf nationale Wohlfahrtsfunktionen im vorliegenden Sinne, sondern auf gesamtwirtschaftliche Kostenfunktionen abstellt.

Internationale Umweltpolitik und deren Effizienzpotentiale

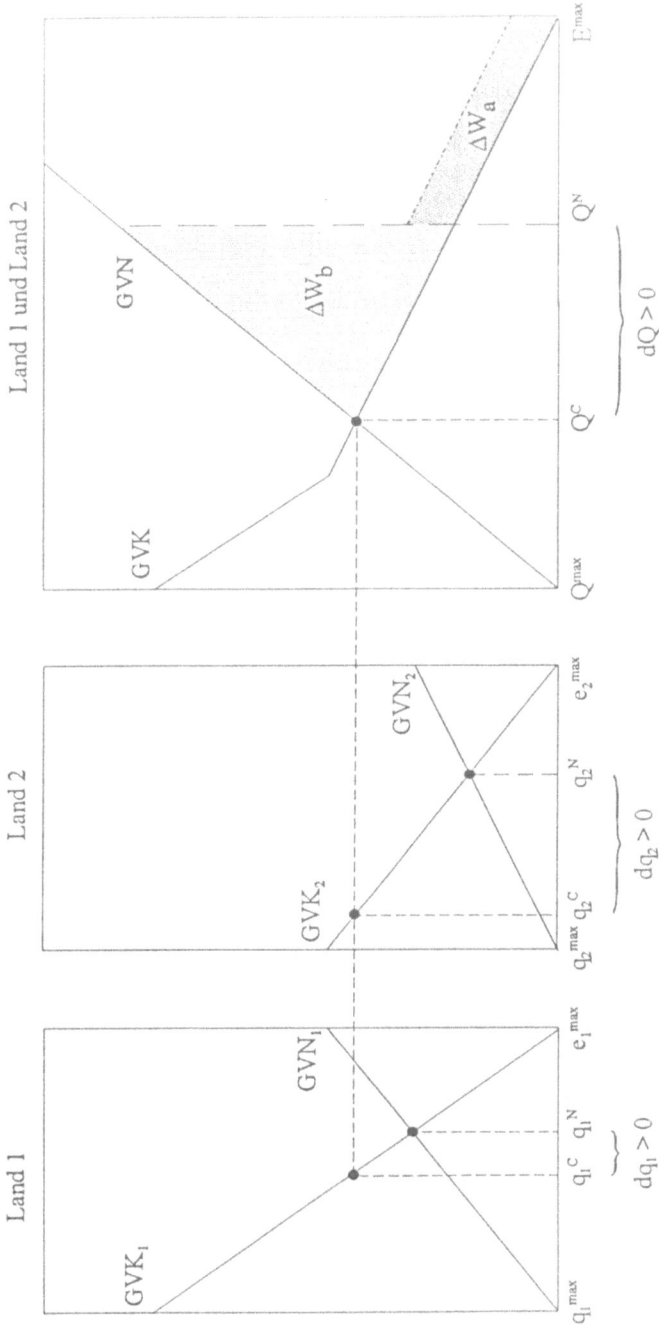

Abbildung 1: Internationale Umweltkooperation: Effizienzgewinne gegenüber einer nichtkooperativen Lösung (in Anlehnung an Proost and Regemorter (1992), S. 138).

$$\frac{dB_i}{dq_i} = \frac{dC_i}{dq_i} \quad (i = 1, 2)$$

determinieren implizit die sog. Reaktionsfunktionen der beiden Länder

$$R_1 := q_1(q_2), \quad (2.7a)$$

$$R_2 := q_2(q_1). \quad (2.7b)$$

Die Reaktionsfunktion eines Landes gibt für alternative exogene Vermeidungsniveaus des jeweils anderen Landes die dazugehörige eigene optimale Vermeidungsmenge an. Damit beschreibt die Reaktionsfunktion eines Landes, mit welcher Niveauanpassung der eigenen Vermeidungsaktivität dieses Land auf Änderungen der Vermeidungstätigkeit des jeweils anderen Landes reagiert.

Die Steigungen der beiden Reaktionsfunktionen erhält man durch implizite Differentiation der Nash-Bedingungen:[6]

$$-R_1'(q_2) = \frac{-B_1''}{C_1'' - B_1''} \in (0,1), \quad (2.8a)$$

$$-R_2'(q_1) = \frac{-B_2''}{C_2'' - B_2''} \in (0,1). \quad (2.8b)$$

Die Reaktionskurven sind in Abbildung 2 eingezeichnet. Sie sind aus Gründen der einfacheren Darstellung (ohne daß dadurch der hier relevante Aussagegehalt berührt wäre) jeweils in linearer Form abgebildet. Sie weisen einen fallenden Verlauf auf, d.h. je höher das als exogen angenommene Vermeidungsniveau des jeweils anderen Landes ist, um so niedriger ist das eigene optimale Vermeidungsniveau.

In Abbildung 2 sind auch Indifferenzkurven der beiden Länder (I_1 und I_2) eingezeichnet. Für eine Indifferenzkurve des Landes i gilt: $B_i(Q) - C_i(q_i) \equiv$ const. Die Indifferenzkurven der beiden Länder repräsentieren jeweils um so höhere nationale Wohlfahrtsniveaus, je nördlicher bzw. östlicher diese vom Ursprung liegen.

Ein (nichtkooperatives) Nash-Gleichgewicht ist definiert als diejenige Konstellation nationaler Vermeidungsniveaus, welche die Nash-Bedingungen erfüllen. Damit ist das Nash-Gleichgewicht dadurch charakterisiert, daß es die für beide Länder wechselseitig beste Antwort (q_1^N, q_2^N) repräsentiert, d.h. $q_1^N = R_1(q_2^N)$ und $q_2^N = R_2(q_1^N)$. Graphisch ergibt sich der nichtkooperative Gleichgewichtszustand als Schnittpunkt der beiden Reaktionskurven (Punkt

---

[6] Die Steigung der Reaktionskurven hängt u.a. davon ab, welche Annahmen über den Verlauf der Grenzvermeidungsnutzenkurve getroffen werden. Geht man nicht, wie hier, von fallenden, sondern von konstanten Grenzvermeidungsnutzen aus, so ist die optimale Vermeidungsmenge eines Landes unabhängig vom Vermeidungsniveau der anderen Länder und damit verlaufen die Reaktionskurven parallel zu den Achsen.

Internationale Umweltpolitik und deren Effizienzpotentiale

D).[7] Ein solches Gleichgewicht ist dann eindeutig, wenn die Steigungen der Reaktionsfunktionen dem Betrage nach jeweils kleiner als eins sind:[8]

$$\left|\frac{dq_i}{dq_j}\right| < 1 \quad (i, j = 1, 2 \text{ für } i \neq j). \tag{2.9}$$

Nimmt man die oben abgeleiteten Steigungsfunktionen der Reaktionskurven, so erkennt man, daß diese Bedingung erfüllt ist. Das Nash-Gleichgewicht ist damit eindeutig. Die durch den Nash-Gleichgewichtspunkt D verlaufenden Indifferenzkurven der beiden Länder stehen senkrecht aufeinander, weil die Indifferenzkurven im Maximum eine Steigung von Null relativ zu der Größe, über die sie maximiert werden, aufweisen.

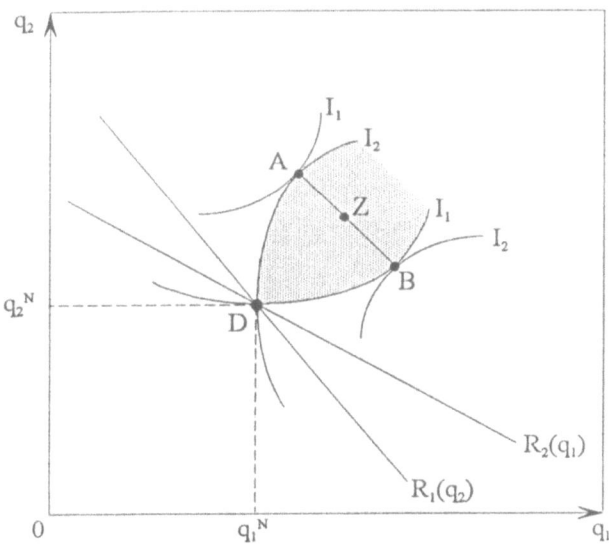

Abbildung 2: Internationale Umweltkooperation: Felder potentieller Pareto-Verbesserungen gegenüber einer nichtkooperativen Lösung (in Anlehnung an Hoel (1991b), S. 58).

Um die Nash-Gleichgewichtslösung nun auch im vorliegenden Rahmen nach Effizienzgesichtspunkten beurteilen zu können, soll von folgender Über-

---
[7] Ein solcher Schnittpunkt der Reaktionskurven existiert jedoch nicht notwendigerweise. Geht man für beide Länder vom Sonderfall konstanter Grenzvermeidungskosten ($C_i'' = 0$) aus, so haben beide Reaktionskurven eine Steigung von minus eins (vgl. die oben abgeleiteten Steigungen). Damit ergibt sich für diesen Fall kein Schnittpunkt der Reaktionskurven, sofern nicht völlig identische Länder vorliegen. Bei Symmetrie würden die Reaktionskurven der Länder übereinanderliegen und es gäbe damit eine Vielzahl von Nash-Gleichgewichten.
[8] vgl. Friedman (1977), S. 164f.

legung ausgegangen werden: Da mit zunehmender Vermeidungsaktivität eines Landes die Wohlfahrt des anderen Landes ansteigt, repräsentieren Indifferenzkurven des Landes 1 (I_1) ein um so höheres nationales Wohlfahrtsniveau, je weiter oben sie in Abbildung 2 eingezeichnet sind. Entsprechendes gilt für die Indifferenzkurven des Landes 2 (I_2), je weiter man in Abbildung 2 nach rechts geht.

Folglich gibt es q_1-q_2-Kombinationen, die gegenüber dem nichtkooperativen Nash-Punkt D eine Pareto-Verbesserung darstellen. Damit ist auch in diesem Rahmen gezeigt, daß das Nash-Gleichgewicht nicht Pareto-optimal ist. Der Bereich der gegenüber der Nash-Lösung Pareto-superioren Punkte umfaßt die in Abbildung 2 von I_1 und I_2 eingeschlossene schraffierte Linse.

Formal läßt sich die Ineffizienz des Nash-Gleichgewichts dadurch zeigen, daß man die Wohlfahrt des Landes 2 auf dem durch die Indifferenzkurve I_2 (welche durch den Punkt D verläuft) repräsentierten Niveau festsetzt und die Wohlfahrt des Landes 1 (durch geeignete Wahl von q_1 und q_2) maximiert. Man erkennt, daß Land 1 dabei ein höheres Wohlfahrtsniveau erreichen kann, als im Nash-Gleichgewicht. Folglich ist das Nash-Gleichgewicht ineffizient.

Die angeführten Zusammenhänge lassen sich aber noch auf eine andere graphische Art und Weise darstellen, nämlich indem man Abbildung 3 (mit Bezug auf Abbildung 2) heranzieht. Stellt man zunächst noch einmal auf Abbildung 2 ab, so gilt: Die Menge der effizienten Vermeidungsmengen-Kombinationen der beiden Staaten liegt in Abbildung 2 auf der Verbindungslinie (AB) der Tangentialpunkte der Indifferenzkurven innerhalb der durch I_1 und I_2 begrenzten Linse (wobei AB aus Vereinfachungsgründen linear eingezeichnet ist). Eine dieser effizienten Konstellationen nationaler Vermeidungsniveaus wird durch den Punkt Z repräsentiert. Geht man nun zu Abbildung 3 über, so liegt dort die Menge aller Punkte, die eine mögliche Pareto-Verbesserung gegenüber Nichtkooperation darstellen, nordöstlich von D und wird durch die Kurve AB begrenzt (die Punkte auf dieser Kurve sind auch noch Elemente dieser Menge). Die AB-Kurve repräsentiert damit die Konstellationen maximaler Wohlfahrtssteigerung gegenüber dem nichtkooperativen Nash-Gleichgewicht, welches durch den Punkt D charakteristiert ist. Diese Kurve gibt für beliebige Wohlfahrtsniveaus des einen Landes die maximal erreichbare Wohlfahrt des anderen Landes an. Punkte entlang der AB-Kurve sind damit Pareto-optimal. Die AB-Kurve stellt also die Pareto-Grenze (oder Wohlfahrtsmöglichkeitskurve) dar.[9]

Ausgehend vom Nash-Gleichgewicht markiert der Punkt B die unter diesen Bedingungen maximale Wohlfahrtssteigerung von Land 2 gegenüber der nichtkooperativen Situation. In diesem Fall wäre der durch den Wechsel zu koordinierter Umweltpolitik entstandene Verhandlungsgewinn vollständig an Land 2 gegangen. Die für Land 1 analog einseitige Präferenzlage ist

---

[9] Die Konkavität der Pareto-Grenze ergibt sich aus den für die nationalen Wohlfahrtsfunktionen üblicherweise zugrunde gelegten Annahmen sinkender Grenzvermeidungsnutzen und steigender Grenzvermeidungskosten.

durch Punkt A gekennzeichnet. In der Regel ist jedoch keiner der beiden Extremfälle zu erwarten. Stattdessen ist mit einer Kompromißlösung zu rechnen, etwa der durch Punkt Z charakterisierten Lösung, bei welcher die beiden Länder denselben Wohlfahrtszuwachs $W_i - D_i$ aus umweltpolitischer Kooperation realisieren würden.

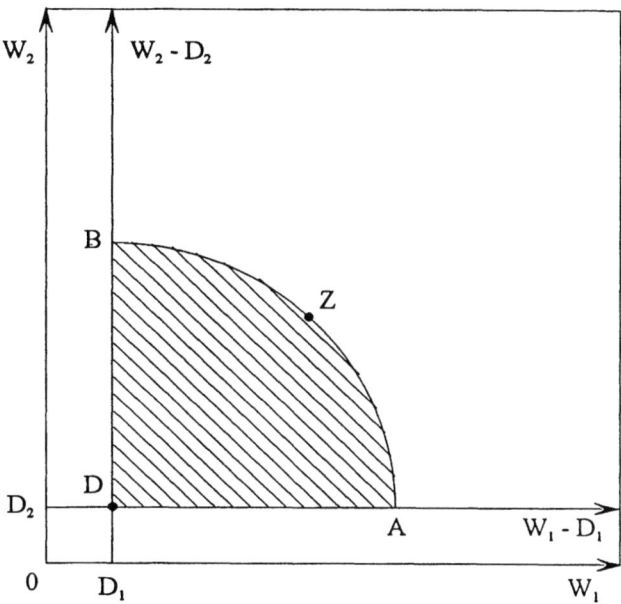

Abbildung 3: Potentielle zwischenstaatliche Wohlfahrtsrelationen bei internationaler Umweltkooperation.

Da die konkrete Auswahl eines Punktes auf der Pareto-Grenze Gegenstand umweltpolitischer Verhandlungen zwischen den Ländern sein wird, soll diese Problematik noch näher ausgeführt werden. In diesem Zusammenhang ist es von Bedeutung, ob die Möglichkeit zwischenstaatlicher Transferzahlungen in das Verhandlungsregime mit einbezogen wird. Zur Erläuterung der Bedeutung der Transferoption ist es sinnvoll, auf eine etwas modifizierte graphische Darstellung (Abbildung 4) zurückzugreifen.[10] So stellt Abbildung 4 explizit auf den für die Transferproblematik interessanten Fall ab, bei dem die Wohlfahrtsfunktionen der Länder unterschiedliche Ausprägungen aufweisen, so daß sich eine nichtsymmetrische Pareto-Grenze ergibt. Die Konkavität dieser Kurve bleibt davon unberührt, da für beide Länder weiterhin

---

[10] Bei der betreffenden Analyse wird implizit davon ausgegangen, daß sich die in Frage kommenden umweltpolitischen Kooperationslösungen in einem Rahmen bewegen, der beide Länder gegenüber allgemeiner Nichtkooperation besserstellt, so daß $W_i > D_i$ sichergestellt ist. Insofern konnte in Abbildung 4 auf die Integration eines Drohpunktes D verzichtet werden.

abnehmende Grenzvermeidungsnutzen und ansteigende Grenzvermeidungskosten unterstellt werden. Auf dieser Grundlage ergebe sich das Maximum der globalen Wohlfahrt für eine Konstellation nationaler Vermeidungsmengen, welche nationale Wohlfahrtsniveaus von W_1^C bzw. W_2^C implizieren und in Abbildung 4 durch Punkt Z abgebildet ist. Vergleicht man die sich in diesem Fall bei globaler Wohlfahrtsmaximierung ergebende zwischenstaatliche Wohlfahrtsrelation, so wird man annehmen können, daß Land 2 einer solchen Verteilung nicht zustimmen wird, selbst dann, wenn es sich gegenüber umweltpolitischer Nichtkooperation verbessern sollte. Stattdessen wird Land 2 einen höheren Anteil am globalen Effizienzgewinn anstreben. Eine solche Umverteilung im Sinne eines zwischenstaatlichen Transfers von Wohlfahrtseinheiten setzt voraus, daß die beiden Länder über ein Medium verfügen, dem sie eine wohlfahrtsstiftende Wirkung zuordnen und das von einem Land auf das andere übertragen werden kann: erst dann sind Seitenzahlungen (etwa in Form monetärer Transfers) möglich.[11]

Geht man nun davon aus, daß solche Seitenzahlungen möglich sind, dann lassen sich – ausgehend vom globalen Wohlfahrtsmaximum (repräsentiert durch Punkt Z) – alle zwischenstaatlichen Wohlfahrtsverteilungen entlang der Linie $A'B'$ realisieren (vgl. Abbildung 4). Dabei wird implizit von nationalen Wohlfahrtsfunktionen des Typs

$$W_i = B_i(Q) - C_i(q_i) + z \qquad (2.10)$$

ausgegangen, so daß eine Transferierbarkeit von Wohlfahrt im Verhältnis 1:1 möglich ist (mit $z>0$ für Transferempfang und $z<0$ für Transferzahlung).[12]

Soll das Instrument der Seitenzahlung nun so genutzt werden, daß jedem Land dasselbe Wohlfahrtsniveau ermöglicht wird, so muß Land 1 Transferzahlungen an Land 2 leisten, und zwar in einem Umfang, der eine Verschiebung der Wohlfahrtsrelation von Punkt Z zu Z' impliziert. Damit würde eine für beide Länder akzeptable (sekundäre) Wohlfahrtsverteilung gemäß Punkt Z' realisiert, die auf einer vermeidungsniveaudeterminierten (primären) Wohlfahrtsallokation entsprechend Punkt Z beruht. Eine so vorgenommene Abkoppelung der Wohlfahrtsverteilung von der Vermeidungsallokation führt damit zur allgemeinen Akzeptanz der umweltpolitischen Kooperationslösung auf der Grundlage globaler Wohlfahrtsmaximierung. Die Tatsache, daß die Anwendung des Instrumentariums der Transferzahlung eine Trennung von Allokations- und Verteilungsfragen ermöglicht, ist für die internationale Umweltpolitik von besonderer Bedeutung.

Soll im Gegensatz zum soeben behandelten Fall die Gleichverteilung nationaler Wohlfahrtsniveaus sichergestellt werden, ohne daß die Gewährung

---

[11] Zur Problematik der „Transferierbarkeit von Nutzen (bzw. Wohlfahrt)" siehe z.B. Ordeshook (1986), S. 317f.

[12] Die hier behandelten Seitenzahlungen haben den Charakter von Pauschaltransfers und haben damit keinen Einfluß auf die effiziente Allokation nationaler Emissionsvermeidung.

von Seitenzahlungen möglich wäre, so kann dies nur über die Allokation der nationalen Vermeidungsmengen erreicht werden. Eine solche Vorgehensweise geht allerdings zu Lasten der globalen Wohlfahrt, was in Abbildung 4 durch die Krümmung der Pareto-Grenze (bzw. durch einen Vergleich der Linien $A'B'$ und $A''B''$) zum Ausdruck kommt. Die Differenz $Z'Z''$ läßt sich damit als Maß für die „Kosten" einer einheitlichen Wohlfahrtsverteilung bei Abwesenheit von Transferzahlungen auffassen.

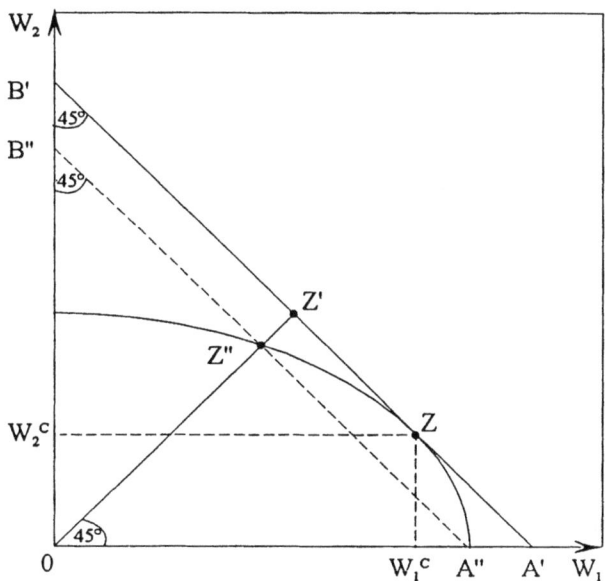

Abbildung 4: Internationale Umweltkooperation: Zwischenstaatliche Wohlfahrtsrelationen und die Relevanz von Transferzahlungen (in Anlehnung an Holler und Illing (1993), S. 264).

c) Axiomatisch fundierte Umsetzung der Kooperationslösung

Die soeben behandelte Form einer umweltpolitischen Kooperationslösung ohne Verwendung von Seitenzahlungen hatte die Gleichverteilung nationaler Wohlfahrtsniveaus zum Gegenstand, obwohl aufgrund unterschiedlicher nationaler Wohlfahrtsfunktionen die Realisierung einer Symmetrielösung nicht unbedingt plausibel ist. Es stellt sich damit die Frage, nach welchen Kriterien die durch Umweltkooperation determinierte zwischenstaatliche Wohlfahrtsrelation bestimmt werden soll. Für den Fall, daß die Länder eine effiziente gemeinsame Umweltpolitik betreiben wollen, die Möglichkeit von Seitenzahlungen jedoch nicht zur Verfügung steht, ergibt sich das Problem, aus der Vielzahl der in Frage kommenden effizienten Kombinationen nationaler Vermeidungspflichten diejenige Kombination auszuwählen, die gewissen Plausibilitätsanforderungen genügt. Als ein mögliches Instrument zur Lösung dieses Problems kommen Ansätze der kooperativen Spieltheorie in Betracht. Bei solchen Ansätzen wird der Verhandlungsprozeß selbst nicht problematisiert.[13] Vielmehr stellt die kooperative Spieltheorie auf die Frage ab, durch welche Eigenschaften eine plausible Verhandlungslösung rationaler Verhandlungspartner gekennzeichnet ist. Die insoweit abgeleiteten Eigenschaften werden dann als axiomatisches System formuliert.

Unter den einzelnen Axiomen wird das Effizienzaxiom regelmäßig als das wichtigste angesehen. Da (im Gegensatz zur nichtkooperativen Spieltheorie) davon ausgegangen wird, daß verbindlichen Abmachungen zwischen den Verhandlungspartnern möglich sind, können sich die Parteien in jedem Fall auf eine Pareto-optimale Lösung verständigen.

Das in der kooperativen Spieltheorie dominante Lösungskonzept ist die sog. Nash-Verhandlungslösung. Eine solche Lösung genügt außer dem Effizienzaxiom den nachstehend angeführten Axiomen:[14]

(a) „Unabhängigkeit von äquivalenter Nutzentransformation" (Invarianzaxiom): Das Verhandlungsergebnis ist unabhängig von einer positiven affinen Transformation der Wohlfahrtsfunktion W_i.

(b) „Unabhängigkeit von irrelevanten Alternativen": Dieses Axiom besagt, daß für die Lösung allein der Drohpunkt D (d.h. das Wohlfahrtsniveau bei Nichteinigung) und das Verhandlungsergebnis selbst relevant sind.

(c) „Symmetrie": Dieses Axiom hat den Charakter eines Gerechtigkeitsaxioms. Es fordert, daß, wenn die Verhandlungspartner in bezug auf Wohlfahrtsfunktion und Drohpunktniveau gleich sind, sie auch durch das Verhandlungsergebnis gleichgestellt werden sollen.

Die Nash-Verhandlungslösung ist definiert als Lösung des Optimierungsproblems

$$\max_{q_1, q_2} \left\{ [W_1(q_1, q_2) - D_1] \cdot [W_2(q_1, q_2) - D_2] \right\}, \quad (2.11)$$

und zwar unter der Nebenbedingung, daß die Nash-Verhandlungslösung ein Element der Pareto-Grenze ist.[15] D_1 bzw. D_2 bilden die Drohpunkte der beiden Länder und repräsentieren damit jeweils dasjenige Wohlfahrtsniveau, das den Ländern im Falle des Scheiterns der Verhandlung sicher ist. Die Nash-Verhandlungslösung maximiert also das Produkt der durch Umweltkooperation realisierbaren nationalen Wohlfahrtsgewinne (sog. Nash-Produkt).

Da die Nash-Verhandlungslösung gegenüber einer positiven affinen Transformation invariant ist, kann man das vorstehend angeführte Optimierungsproblem auch als

$$\max_{q_1, q_2} \left\{ \log[W_1(q_1, q_2) - D_1] + \log[W_2(q_1, q_2) - D_2] \right\} \quad (2.12)$$

---

[13] Dagegen wird im Rahmen der nichtkooperativen Spieltheorie der Verhandlungsprozeß explizit berücksichtigt.
[14] vgl. z.B. Friedman (1986), S.155f.
[15] vgl. Friedman (1986), S. 157.

schreiben, und zwar mit $W_i(q_i, q_j) = B_i(q_i, q_j) - C_i(q_i)$ für $i \neq j$. Als notwendige Bedingungen für die Nash-Verhandlungslösung erhält man dann:

$$\frac{B_1' - C_1'}{(B_1 - C_1) - D_1} + \frac{B_2'}{(B_2 - C_2) - D_2} = 0, \qquad (2.13a)$$

$$\frac{B_1'}{(B_1 - C_1) - D_1} + \frac{B_2' - C_2'}{(B_2 - C_2) - D_2} = 0. \qquad (2.13b)$$

Verknüpft man diese Bedingungen, so erkennt man bereits nach wenigen Umformungen, daß diese mit der Lösung $(B_1' - C_1') \cdot (B_2' - C_2') = B_1' B_2'$ des Pareto-Ansatzes, $\max_{q_1, q_2} \{B_1(Q) - C_1(q_1)\}$ unter der Nebenbedingung $B_2(Q) - C_2(q_2) = $const., kompatibel ist.

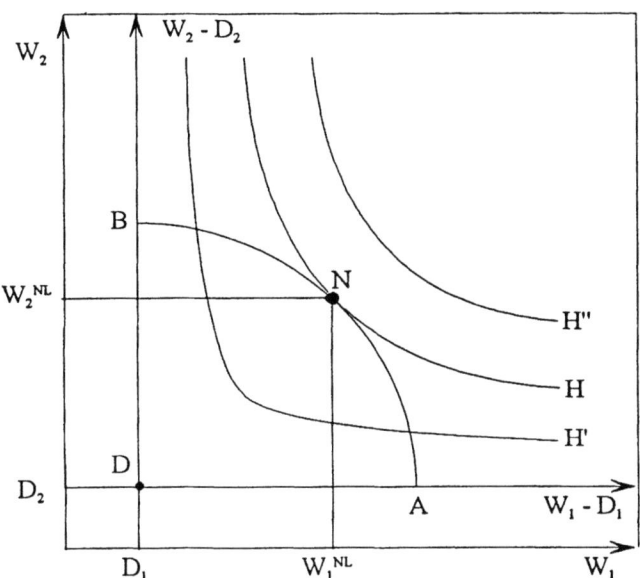

Abbildung 5: Nationale Wohlfahrtspositionen bei axiomatisch fundierter internationaler Umweltkooperation.

Die Nash-Verhandlungslösung ist in Abbildung 5 illustriert (vgl. dazu Abbildung 3).[16] Jedes Nash-Produkt $[(W_1(.) - D_1) \cdot (W_2(.) - D_2)] = $const. ist durch eine gleichseitige Hyperbel abgebildet, die asymptotisch zur $W_1 - D_1$- und $W_2 - D_2$-Achse verläuft. Die Hyperbeln liegen um so weiter nordöstlich vom Drohpunkt D, je höher das von ihnen repräsentierte Nash-Produkt ist. Wie zu Beginn dieses Abschnitts bereits erwähnt, ist die Nash-Verhandlungslösung diejenige Kombination nationaler Wohlfahrtsniveaus (W_1^{NL}, W_2^{NL}),

---

[16] Vergleiche in diesem Zusammenhang z.B. Holler und Illing (1993), S. 191ff.

die das Nash-Produkt maximiert, und zwar unter der Nebenbedingung, daß ein Punkt auf der Pareto-Grenze realisiert wird. Betrachtet man Abbildung 5, so erkennt man, daß die Hyperbel H' die Maximierungsbedingung der Nash-Verhandlungslösung nicht erfüllt. Ebenso irrelevant ist Hyperbel H'', da diese mit der Pareto-Grenze keinen gemeinsamen Punkt aufweist. Dagegen führt die Hyperbel H durch den Tangentialpunkt N mit der Pareto-Grenze zur Nash-Verhandlungslösung. Bei dieser Konstellation (W_1^{NL}, W_2^{NL}) ist das Produkt der durch Umweltkooperation realisierbaren nationalen Wohlfahrtsgewinne maximal. Die damit implizit determinierte Allokation nationaler Vermeidungspflichten ist Pareto-optimal (vergleiche das oben erwähnte Effizienzaxiom der Nash-Verhandlungslösung). Stellt man auf die sog. Tangentialeigenschaft der Nash-Verhandlungslösung

$$-\frac{dW_2^{NL}}{dW_1^{NL}} = \frac{(W_2^{NL} - D_2)}{(W_1^{NL} - D_1)} \qquad (2.14)$$

ab, so zeigt sich, daß bei Anwendung des Konzepts der Nash-Verhandlungslösung der Kooperationsgewinn der Länder im gleichen Verhältnis aufgeteilt wird, wie Wohlfahrtseinheiten (im Nash-Verhandlungspunkt N) von dem einen auf das andere Land übertragen werden können.[17]

Zieht man noch einmal die Tangentialeigenschaft der Nash-Verhandlungslösung heran, so ergeben sich folgende Zusammenhänge: Die linke Seite der vorstehend angeführten Gleichung bringt die (betragsmäßige) Steigung der Pareto-Grenze im Nash-Verhandlungspunkt N zum Ausdruck und beschreibt damit das Austauschverhältnis von W_1 und W_2 einer dortigen marginalen Bewegung auf der Pareto-Grenze (marginale Transformationsrate). Auf der rechten Seite der Gleichung ist das Verhältnis der nationalen Kooperationsgewinne angeführt. Stellt man nun konkret auf den in Abbildung 5 dargestellten Fall ab, so erkennt man, daß die Nash-Verhandlungslösung an dem Punkt liegt, an welchem die Pareto-Grenze die absolute Steigung von eins hat und der globale Kooperationsgewinn im Verhältnis 1:1 auf die Länder verteilt wird ($W_1^{NL} - D_1 = W_2^{NL} - D_2$).

2 Kooperation auf der Grundlage unterschiedlicher nationaler Machtpositionen

Bei der bisherigen Analyse wurde implizit davon ausgegangen, daß die einzelnen Länder über dieselben relativen Machtpositionen verfügen. Damit wurden bei der globalen Wohlfahrtsfunktion $W(.)$ die nationalen Wohlfahrtsfunktionen $W_i = B_i(Q) - C_i(q_i)$ mit gleichen Gewichtungen zugrunde gelegt:

$$W = \sum_{i=1}^{n} W_i(q_1, ..., q_n). \qquad (2.15)$$

---

[17] Die Tangentialeigenschaft der Nash-Verhandlungslösung ergibt sich durch Verknüpfung der Optimierungsbedingungen erster Ordnung (und Berücksichtigung der impliziten Differentiation der Funktion der Pareto-Grenze).

Nun ist es aber durchaus möglich, daß die nationalen Wohlfahrtsfunktionen mit unterschiedlichen Gewichtungen (α_i) in die globale Wohlfahrtsfunktion eingehen:

$$W = \sum_{i=1}^{n} \alpha_i W_i(q_1, ..., q_n) \quad \text{mit } \alpha_i > 0 \text{ und } \sum_{i=1}^{n} \alpha_i = 1. \quad (2.16)$$

Für eine solche Vorgehensweise können unterschiedene Sachverhalte sprechen:[18] So kann es sich bei den α_i-Koeffizienten zum Beispiel um ethische Gewichte handeln, die irgendwelche zwischenstaatliche Gerechtigkeitsvorstellungen zum Ausdruck bringen sollen.[19] Eine alternative Begründung für länderspezifische Gewichtungen könnte sein, daß der α-Vektor relative Machtpositionen der Staaten abbildet. Diese Interpretation soll Grundlage für die nachstehend vorgenommene Analyse sein.[20]

a) Zwischenstaatliche Allokation der Vermeidungspflichten

Abstrahiert man von der Möglichkeit der Gewährung von Seitenzahlungen und legt somit nationale Wohlfahrtsfunktionen des Typs $W_i = B_i(Q) - C_i(q_i)$ zugrunde, dann ergibt sich die Allokation nationaler Vermeidungspflichten aus folgendem Ansatz:

$$\max_{q_1,...,q_n} \sum_{i=1}^{n} \alpha_i W_i(q_1, ..., q_n). \quad (2.17)$$

Dies führt zu den nachstehenden Bedingungen, die jeweils unabhängig von dem im konkreten Einzelfall relevanten α-Vektor gelten:

$$\sum_{j=1}^{n} \alpha_j \cdot \frac{dB_j}{dq_j} = \alpha_i \cdot \frac{dC_i}{dq_i} \quad (i = 1, ..., n). \quad (2.18)$$

Man erkennt unmittelbar, daß dieser Ansatz zur Ableitung eines kooperativen Umweltregimes führt, das eine kostenineffiziente Umsetzung des globalen Vermeidungsziels zur Folge hat. Der für eine kosteneffiziente Lösung notwendige zwischenstaatliche Ausgleich der Grenzvermeidungskosten würde nämlich eine für alle Länder einheitliche „Wohlfahrtsgewichtung" voraussetzen. Der hier realisierte zwischenstaatliche Ausgleich bezieht sich dagegen auf

---

[18] vgl. Eyckmans, Proost and Schokkaert (1994), S. 7.

[19] In diesem Zusammenhang ist zu bedenken, daß ein solcher ethisch fundierter Ansatz nicht notwendigerweise impliziert, daß etwa „arme" Länder mit einer höheren Gewichtung in die globale Wohlfahrtsfunktion eingehen, als „reiche" Länder.

[20] Man kann den angeführten Ansatz jedoch auch in seiner „inversen" Struktur verwenden: In diesem Fall wird von einer gegebenen Allokation nationaler Vermeidungspflichten ausgegangen und die impliziten (ethischen bzw. machtpolitischen) Gewichtungen der einzelnen Länder berechnet; eine solche Vorgehensweise wird als „inverse optimum approach" bezeichnet.

die gewichteten nationalen Grenzvermeidungskosten. Damit ergeben sich für Länder mit starker Machtposition niedrige Grenzvermeidungskosten, was c.p. geringere nationale Vermeidungspflichten impliziert.[21] Nimmt man den Fall zweier Länder, so gilt folgender Zusammenhang:

$$\frac{dC_1}{dq_1} = \frac{\alpha_2}{\alpha_1} \cdot \frac{dC_2}{dq_2}. \tag{2.19}$$

Eine solche umweltpolitische Kooperationslösung führt also dazu, daß das Land mit der schwächeren Machtposition (Land 1 bei $\alpha_2 > \alpha_1$) Grenzvermeidungskosten erreicht, die um den Faktor α_2/α_1 höher sind als die des anderen Landes. Unterstellt man für beide Länder identische Vermeidungskostenverläufe, so impliziert dies höhere Vermeidungspflichten für das schwächere Land (Land 1). Das Land mit der stärkeren Machtposition (Land 2) könnte bei einem so determinierten Umweltregime sein machtpolitisches Gewicht direkt in zwischenstaatlich günstigere relative Vertragsverpflichtungen umsetzen. Inwieweit eine solche Allokation nationaler Vermeidungspflichten für das schwächere Land akzeptabel ist, hängt davon ab, welchen Anteil am globalen Kooperationsgewinn (gegenüber allgemeiner umweltpolitischer Nichtkooperation) dieses Land für sich beansprucht.

Stellt man noch einmal auf Effizienzfragen ab, so kann man folgende Feststellungen treffen:[22] Obwohl die vorliegende Lösung nicht kosteneffizient im traditionellen Sinne ist, so ist sie doch eine Pareto-effiziente Lösung in dem Sinne, daß sie zu einem effizienten Ergebnis „in utility terms" führt. Darüber hinaus eröffnet die Integration des α-Vektors die Möglichkeit, durch Variation der α_i-Gewichtungen die Menge aller Pareto-optimalen Lösungen zu ermitteln. Dies ist insofern interessant, als ein Punkt an der Pareto-Grenze idealerweise die Allokation der Vermeidungspflichten determinieren sollte. Alle kooperativen und nichtkooperativen Ansätze, die zu einem Pareto-optimalen Ergebnis führen, lassen sich damit als Anwendungsfälle des Ansatzes mit der gewichteten globalen Wohlfahrtsfunktion interpretieren.

b) Einbeziehung nationaler Nichtverschlechterungsbedingungen

Bei dem soeben behandelten Fall einer auf globaler Wohlfahrtsmaximierung (bei unterschiedlicher nationaler Machtgewichtung) basierenden Allokation nationaler Vermeidungspflichten ist nicht sichergestellt, daß alle Länder von dem Abkommen profitieren. Verschlechtert sich ein Teil der Länder durch die Teilnahme an einem internationalen Umweltabkommen gegenüber allgemeiner Nichtkooperation, so könnten Seitenzahlungen Abhilfe schaffen. Ist ein solches Transferregime nicht möglich, so bleibt gegenüber dem zuvor abgeleiteten Lösungsvektor nur eine Reallokation der nationalen Vermeidungs-

---

[21] Dies ist Reflex der Tatsache, daß Vermeidungsaufwendungen, die bei Ländern mit starker Machtposition anfallen, die globale Wohlfahrt relativ stärker beeinträchtigen als diejenigen, welche bei anderen Ländern auftreten.
[22] vgl. Eyckmans, Proost and Schokkaert (1993), S. 373.

pflichten, die den nationalen Mindestanforderungen an eine Abkommensteilnahme Rechnung trägt. Eine Mindestvoraussetzung für die umweltpolitische Kooperation eines Land ist sicherlich die Forderung, daß es sich durch die Teilnahme am Umweltabkommen gegenüber dem Fall allgemeiner Nichtkooperation nicht verschlechtert (sog. Nichtverschlechterungsbedingung). Damit wäre der zuvor gewählte Ansatz um die Nebenbedingung zu ergänzen, daß die einzelnen Länder bei Teilnahme an der internationalen Kooperationslösung ein mindestens so hohes Wohlfahrtsniveau realisieren wie bei allgemeiner Nichtkooperation (W_i^N). Für die Festlegung der nationalen Vermeidungspflichten ist also der folgende Ansatz heranzuziehen:[23]

$$\max_{q_1,...,q_n} \sum_{i=1}^{n} \alpha_i W_i(q_1,...,q_n)$$
$$\text{s.t.:} \quad W_i(q_1,...,q_n) \geq W_i^N \quad (i = 1,...,n). \tag{2.20}$$

Als Bedingungen für eine innere Lösung (für $q_1,...,q_n$) ergeben sich dann:

$$\sum_{j=1}^{n}(\alpha_j + \lambda_j) \cdot \frac{dB_j}{dq_j} = (\alpha_i + \lambda_i) \cdot \frac{dC_i}{dq_i} \quad (i = 1,...,n). \tag{2.21}$$

Die Schattenpreise λ_i der Teilnahmebedingungen werden durch folgende Kuhn-Tucker-Bedingungen bestimmt (für $i = 1,...,n$):

$$W_i(q_1,...,q_n) \geq W_i^N \quad \lambda_i \geq 0 \quad \lambda_i \cdot \{W_i(q_1,...,q_n) - W_i^N\} = 0. \tag{2.22}$$

Vergleicht man die Bedingungen für die Allokation nationaler Vermeidungspflichten mit der zuvor behandelten Situation ohne Berücksichtigung nationaler Nichtverschlechterungsbedingungen, so kommt man zu folgenden Feststellungen: Für den Fall, daß für Land i die Teilnahmebedingung bindend ist, wird das Verhandlungsmachtgewicht α_i durch den Schattenpreis (der Teilnahmebedingung) λ_i sozusagen „korrigiert". Diese Schattenpreise sind ein Maß für die „Macht", die ein Land aus der Drohung zieht, sich nicht am Umweltabkommen zu beteiligen (Nichtteilnahme-Drohung); sie sind ein Ergebnis des Maximierungsansatzes und vom α-Vektor und den Drohpunkten W_i^N abhängig.

Zieht man noch einmal die Bedingungen (2.21) für die Zuweisung nationaler Vermeidungspflichten heran, ergeben sich folgende Anforderungen: Die Vermeidungsmengen sind so auf die einzelnen Länder zu verteilen, daß für jedes Land die gewogenen nationalen Grenzkosten der globalen Summe der gewogenen nationalen Grenznutzen entsprechen, wobei sich die Gewichtung aus dem Wohlfahrtsgewicht α_i und dem Schattenpreis der Nichtverschlechterungsbedingung λ_i zusammensetzt. Es kommt also zu einem zwischenstaatlichen Ausgleich der „doppelgewichteten" nationalen Grenzvermeidungskosten. D.h. beispielsweise: Je höher die Gewichtung α_i und je höher der

---
[23]vgl. Eyckmans, Proost and Schokkaert (1993), S. 7ff.

Schattenpreis (der Teilnahmebedingung) λ_i eines Landes i ist, um so niedriger fallen dessen Grenzvermeidungskosten und damit dessen vertragsmäßige Vermeidungspflichten aus. Im Vergleich zur Nichtberücksichtigung nationaler Mindestteilnahmebedingungen folgt, daß der nationale Parameter λ_i um so höhere Werte annimmt, je mehr ein Land durch umweltpolitische Kooperation zu verlieren hätte. Dieser Korrekturfaktor hat damit besondere Relevanz für Länder mit hohen Grenzvermeidungskosten und/oder niedrigen Grenzvermeidungsnutzen.

Beurteilt man den Ansatz der expliziten Berücksichtigung nationaler Nichtverschlechterungsbedingungen nach Effizienzkriterien, so wird weder ein Pareto-optimales globales Vermeidungsniveau noch eine kosteneffiziente Umsetzung der Umweltvereinbarung erreicht. Nimmt man in diesem Rahmen (d.h. im Fall der Berücksichtigung nationaler Nichtverschlechterungsbedingungen) jedoch an, daß die Etablierung eines Systems zwischenstaatlicher Pauschaltransfers möglich ist, dann ergibt sich ein interessanter Ansatzpunkt zur Effizienzverbesserung des Umweltabkommens. Wählt man die Seitenzahlungen genau so, daß diese einen zwischenstaatlichen Ausgleich der „Gewichtungsterme" $(\alpha_i + \lambda_i)$ bewirken, so führt dies zu einer Pareto-optimalen Lösung. In diesem Fall „schmelzen" nämlich die Bedingungen zur Allokation nationaler Vermeidungspflichten zur first-best-Bedingung zusammen, was ein optimales globales Vermeidungsniveau und globale Kosteneffizienz impliziert.

c) Axiomatisch fundierte Umsetzung der Kooperationslösung

Im folgenden soll nun ein umweltpolitisches Regime analysiert werden, das ohne Etablierung eines Systems zwischenstaatlicher Transfers eine Pareto-optimale Lösung ermöglicht. Für die Gestaltung einer entsprechenden internationalen Umweltvereinbarung kommen spieltheoretische Ansätze in Betracht. Ein solcher Ansatz wäre die „verallgemeinerte Nash-Verhandlungslösung", welche im Gegensatz zu der bereits behandelten „üblichen" Nash-Verhandlungslösung im Nash-Produkt einen Parameter α berücksichtigt, welcher zwischenstaatliche Differenzen bei der Verhandlungsmacht abbilden kann.[24,25] Auch dieser allgemeineren Form der Nash-Verhandlungslösung liegt eine axiomatische Fundierung zugrunde. So erfüllt die verallgemeinerte Nash-Verhandlungslösung verschiedene Axiome (darunter die oben behandelten nationalen Nichtverschlechterungsbedingungen), welche Pareto-Optimalität implizieren.[26]

---

[24] Zur „verallgemeinerten Nash-Verhandlungslösung" siehe z.B. Binmore, Rubinstein and Wolinsky (1986).

[25] Man kann leicht zeigen, daß die übliche Nash-Verhandlungslösung ein Spezialfall der verallgemeinerten Nash-Verhandlungslösung ist, und zwar für den Fall gleicher Verhandlungsmacht: $\alpha = 0{,}5$.

[26] Die verallgemeinerte Nash-Verhandlungslösung erfüllt die Axiome „Unabhängigkeit von gleichwertigen Nutzendarstellungen" und „Unabhängigkeit von irrelevanten Alternativen" sowie das Axiom der Individuellen Rationalität (dieses bringt die nationale „Nichtverschlechterungsbedingung" zum Ausdruck). Diese Axiome stellen zusammengenommen sicher, daß die Lösung Pareto-optimal ist (vgl. Roth (1979), S. 18).

Die verallgemeinerte Nash-Verhandlungslösung ergibt sich durch Lösung des folgenden Ansatzes (im 2-Länder-Fall):

$$\max_{q_1,q_2} \left\{ [W_1(q_1,q_2) - D_1]^\alpha \cdot [W_2(q_1,q_2) - D_2]^{(1-\alpha)} \right\}, \quad (2.23)$$

wobei α und $(1 - \alpha)$ die Verhandlungsmacht von Land 1 bzw. Land 2 zum Ausdruck bringt. Damit maximiert die verallgemeinerte Nash-Verhandlungslösung das gewogene geometrische Mittel der Verhandlungsgewinne (gegenüber dem Nichtkooperationspunkt).[27] Die aus dem vorstehenden Ansatz resultierenden Optimierungsbedingungen determinieren die Allokation der nationalen Vermeidungspflichten und damit die Verteilung des globalen Kooperationsgewinns auf die beiden Länder.[28] Die Verteilung des Effizienzgewinns erfolgt in der Weise, daß das Verhältnis der kooperationsinduzierten nationalen Wohlfahrtszuwächse (also die nationalen Kooperationsgewinne) dem Verhältnis der mit der jeweiligen nationalen Verhandlungsmacht gewichteten nationalen Grenzwohlfahrten des Verhandlungsgewinns entspricht.[29] Durch entspechende Variation des α-Wertes läßt sich jeder beliebige Punkt auf der Pareto-Grenze erreichen. Damit hat die relative Machtposition der Länder entscheidenden Einfluß auf die Verteilung der durch ein Umweltabkommen realisierbaren Effizienzgewinne. Unter sonst gleichen Voraussetzungen erhält dasjenige Land einen höheren Anteil am globalen Wohlfahrtsgewinn, welches die größere Verhandlungsstärke hat.

3 Kooperation auf der Grundlage eines einfach strukturierten Regimes

Nachdem im soeben behandelten Abschnitt „differenzierende" Allokationsregime erörtert wurden, soll nun ein relativ einfach strukturiertes Regime (im 2-Länder-Rahmen) abgehandelt werden. Es sei unterstellt, daß die Länder eine einheitliche Vermeidungspflicht anstreben. Im Mittelpunkt der folgenden Ausführungen sollen Effizienzüberlegungen stehen, wobei alternative Länderkonstellation „durchgespielt" werden.

Eine solche internationale Auflagenlösung impliziert, daß jedes Land quasi nur eine Vermeidungseinheit bezahlen muß, um in den Genuß von zwei Vermeidungseinheiten zu kommen. Nimmt man das Optimierungskalkül eines Landes, so kann man dies auch so ausdrücken, daß jedes Land im Vergleich zum Nichtkooperationsfall nur noch die Hälfte seiner Grenzvermeidungskosten zugrundelegt.

---

[27]vgl. Roth (1979), S. 16.
[28]vgl. Kuhl (1987), S. 66f.
[29]Vergleicht man die Optimierungsbedingung der „verallgemeinerten Nash-Verhandlungslösung" mit der an früherer Stelle angeführten Tangentialeigenschaft der „üblichen" Nash-Verhandlungslösung, so erkennt man, daß diese bis auf die Berücksichtigung relativer nationaler Machtgewichte übereinstimmen.

Zunächst sei vom Fall identischer Länder ausgegangen. Nimmt man die Effizienzbedingung heran, dann kann man zeigen, daß es bei einer solchen Länderkonstellation eine Pareto-optimale Auflagenlösung gibt. Unterscheiden sich die beiden Länder nicht, so gibt es in bezug auf das Vermeidungsniveau q überhaupt kein Einigungsproblem, denn jedes Land wird in diesem Falle dasselbe Auflagenniveau präferieren. Ein Land bestimmt das von ihm präferierte Auflagenniveau wie folgt:

$$\max_q \{B_i(2q) - C_i(q)\} \qquad (i = 1, 2). \tag{2.24}$$

Damit ergibt sich als Bedingung für die Ermittlung der bevorzugten einheitlichen Vermeidungspflicht:

$$2 \cdot \frac{dB_i}{dq} = \frac{dC_i}{dq} \qquad (i = 1, 2). \tag{2.25}$$

Dies impliziert – wie oben bereits angedeutet – daß jedes Land im Vergleich zur allgemeinen Nichtkooperation lediglich die Hälfte seiner nationalen Grenzvermeidungskosten berücksichtigt. Da jedes der beiden Länder das vorstehend angeführte Kalkül zugrundelegt, ergibt sich für die jeweils national präferierten Vermeidungspflichten zwischen den Ländern kein Unterschied. Vergleicht man die vorstehende Optimierungsbedingung mit der Bedingung für eine Pareto-optimale umweltpolitische Lösung, so erkennt man, daß die von den beiden Länder präferierte Auflagenlösung Pareto-kompatibel ist, weil im vorliegenden Fall globale Grenzvermeidungsnutzen und nationale Grenzvermeidungskosten zum Ausgleich kommen.[30]

In bezug auf die Beurteilung der Pareto-Kompatibilität einer Auflagenlösung kann man auch folgende Überlegung anstellen: Sind die Länder identisch, so beträgt (im 2-Länder-Fall) der nationale Nutzen die Hälfte des globalen Nutzens und die nationalen Kosten die Hälfte der globalen Kosten, d.h. die Abweichung zwischen nationalem Kalkül und globalem (wohlfahrtsmaximierenden) Kalkül ist „auf beiden Seiten der Waagschaale" gleich groß.[31] Im Falle identischer Länder steht also die Anwendung einer einheitlichen Emissionsvermeidungsauflage der Realisierbarkeit einer Pareto-Lösung nicht entgegen.

a) Kooperation im Fall zwischenstaatlicher Vermeidungsnutzendifferenzen

Im Gegensatz zum vorigen Szenario (mit identischen Ländern) sei jetzt davon ausgegangen, daß das eine Land (Land 2) einen größeren Grenzvermeidungs-

---

[30] In bezug auf die Bedingungen zur Festsetzung des aus nationaler Sicht präferierten einheitlichen Vermeidungsniveaus gilt folgende Feststellung: Der Faktor, mit dem die nationalen Grenzvermeidungsnutzen multipliziert werden, bildet jeweils die Anzahl der (identischen) Länder ab.

[31] vgl. Endres (1993), S. 59.

nutzen hat als das andere Land. Die Länder sollen folgende Vermeidungsnutzenfunktionen haben: $B_i(Q)=\beta_i \cdot b(Q)$ (mit $b' > 0$, $b'' < 0$), wobei $\beta_2 > \beta_1$ gilt. Damit ergeben sich die nationalen Präferenzen hinsichtlich der Höhe einer international einheitlichen Auflage durch den folgenden Ansatz:

$$\max_q \{\beta_i \cdot b(2q) - C_i(q)\} \,. \tag{2.26}$$

Die entsprechenden Optimierungsbedingungen der Länder sind damit:

$$2\beta_i \cdot \frac{db}{dq} = \frac{dC_i}{dq} \qquad (i = 1, 2)\,. \tag{2.27}$$

Jedes der beiden Länder wird ein einheitliches Vermeidungsniveau vorziehen, bei welchem seine Grenzvermeidungsnutzen der Hälfte seiner Grenzvermeidungskosten entsprechen. Damit würde aber das Land mit den höheren Grenzvermeidungsnutzen (Land 2) eine höhere international einheitliche Vermeidungspflicht präferieren, als das andere Land (Land 1). Wird dann die von Land 1 gerade noch „mitgetragene" Vermeidungspflicht eingeführt, dann gilt folgender Zusammenhang:[32]

$$\frac{dB_1}{dq} = \frac{1}{2} \cdot \frac{dC_1}{dq} = \frac{1}{2} \cdot \frac{dC_2}{dq} < \frac{dB_2}{dq}\,. \tag{2.28}$$

Es zeigt sich, daß globale Kosteneffizienz realisiert wird. Dies ist bei gleichen Vermeidungskostenfunktionen und einheitlicher Vermeidungspflicht unmittelbar einleuchtend. Ein solcher Ausgleich der Grenzvermeidungskosten kommt innerhalb dieses Rahmens, unabhängig vom jeweils vereinbarten Niveau einer einheitlichen Vermeidungspflicht, immer zustande.

In bezug auf die Beurteilung der Pareto-Eigenschaft der realisierten Auflagenlösung kann man folgende Überlegung anstellen:[33] Für die Bestimmung des Pareto-optimalen Vermeidungsniveaus ist u.a. der globale (Grenz-) Vermeidungsnutzen heranzuziehen, d.h. um eine Pareto-optimale Lösung zu erreichen, müßten sich die beiden Länder bei der Berechnung der von ihnen jeweils präferierten Auflagenhöhe am länderdurchschnittlichen Vermeidungsnutzen orientieren; tatsächlich legt jedes Land in seinem Kalkül aber seinen spezifisch nationalen Vermeidungsnutzen zugrunde. Im Gegensatz zum Fall identischer Länder ist bei Existenz zwischenstaatlicher Vermeidungsnutzendifferenzen der nationale Vermeidungsnutzen des Landes mit der niedriger verlaufenden Grenzvermeidungskostenkurve (Land 1) geringer als der länderdurchschnittliche Vermeidungsnutzen (während der nationale Vermeidungsnutzen des anderen Landes darüber liegt). Es ist also nicht überraschend,

---
[32] In der Regel wird es zwischen den beiden Ländern zu einer Kompromißlösung kommen müssen, so daß ein Vermeidungsniveau gewählt wird, das zwischen den beiden national präferierten Werten liegen wird. Für den hier verfolgten Zweck einer Effizienzbeurteilung ist es jedoch ausreichend auf einen der möglichen Extremfälle des Umweltregimes abzustellen.
[33] vgl. Endres (1993), S. 62.

daß, falls eine Einigung über eine einheitliche Auflage überhaupt zustandekommt, das vereinbarte Vermeidungsniveau unter dem Pareto-optimalen Niveau liegen wird.[34] Die Pareto-suboptimale globale Vermeidungsmenge wird jedoch auf kosteneffiziente Weise realisiert.

b) Kooperation im Falle zwischenstaatlicher Vermeidungskostendifferenzen

Als nächstes soll eine Differenzierung bei den Vermeidungskosten vorgenommen werden.[35] Annahmegemäß habe Land 1 einen steileren Anstieg bei seinen Vermeidungskosten, so daß folgende Vermeidungskostenfunktionen gelten: $C_i(q_i) = \gamma_i \cdot c(q_i)$ (mit $c' > 0$, $c'' > 0$) für $\gamma_1 > \gamma_2$. Das nationale Kalkül zur Bestimmung der optimalen einheitlichen Vermeidungspflicht ist damit:[36]

$$\max_q \{B_i(2q) - \gamma_i \cdot c(q)\} \qquad (i = 1, 2). \tag{2.29}$$

Daraus ergeben sich für die Länder die folgenden Optimalitätsbedingungen:

$$2 \cdot \frac{dB_i}{dq} = \gamma_i \cdot \frac{dc}{dq} \qquad (i = 1, 2). \tag{2.30}$$

Die Länder werden also eine einheitliche Vermeidungsauflage präferieren, bei welcher die halbierten nationalen Grenzvermeidungskosten mit den (gesamten) nationalen Grenzvermeidungsnutzen übereinstimmen. Da das Land mit der ungünstigeren Kostenstruktur (Land 1) Vermeidungsmaßnahmen mit überdurchschnittlichen Grenzvermeidungskosten durchführen muß, ist der Punkt, für welchen diese Bedingung gilt, schon bei einer geringeren Vermeidungsmenge erreicht als beim anderen Land (Land 2). Ein Pareto-optimales Vermeidungsniveau kann damit nicht zustandekommen.

Da die im Abkommen letztendlich vereinbarten Vermeidungsmengen annahmegemäß gleich sind, die Grenzvermeidungskostenkurven der Länder jedoch einen unterschiedlichen Verlauf aufweisen, ergeben sich bei Realisierung der vereinbarten einheitlichen Auflagenhöhe für die beiden Länder unterschiedliche Grenzvermeidungskostenniveaus. Damit kommt es im vorliegenden Fall nicht nur zu einer Pareto-suboptimalen globalen Vermeidungsmenge, sondern auch zu globaler Kostenineffizienz, weil die Grenzvermeidungskosten der Länder voneinander abweichen.

Wird die international einheitliche Vermeidungsmenge auf das von Land 1 präferierte Niveau festgelegt, so gilt der folgende Zusammenhang:

$$\frac{dB_1}{dq} = \frac{1}{2} \cdot \frac{dC_1}{dq} > \frac{1}{2} \cdot \frac{dC_2}{dq} < \frac{dB_2}{dq}. \tag{2.31}$$

Es zeigt sich damit noch einmal, daß unter diesen Bedingungen im Gegensatz zum vorigen Fall nicht einmal mehr Kosteneffizienz realisierbar ist.

---

[34] Zur Möglichkeit der Gewährung von Seitenzahlungen, vgl. Endres (1993), S. 66f.
[35] vgl. Endres (1993), S. 64ff.
[36] Auf die gleichzeitige Differenzierung der Vermeidungsnutzen wurde an dieser Stelle verzichtet.

c) Kooperation im Falle zwischenstaatlicher Differenzen bei Vermeidungsnutzen und Vermeidungskosten

Stellt man am Ende dieses Abschnitts noch auf den Fall ab, daß zwischenstaatliche Differenzen sowohl bei Vermeidungsnutzen als auch bei Vermeidungskosten vorliegen, so kann man die entsprechenden Szenarien durch die beiden nachfolgend angeführten Sachverhalte erfassen:[37]
(1) Nimmt man zuerst den Fall, daß das Land mit den niedrigeren Vermeidungsnutzen eine relativ ungünstige Vermeidungskostenstruktur aufweist, so führt dies zu einer Verschärfung der Suboptimalität des realisierten globalen Vermeidungsniveaus.
(2) Hat das Land mit den niedrigeren Vermeidungsnutzen jedoch auch eher niedrige Vermeidungskosten, dann ergeben sich relative Effizienzverbesserungen.

Insgesamt bleibt aber festzuhalten, daß ein Umweltregime mit einheitlicher Vermeidungspflicht bei zwischenstaatlichen Vermeidungskostendifferenzen stets ineffizient ist, wobei die unmittelbar erkennbare Kostenineffizienz quasi auf das Niveau des globalen Vermeidungszieles „durchschlägt".

d) Stabilität umweltpolitischer Kooperation

Zuletzt noch einige Anmerkungen zur Stabilität des hier behandelten Umweltregimes. In all den Fällen, in denen zwischenstaatliche Differenzen bei Vermeidungsnutzen und/oder Vermeidungskosten vorliegen, ergeben sich die folgenden Zusammenhänge: Soweit die bei Abkommenseinhaltung zu berücksichtigenden nationalen Grenzvermeidungsnutzen und Grenzvermeidungskosten einander nicht ausgleichen (vgl. die entsprechenden oben jeweils angeführten Ungleichungssysteme), entstehen Anreize, von der vereinbarten Vermeidungsmenge abzuweichen. Die „erfolgreiche" (vertragswidrige) Umsetzung des angestrebten Ausgleichs von nationalen Grenzvermeidungsnutzen und Grenzvermeidungskosten setzt jedoch voraus, daß sich das jeweils andere Land vertragstreu verhält. Wenn die Einhaltung der Vereinbarung durch das eine Land im Falle des Vertragsbruchs durch das andere Land nicht grundsätzlich unterstellt werden kann, ergibt es einen gewissen Anreiz, die (wenn auch ineffiziente) Umweltvereinbarung einzuhalten. Ist aber der Anreiz zum Vertragsbruch (aus welchen Gründen auch immer) relativ hoch, dann könnten exogene Durchsetzungsmechanismen (sofern verfügbar) Abhilfe schaffen. Dann hätte das Umweltabkommen den Charakter eines sog. bindenden Vertrages. Der dazu alternative Ansatz stellt darauf ab, daß die stetige Einhaltung einer Umweltvereinbarung im Eigeninteresse eines jeden Landes liegen kann. Auf diesen Sachverhalt wird unter anderem im fünften Kapitel eingegangen, welches die Analyse um Langfristaspekte erweitert.

---

[37] vgl. Endres (1993), S. 65.

4 Zusammenfassung

Gegenstand des zweiten Kapitels sind die durch internationale Umweltkooperation realisierbaren Effizienzgewinne. Dabei wird der Übergang von der diskreten zur stetigen „Betrachtungsweise" vollzogen. So werden diverse Funktionen zugrunde gelegt, welche die stetige Variation nationaler Emissions- bzw. Vermeidungsniveaus zulassen und diesen entsprechende Nutzen- bzw. Kostengrößen zuordnen. Zwar dürfte in der Realität das „Aufstellen" exakter Funktionen (z.B. von Schadenskostenfunktionen) kaum möglich sein, dennoch wird man in vielen Fällen in der Lage sein, zumindest gewisse Abschätzungen vorzunehmen, um einen Zusammenhang zwischen Emissions- bzw. Vermeidungsmengen und Nutzen-/Kosten-Größen herzustellen. Die hier verwendeten Funktionen sollen solche Abschätzungen abbilden. Aus den betreffenden Funktionen wurden dann nationale Wohlfahrtsfunktionen gebildet, welche die Differenz zwischen (Brutto-)Emissionsnutzen und Schadenskosten zum Ausdruck bringen. Stellt man direkt auf Vermeidungsmengen ab, so ergibt sich die Wohlfahrt eines Landes als Differenz zwischen dem (Brutto-)Vermeidungsnutzen und den Vermeidungskosten. Die Länder verfolgen annahmegemäß das Ziel, die nationale Wohlfahrt zu maximieren.

Koordinieren die Länder ihre umweltpolitischen Maßnahmen nicht, dann unterstellen sie zum Beispiel, daß die Festsetzung des eigenen Vermeidungsniveaus keinen Einfluß auf die Vermeidungsaktivität der jeweils anderen Länder hat (Nash-Annahme). Ein Land setzt dann seine nationale Vermeidungsmenge so fest, daß die nationalen Grenzvermeidungsnutzen einer zusätzlichen Vermeidungseinheit mit den anfallenden Grenzvermeidungskosten übereinstimmen. Das nichtkooperative globale Vermeidungsniveau stellt sich dann als sog. Nash-Gleichgewicht ein, wenn die festgelegte Vermeidungsmenge jeden Landes die „gegenseitig beste Anwort" auf die Fixierung der Vermeidungsniveaus der anderen Länder ist.

Ein solches Nash-Gleichgewicht ist jedoch keine optimale Lösung. Legt man als Maßstab für Optimalität die Maximierung der globalen Wohlfahrt zugrunde, so müßten die nationalen Vermeidungsmengen so determiniert werden, daß die einzelnen Länder nicht nur die internen Nutzen nationaler Vermeidungsaktivität, sondern auch die bei anderen Ländern anfallenden externen Nutzen berücksichtigen. Damit würde jedes Land seine Vermeidungsmaßnahmen solange ausdehnen, bis die aus einer zusätzlichen Vermeidungseinheit anfallenden Grenzkosten den globalen Grenznutzen entsprechen; in diesem Fall wären also die externen Nutzen nationaler Vermeidungstätigkeit (voll) einbezogen. Ein solcher Ansatz impliziert zudem, daß die auf globaler Ebene insgesamt notwendige Vermeidungsaktivität kostenminimierend auf die einzelnen Länder aufgeteilt wird. Die Realisierung dieser umweltpolitischen Effizienzlösung würde ein hohes Maß zwischenstaatlicher Kooperation erfordern.

Der koordinierungsinduzierte Zuwachs an globaler Wohlfahrt, und damit der globale Verhandlungsgewinn, läßt sich in zwei Komponenten aufspalten: Den Kosten-Effizienzgewinn und den Niveau-Effizienzgewinn. Die erste Komponente des globalen Verhandlungsgewinns hat ihre Ursache in dem Umstand, daß bei umweltpolitischer Kooperation globale Kostenüberlegungen zum Zuge kommen und so Verpflichtungen zur Emissionsvermeidung vom Land mit den höheren Grenzvermeidungskosten auf das Land mit den niedrigeren Grenzvermeidungskosten verlagert werden können. Damit ergibt sich für den Teil der kooperativen globalen Vermeidungsmenge, der auch unter nichtkooperativen Bedingungen realisiert worden wäre, ein entsprechender Kosten-Effizienzgewinn, der bei einem zwischenstaatlichen Ausgleich der Grenzvermeidungskosten maximal ist. Die betreffenden globalen Vermeidungsmaßnahmen würden dann zwar auf kosteneffiziente Weise umgesetzt, gleichwohl bliebe die Tatsache, daß die realisierte Vermeidungsmenge Pareto-suboptimal wäre. Durch Umweltkooperation kann deshalb noch ein sog. Niveau-Effizienzgewinn verwirklicht werden. Dieser ist Ergebnis des Faktums, daß im kooperativen Rahmen alle mit Vermeidungsaktivitäten verbundenen (positiven) externen Effekte ins Kalkül einbezogen werden. Damit ergibt sich gegenüber dem unkoordinierten Zustand ein höheres globales Vermeidungsniveau, wobei der Bereich der entsprechenden Zusatzvermeidungsmenge durch einen Überschuß des globalen Grenzvermeidungsnutzens über die Grenzvermeidungskosten gekennzeichnet ist. Wird die betreffende Zusatzvermeidung durchgeführt, so kommt es zu einem Ausgleich der beiden Grenzgrößen. In diesem Fall ist das Potential an Effizienzgewinnen durch Umweltkooperation voll ausgeschöpft.

Die sich bei der umweltpolitischen Effizienzlösung für die einzelnen Länder ergebenden nationalen Vermeidungspflichten werden für diese aber nicht immer akzeptabel sein. In diesem Fall können zwischenstaatliche Transferzahlungen ein potentielles Instrument zur Umsetzung umweltpolitischer Effizienz sein, denn die Gewährung von Seitenzahlungen ermöglicht die Trennung von Verteilungs- und Allokationsaspekten. Die Möglichkeit einer solchen Abkopplung ist für die internationale Umweltpolitik von herausragender Bedeutung. Durch Transferzahlungen kann jede beliebige zwischenstaatliche Wohlfahrtsverteilung realisiert werden, ohne daß man an eine bestimmte Allokation nationaler Vemeidungspflichten gebunden wäre. Strebt man ein entsprechendes Wohlfahrtsverteilungsziel an, ohne über das Instrument von Seitenzahlungen zu verfügen, dann ist regelmäßig mit einem Verlust globaler Wohlfahrt zu rechnen. Denn in diesem Fall kann die zwischenstaatliche Wohlfahrtsverteilung nur durch die Allokation nationaler Vermeidungspflichten beeinflußt werden, sodaß eine ausschließliche Orientierung an Effizienzaspekten nicht in Frage kommt. Muß man auf Transferzahlungen verzichten, so ist die Umsetzung einer axiomatisch fundierten Umweltkooperationslösung möglich, welche bestimmten Effizienz- und Gerechtigkeitsanforderungen genügt (z.B. Nash-Verhandlungslösung).

Der zweite Abschnitt des Kapitels befaßte sich mit umweltpolitischer Kooperation für den Fall, daß die einzelnen Länder unterschiedliche Verhandlungsmacht haben. Es wurde gezeigt, daß sich unter diesen Umständen das globale Vermeidungsziel nicht kosteneffizient realisieren läßt. Dies wird durch die Relevanz der zwischenstaatlich divergierenden Verhandlungsstärke verursacht. In einem weiteren Teil werden mit Blick auf die Akzeptanz einer solchen Kooperationslösung explizit die sog. Nichtverschlechterungsbedingungen der Länder in die Analyse einbezogen. Diese bringen die Forderung zum Ausdruck, daß sich ein Land durch die Teilnahme an einer umweltpolitischen Kooperationslösung gegenüber allgemeiner Nichtkooperation nicht verschlechtern darf. Im Fall, daß für ein Land die Teilnahmebedingung bindend ist, wird die in der globalen Wohlfahrtsfunktion zugrunde gelegte nationale Gewichtung (Verhandlungsmachtkoeffizient) durch den Schattenpreis der Teilnahmebedingung in ihrer Relevanz sozusagen nachträglich „korrigiert". Diese Schattenpreise sind ein Maß für die „Macht", die ein Land aus der Drohung zieht, sich nicht am Umweltabkommen zu beteiligen (Nichtteilnahmedrohung). Auch in diesem Fall wird keine Effizienzlösung realisiert. Je höher das machtpolitische Gewicht und je höher der Schattenpreis der Teilnahmebedingung eines Landes ist, um so geringer fallen dessen Vermeidungspflichten aus. Das Vorhandensein unterschiedlicher Verhandlungsmacht kann in einer axiomatischen Kooperationslösung erfaßt werden. Die Verteilung des globalen Effizienzgewinns erfolgt dann in der Weise, daß das Verhältnis der kooperationsinduzierten nationalen Wohlfahrtszuwächse (also die nationalen Kooperationsgewinne) dem Verhältnis der mit der jeweiligen nationalen Verhandlungsmacht gewichteten nationalen Grenzwohlfahrten des Verhandlungsgewinns entspricht.

Im dritten Abschnitt wurden die Effizienzeigenschaften eines internationalen Umweltabkommens am Beispiel eines einfach strukturierten Regimes (einheitliche Emissionsvermeidungspflicht) erörtert. Haben die Länder unterschiedliche Vermeidungsnutzenfunktionen, dann wird zwar kein Pareto-optimales globales Vermeidungsniveau erreicht, die Realisierung der entsprechenden Vermeidungsmenge erfolgt jedoch unter kosteneffizienten Bedingungen. Liegen die zwischenstaatlichen Differenzen aber bei den Vermeidungskostenfunktionen, dann ist weder Pareto-Optimalität noch globale Kosteneffizienz möglich. Nimmt man dann den wohl realistischeren Fall, daß sich die Länder sowohl bei ihren Vermeidungsnutzen- als auch bei ihren Vermeidungskostenverhältnissen unterscheiden, dann lassen sich für das 2-Länder-Szenario folgende Fälle festmachen: Falls das Land mit den niedrigeren Vermeidungsnutzen auch eine relativ ungünstige Vermeidungskostenstruktur aufweist, führt dies zu einer Verschärfung der Suboptimalität des realisierten globalen Vermeidungsniveaus. Hat dieses Land aber eher niedrige Vermeidungskosten, dann ergeben sich relative Effizienzverbesserungen.

Schlußpunkt des Abschnitts waren Überlegungen zur Stabilität umweltpolitischer Kooperation: Soweit die bei Vertragserfüllung zu berücksichtigenden nationalen Grenzvermeidungsnutzen und Grenzvermeidungskosten nicht übereinstimmen, entsteht der Anreiz, von der vereinbarten Vermeidungsmenge abzuweichen. Die „erfolgreiche" (vertragswidrige) Umsetzung des angestrebten Ausgleichs dieser beiden Grenzgrößen setzt jedoch voraus, daß sich die anderen Länder vertragstreu verhalten. Wenn aber die Einhaltung der Vereinbarung durch die anderen Länder im Fall des eigenen Vertragsbruchs nicht grundsätzlich unterstellt werden kann, ergibt sich ein gewisser Anreiz, die Umweltvereinbarung einzuhalten. Ist aber der Anreiz zum Vertragsbruch (aus welchen Gründen auch immer) relativ hoch, dann könnten exogene Durchsetzungsmechanismen (sofern verfügbar) Abhilfe schaffen. Dann hätte das Umweltabkommen den Charakter eines sog. bindenden Vertrages. Schließlich wird noch auf die Möglichkeit hingewiesen, daß es unter bestimmten Rahmenbedingungen im Eigeninteresse eines Landes liegen kann, eine Umweltvereinbarung stets einzuhalten (self-enforcing).

Teil II:

Die Instrumentalebene internationaler Umweltpolitik

Kapitel 3: Internationale Umweltpolitik auf der Grundlage von Zertifikatelösungen

Eine internationale Zertifikatelösung zeichnet sich als Instrument der Mengensteuerung zunächst einmal dadurch aus, daß für die globalen Emissionen eine Höchstgrenze festgelegt werden muß. Die fixierte globale Emissionshöchstgrenze bestimmt den Umfang der international zur Verfügung stehendenden Emissionsrechte, welche in Zertifikateform verbrieft nach irgendeinem Kriterium auf die Länder verteilt werden. Die den einzelnen Ländern zugewiesene Ausstattung mit Emissionsrechten kann durch die Länder insoweit korrigiert werden, als ein zwischenstaatlicher Handel dieser Rechte zugelassen wird. Die Möglichkeit eines solchen internationalen Handels mit Emissionsrechten markiert innerhalb des mengensteuernden Instrumentariums den Übergang von der Auflagenlösung zur Zertifikatelösung.

1 Festsetzung des globalen Emissionsziels

Die in den bisherigen Ausführungen analysierten umweltpolitischen Entscheidungen basierten stets auf nationalen Wohlfahrtsfunktionen, welche die Vermeidungsnutzen (bzw. Schadenskosten) und Vermeidungskosten der betreffenden Länder abgebildet haben. Damit wurde implizit unterstellt, daß diese Größen genau spezifizierbar sind. Das „Aufstellen" exakter Schadens- und Vermeidungskostenfunktionen dürfte in der Realität jedoch kaum möglich sein. Dennoch wird man in vielen Fällen wohl in der Lage sein, zumindest „gewisse Abschätzungen" vorzunehmen, um Vorstellungen über die ungefähre Größenordnung der beiden Wohlfahrtskomponenten zu erlangen.[1] Die hier regelmäßig zugrundegelegten nationalen Wohlfahrtsfunktionen sollen solche Abschätzungen abbilden. D.h., auch für die nachstehend analysierte Festsetzung der globalen Emissionshöchstgrenze wird auf das Konzept der Wohlfahrtsfunktionen zurückgegriffen.

Eine Alternative zu dieser Vorgehensweise wäre ein politisch vorgegebenes globales Emissionsziel. Die Festlegung einer wie auch immer gearteten „politisch determinierten" globalen Emissionshöchstgrenze muß sich, soll sie nicht als gänzlich willkürliche Entscheidung erscheinen, an gewissen Vorstellungen umweltökonomischer Zusammenhänge orientieren. Dies wird nun ausgehend vom Konzept des sog. critical load gezeigt.[2] Der „critical load" kann (bezogen auf Globalschadstoffe) als die maximale globale Emissionsmenge, welche physische Umweltschäden von Null verursacht, definiert werden. Insofern kann man den critical load auch als die Assimilationskapazität eines Umweltsystems interpretieren. In diesem Zusammenhang stellt sich jedoch

---
[1] vgl. dazu Cansier (1993), S. 364 (dort in Zusammenhang mit dem Klimaschutzziel).
[2] Zum Konzept des critical load vergleiche z.B. Mäler (1992), S. 72f.

die Frage, ob eine rein naturwissenschaftlich determinierte Größe (wie die „physischen Umweltschäden") für die Fixierung umweltpolitischer Zielwerte angemessen ist. Es erscheint dagegen sinnvoller zu sein, die physischen Umweltschäden durch Monetarisierung (Bewertung) einem ökonomischen Kalkül zugänglich zu machen: dies bedeutet, nicht die physischen Umweltschäden, sondern die (monetären) Schadenskosten als entscheidungsrelevante Größe heranzuziehen. Berücksichtigt man nun noch die Tatsache, daß die Verhinderung bestimmter Schadenskosten mit volkswirtschaftlichen Kosten verbunden ist, so kann vernünftigerweise nicht völlig außer acht bleiben, welche Vermeidungskosten bei alternativen Niveaus der Emissionsvermeidung anfallen. Insofern erscheint für die Festlegung umweltpolitischer Zielwerte die gleichzeitige Berücksichtigung der Nutzen- und Kostenseite bestimmter Maßnahmen angemessen zu sein. Eine solche Vorgehensweise ist nicht deshalb schon ausgeschlossen, weil z.B. exakte naturwissenschaftliche Grundlagen fehlen. In solchen Fällen sollte man auf entsprechende Abschätzungen zurückgreifen. Die angeführten Zusammenhänge lassen es damit geboten erscheinen, auch für die weitere Analyse auf das Konzept der Wohlfahrtsfunktionen abzustellen.

Nachdem geklärt ist, welches analytische Grundkonzept für die Ableitung des globalen Emissionsziels verwendet werden soll, wird nun der Frage nachgegangen, welches Niveau die globale Emissionsgrenze haben sollte.

a) Die effiziente globale Emissionsmenge

Die eine Möglichkeit, die globale Emissionsmenge (E^*) für ein internationales Zertifikatesystem festzulegen, orientiert sich ausschließlich an globalen wohlfahrtsökonomischen Überlegungen. Dabei wird eine globale Wohlfahrtsfunktion zugrundegelegt, die sich als (ungewichtete) Summe der nationalen Wohlfahrtsfunktionen ergibt. Verfolgt man das Ziel der globalen Wohlfahrtsmaximierung mittels optimaler Zuweisung nationaler Emissionsrechte (e_i^z), so ist folgendes Kalkül heranzuziehen:[3]

$$\max_{e_1^z,\ldots,e_n^z} \sum_{i=1}^{n} \{B_i(e_i^z) - D_i(E^*)\} \,. \qquad (3.1)$$

Die durch diesen Ansatz determinierte (aus internationaler Sicht optimale) Emissionsrechteausstattung der Länder gemäß

$$\frac{dB_i}{de_i^z} = \sum_{j=1}^{n} \frac{dD_j}{dE^*} \quad \text{(für alle } i\text{)} \qquad (3.2)$$

---

[3] Hier spielt die Möglichkeit des Zertifikatehandels keine Rolle, da bereits bei der Erstzuteilung der Emissionsrechte eine Effizienzlösung erreicht würde. Dies kommt auch darin zum Ausdruck, daß sich im globalen Kontext die sog. Zertifikatsterme der Länder gegenseitig aufheben, da durch den Zertifikatehandel lediglich eine zwischenstaatliche Umverteilung der Emissionsrechteausstattung erfolgt.

bestimmt als Aggregatgröße implizit die globale Emissionsmenge $E^* \equiv \sum_{i=1}^{n} e_i^z$. Diese ist dadurch gekennzeichnet, daß sie die globale Wohlfahrt maximiert. Damit ergibt sich nicht nur ein Pareto-optimales Niveau der globalen Emissionsmenge, sondern auch eine kosteneffiziente Zuweisung nationaler Emissionsrechte auf die einzelnen Länder. Wie sich im folgenden zeigen wird, muß die so (auf internationaler Ebene) bestimmte globale Emissionshöchstgrenze nicht unbedingt mit den entsprechenden Vorstellungen der betreffenden Länder übereinstimmen.

b) Die national präferierte globale Emissionsmenge

Geht man in Analogie zu den vorherigen Überlegungen davon aus, daß auch die Länder bei der Festlegung des von ihnen präferierten globalen Emissionsniveaus ein wohlfahrtsmaximierendes Kalkül zugrunde legen, so ergibt sich dabei folgendes Problem: Jedes Land muß sich Erwartungen darüber bilden, in welchem Umfang es bei der Umsetzung des von ihm präferierten globalen Emissionsziels „herangezogen" wird. Geht ein Land i z.B. davon aus, daß es unabhängig vom jeweils vereinbarten globalen Emissionssniveau (E^*) einen ganz bestimmten Anteil (α_i) dieses Emissionspotentials in Form von Emissionszertifikaten e_i^z zugewiesen bekommt, d.h. $e_i^z = \alpha_i E^*$, dann wird es das von ihm präferierte globale Emissionsniveau auf der Grundlage des folgenden Ansatzes bestimmen (mit $0 < \alpha_i < 1$):[4,5]

$$\max_{E^*} \{B_i(\alpha_i E^*) - D_i(E^*)\} . \quad (3.3)$$

Das aus nationaler Sicht optimale globale Emissionsniveau ergibt sich dann aus der nachstehend angeführten Bedingung:

$$\alpha_i \cdot \frac{dB_i}{de_i^z} = \frac{dD_i}{dE^*} . \quad (3.4)$$

Die rechte Seite der Bedingung bringt die nationale Schadenswirkung einer marginalen Erhöhung der globalen Emissionsmenge zum Ausdruck. Die linke Seite, welche auf den entsprechenden Grenznutzen des Landes (aus zusätzlicher nationaler Güterproduktion) abstellt, besteht aus dem mit α_i gewichteten nationalen Grenzemissionsnutzen. Darin kommt zum Ausdruck, daß bei einer Erhöhung der globalen Emissionshöchstgrenze Land i davon nur einen Anteil von $\alpha_i dE^*$ zugewiesen bekäme und damit nur dieses Quantum für die (emissionsgebundene) nationale Zusatzproduktion zur Verfügung stände.

---
[4] Hier wird von der Möglichkeit des Zertifikatehandels abstrahiert. Würde man die Möglichkeit des Zertifikatehandels explizit berücksichtigen, so müßte man noch den „Zertifikatsterm" $p(\alpha_i E^* - e_i)$, d.h. Zertifikatepreis mal nationales Transaktionsvolumen, heranziehen. Dies würde die Notwendigkeit implizieren, sich auch über den zukünftigen Marktpreis für Zertifikate Erwartungen zu bilden.
[5] Der nationale Anteil an der Erstausstattung könnte jedoch annahmegemäß auch mit dem globalen Emissionsniveau variieren: $\alpha_i = \alpha_i(E^*)$.

Das von einem Land präferierte globale Emissionsniveau ist damit um so höher, je höher dessen Grenzemissionsnutzen und erwarteter Zuweisungsanteil und je niedriger dessen Grenzschadenskosten sind. Formt man die vorstehend angeführte nationale Bedingung um, so ergibt dies

$$\frac{dB_i}{de_i^z} = \frac{1}{\alpha_i} \cdot \frac{dD_i}{dE^*}. \tag{3.5}$$

(mit $0<\alpha_i<1$). D.h., das Land berücksichtigt die Tatsache, daß eine potentielle Erhöhung der nationalen Emissionsrechteausstattung eine darüber hinausgehende Erhöhung der globalen Emissionen nach sich zieht ($1/\alpha_i$), welche die nationalen Schadenskosten erhöhen. Vergleicht man nun die Bedingungen, die aus internationaler bzw. nationaler Sicht für die Festlegung der optimalen globalen Emissionsmenge zugrunde gelegt werden, dann erkennt man, daß diese nur dann übereinstimmen, wenn die von Land i berücksichtigten Grenzschadenskosten zufälligerweise den global anfallenden Grenzschadenskosten entsprechen würden. Da dies praktisch ausgeschlossen ist, weichen die von den Ländern präferierten globalen Emissionswerte von dem aus internationaler Sicht optimalen Niveau ab.[6]

Das Land i kann den vorgenannten Ansatz für alternative α_i, d.h. für die verschiedenen in Frage kommenden Allokationsschemata für die Zertifikate-Erstausstattung ($\alpha_i^1, ..., \alpha_i^m$), „durchspielen":

$$\max_{E^*} \{B_i(\alpha_i^1 E^*) - D_i(E^*)\}$$
$$\vdots \quad \vdots \quad \vdots \tag{3.6}$$
$$\max_{E^*} \{B_i(\alpha_i^m E^*) - D_i(E^*)\}$$

Damit erhält Land i ein Schema, das jedem in Frage kommenden Erstausstattungsregime (d.h. jedem α_i) ein aus nationaler Sicht optimales globales Emissionsniveau zuordnet. Dieses Schema könnte für Land i Grundlage für multilaterale Verhandlungen über die Etablierung eines internationalen Zertifikatesystems sein.

2 Allokation der nationalen (Erst-)Ausstattungen mit Emissionsrechten

Die Einigung auf ein globales Emissionsziel E^* impliziert die Schaffung entsprechender globaler Emissionsrechte. Diese global „verfügbaren" Emissionsrechte werden annahmegemäß vollständig auf die einzelnen Länder verteilt.

---

[6] Auf die Frage, inwieweit die durch die vereinbarte Emissionsmenge determinierte globale Vermeidung kosteneffizient durchgeführt werden kann, wird im Abschnitt über den Emissionsrechtehandel erörtert.

Damit gilt:

$$E^* \equiv \sum_{i=1}^{n} e_i^z = \sum_{i=1}^{n} \alpha_i \cdot E^* \quad \text{mit} \quad \sum_{i=1}^{n} \alpha_i = 1, \qquad (3.7)$$

mit e_i^z als Zuteilungsmenge der Emissionsrechte und α_i als Zuteilungsparameter des Landes i. Es stellt sich nun die Frage, in welcher Weise, d.h. nach welchen Kriterien, eine solche Zuteilung der Emissionsrechte auf die einzelnen Länder erfolgen soll.[7] Dies wird Gegenstand dieses Abschnitts sein, wobei zunächst verschiedene Allokationen nach sogenannten emissionsbezogenen Kriterien erörtert werden.

a) Allokation nach emissionsbezogenen Kriterien

Gleiche proportionale Emissionsminderungspflicht

Ausgehend von einem bestimmten gegenwärtigen globalen Emissionsniveau E^0 (oder dem eines Basisjahres) soll dieses auf das durch internationale Umweltverhandlungen festgelegte niedrigere Niveau E^* abgesenkt werden. Dies führt im Rahmen einer internationalen Zertifikatelösung dazu, daß den einzelnen Ländern nationale Emissionsrechte nur in dem Umfang zugewiesen werden, der mit der Realisierung der globalen Emissionshöchstgrenze E^* vereinbar ist. Sollen durch die Etablierung des Zertifikatesystems die nationalen Emissionsrechte im Vergleich zur jeweiligen Ausgangslage (e_i^0) in gleichem Verhältnis gekürzt werden, so ergibt sich folgender Zusammenhang:

$$\frac{e_i^z}{e_i^0} = \frac{E^*}{E^0}. \qquad (3.8)$$

Die implizierte gegenüber dem Ausgangszustand proportionale Emissionsvermeidungspflicht läßt die zwischenstaatlichen Emissionsrelationen unangetastet und sichert damit die relativen „Besitzstände" der Länder. Die nationale Erstausstattung mit Zertifikaten bestimmt sich somit auf der Grundlage des Zuteilungsparameters $\alpha_i = e_i^0/E^0$:

$$e_i^z = E^* \frac{e_i^0}{E^0}. \qquad (3.9)$$

Eine nach diesem Regime durchgeführte Allokation nationaler Emissionsrechte ist dadurch gekennzeichnet, daß Länder, die im zugrundeliegenden Basisjahr (etwa bezogen auf Bevölkerung oder Sozialprodukt) ein überproportional hohes Emissionsniveau hatten, bevorzugt werden, da diese ihren „übermäßigen" Anteil am globalen Emissionsaufkommen beibehalten dürfen. Damit werden Länder, welche in der Vergangenheit überdurchschnittliche Vermeidungsleistungen bzw. einen nur unterdurchschnittlichen Anstieg ihrer

---

[7] Mit Fragen der zwischenstaatlichen Allokation der Emissionsrechte befassen sich z.B. Grubb und Sebenius (1992), Kverndokk (1992), Rose and Brand (1993).

nationalen Emissionen realisiert haben, benachteiligt. Insofern würde umweltpolitisches Vorreiterverhalten im Nachhinein bestraft werden.

Allokation auf der Basis „kumulierter Emissionen"
Der im Rahmen des soeben behandelten Regimes zugrundegelegte Basiszeitraum von einem Jahr kann beliebig ausgeweitet werden. So kommt man zur Größe „kumulierte Emissionen", welche annahmegemäß die über einen Zeitraum von mehreren Jahren realisierten Emissionen erfassen.[8] Eine derartige Bezugsgröße kommt grundsätzlich für alle Schadstofftypen in Betracht, erscheint jedoch besonders dann interessant zu sein, wenn Schadstoffemissionen in den betreffenden Umweltsystemen Akkumulationserscheinungen hervorrufen. Damit dürfte für die Implementierung eines auf die „kumulierten Emissionen" bezugnehmenden Allokationsregimes der nationale Anteil an den globalen kumulierten Emissionen relevant sein:

$$\gamma_i = \frac{\sum_{t=t_0}^{T} e_i(t)}{\sum_{t=t_0}^{T} E(t)}. \qquad (3.10)$$

Eine mögliche Variante eines solchen Regimes wäre die folgende: Die Emissionszertifikate werden umgekehrt proportional zu den kumulierten Emissionen zugewiesen, d.h., hatte Land i im Basiszeitraum von t_0 bis T doppelt so viele Emissionen wie Land j, dann erhält Land i (im Rahmen des internationalen Zertifikatesystems) für den Folgezeitraum nur die Hälfte der Emissionsrechte wie Land j.[9] Für den Fall, daß die kumulierten Emissionswerte zwischen den Ländern stark streuen, hätte die Umsetzung dieses Regimes massive Umverteilungswirkungen, die möglicherweise nicht konsensfähig wären.

Sonstige emissionsbezogene Kriterien
Das Allokationsregime „Gleiche absolute Vermeidungspflicht" dürfte regelmäßig irrelevant sein, da diese Allokationsform auf keinerlei Größen Bezug nimmt, die irgendwelchen Gerechtigkeitsüberlegungen zugänglich wären. Unabhängig von der Tatsache, daß eine für alle Länder identische absolute Emissionsbeschränkung bei Kleinemittenten relativ gesehen stärker ins Gewicht fallen würde als bei Großemittenten, könnte die Umsetzung eines solchen Regimes grundsätzlich daran scheitern, daß die einheitliche Vermeidungspflicht das ursprüngliche Emissionsniveau mancher Kleinemittenten übersteigt (Potentialinsuffizienz).

Als weitere emissionsbezogene Allokationsregime kommen modifizierte Grandfathering-Systeme in Frage. Werden z.B. Emissionsrechte im Umfang der gegenwärtig realisierten nationalen Emissionsniveaus ausgegeben, diese

---
[8] vgl. Epstein und Gupta (1990), S. 9ff, Kverndokk (1992), Grubb und Sebenius (1992), S. 202f.
[9] Dies wäre eine Variante der sog. Progressivregime, bei welchen die prozentualen Emissionseinbußen eines Landes um so höher ausfallen, je höher das bisherige nationale Emissionsniveau war.

im Zeitablauf jedoch prozentual abgewertet, so entspricht dies dem Regime „proportional einheitlicher Emissionsminderung" bei erweitertem Zeithorizont. Die hier implizierte zeitliche Streckung soll eine friktionsärmere Anpassung an die den Ländern zur Verfügung stehenden Emissionskorridore ermöglichen. Andere Varianten stellen auf differenzierte Wertumschichtungen, etwa ländergruppenspezifische Abwertungen, ab. Eine Sonderform wäre, daß die Emissionsrechte der einen Ländergruppe so stark abgewertet würden, daß trotz gleichzeitiger Aufwertung der Emissionsrechte der anderen Ländergruppe per Saldo die angestrebte globale Emissionsminderung erreicht werden kann. Man könnte dieses System als „Grandfathering mit teilkompensierender Wertumschichtung" nennen. Die in den beiden letzten Regimen für eine Ländergruppe vorgesehene lediglich unterproportionale Abwertung oder gar Aufwertung ihrer Emissionsrechte könnte darin begründet sein, daß diese Länder einen berechtigten „Nachholbedarf" am relativen Emissionsaufkommen geltend machen.

b) Allokation nach bevölkerungsbezogenen Kriterien

Als Kriterium für die Zuteilung von Emissionsrechten kann man auch auf Bevölkerungsgrößen abstellen. Emissionsrechte proportional zur Bevölkerung implizieren „weltweit gleiche Pro-Kopf-Emissionsrechte":

$$\frac{e_i^z}{P_i} = \frac{E^*}{P}. \tag{3.11}$$

Bei einem solchen Allokationsregime hätte jeder Mensch das gleiche Emissionsrecht, und zwar unabhängig davon, in welchem Land er lebt.[10] Damit ergibt sich die Zuweisung nationaler Emissionsrechte nach der folgenden Formel (mit $\alpha_i = P_i/P$):

$$e_i^z = E^* \cdot \frac{P_i}{P}. \tag{3.12}$$

Die weltweit gleiche Pro-Kopf-Ausstattung mit Emissionsrechten dürfte Gerechtigkeitsidealen, die auf interpersonelle Gleichheit abstellen, wohl am ehesten entsprechen. Bestehen zwischen den einzelnen Staaten jedoch gravierende Unterschiede bei den nationalen Pro-Kopf-Emissionen, so werden diejenigen Staaten mit überdurchschnittlichen Werten einem solchen Regime eher reserviert gegenüberstehen.

Ein Pro-Kopf-Allokationsregime kann bei mangelhafter Ausgestaltung bei den Ländern gewisse Anreize zur Erhöhung der Bevölkerung setzen, nämlich dann, wenn der Basiszeitraum, auf den sich die Bevölkerungsrelation bezieht, noch nicht abgeschlossen und damit der α_i-Wert manipulierbar ist. Aus diesem Grunde wäre die Bezugnahme auf die Bevölkerung eines bereits abgeschlossenen Basiszeitraums angebracht. Dabei sind diejenigen Länder

---
[10] Zur Implementierung eines solchen Regimes, vgl. Epstein und Gupta (1990).

bevorzugt, die nach Abschluß des Basiszeitraums einen relativen Bevölkerungsrückgang zu verzeichnen haben.

Ein anderer Ansatz zur Vermeidung unerwünschter bevölkerungspolitischer Incentives wäre, statt der Gesamtbevölkerung lediglich die Erwachsenenbevölkerung als Bezugsgröße heranziehen. So ist im Falle eines hinreichend hohen „minimum qualifying age" der Anreiz zur Bevölkerungsausweitung in sein Gegenteil verkehrt. Geht man von einem vergangenheitsbezogenen Basiszeitraum ab, so könnte man auch so vorgehen, daß man eine Projektion in Bezug auf die Bevölkerungsgröße für den Fall vornimmt, daß die Länder eine restriktive Bevölkerungspolitik praktizieren. Damit entfielen auch hier die Vorteile, die ansonsten durch Bevölkerungswachstum realisiert werden könnten.[11]

c) Allokation nach einkommensbezogenen Kriterien

Als weitere Bezugsgröße für die Allokation der Emissionsrechte kommen Größen in Betracht, welche die Wirtschaftskraft der Länder zum Ausdruck bringen. So könnten die Emissionsrechte etwa proportional zum nationalen Bruttoinlandsprodukt (Y_i) verteilt werden:

$$\frac{e_i^z}{Y_i} = \frac{E^*}{Y}. \qquad (3.13)$$

Damit ergäbe sich die nationale Erstausstattung mit Emissionsrechten nach der folgenden Formel (mit $\alpha_i = Y_i/Y$):

$$e_i^z = E^* \cdot \frac{Y_i}{Y}. \qquad (3.14)$$

Einkommensbezogene Regime werden z.T. damit begründet, daß wirtschaftliche Aktivität notwendigerweise mit der Emission von Schadstoffen verbunden ist. Werde dieser Zusammenhang nicht hinreichend berücksichtigt, dann führe dies bei „falscher" Allokation nationaler Emissionsrechte zu einem unnötig hohen Rückgang der globalen Güterproduktion und damit zu einem Rückgang der globalen Wohlfahrt. Selbst dann, wenn man eine solche Argumentation als Grundlage für die Allokation der Emissionsrechte akzeptiert, ergibt sich das Problem, daß das Bruttoinlandsprodukt (ungeachtet von Manipulierungsmöglichkeiten) nur ein sehr grobes Maß für die wirtschaftliche Aktivität eines Landes ist. Weiter wäre zu beachten, daß das Ergebnis internationaler BIP-Vergleiche von der jeweiligen Wechselkurskonstellation abhängt.

Gegen ein solches Regime werden sich diejenige Länder wehren, deren BIP relativ gering ist. Zudem kann gerade das BIP gewisse Anhaltspunkte für die Verantwortlichkeit in bezug auf globale Umweltprobleme geben. D.h., Länder mit relativ hohem BIP, also mit tendenziell großer Verantwortung

---
[11] vgl. dazu z.B. Grubb (1990), S. 84.

Internationale Umweltpolitik und Zertifikatelösungen

für bestehende Umweltbelastungen, würden noch durch eine hohe Zuweisung von Emissionsrechten belohnt. Das Abstellen in der o.a. Argumentation auf einen möglicherweise übermäßigen Rückgang der globalen Produktion bei Anwendung eines nichteinkommensbezogenen Allokationsregimes ist insofern oberflächlich, als die Rückgänge ja bei denjenigen Ländern erfolgen würden, die sich solche noch am ehesten „leisten" könnten. Wollen diese relativ „reicheren" Länder einem entsprechenden Rückgang ihrer Produktion aber nicht zustimmen, so ergäbe sich zumindest die Berechtigung von Transfers für die Länder mit geringem Bruttoinlandsprodukt.

Akzeptiert man trotz allem, daß sich die Zuteilung der Emissionsrechte an einer nationalen Einkommensgröße orientieren soll, so kann man das Regime „Gleiche Emissionsrechte pro BIP-Einheit" modifizieren.[12] Wie bereits angeführt, können zwischenstaatliche Vergleiche des Bruttoinlandprodukts durch die Wirkungen von Wechselkursen insofern verzerrt werden, als die Wechselkursparitäten nur selten die wirkliche Kaufkraft zum Ausdruck bringen. Man kann deshalb statt auf das übliche BIP auf ein in gewisser Weise „reales" Bruttoinlandsprodukt zurückgreifen, welches auf der Basis von Kaufkraftparitäten ermittelt wird. Damit erfolgt ein zwischenstaatlicher Vergleich der „Emissionen pro ‚realer' BIP-Einheit". Es ist jedoch zu beachten, daß es im Vergleich zum „üblichen" BIP-Kriterium noch größere Definitionsprobleme gibt, da bislang kein allgemein anerkannter Ansatz zur Berechnung von Kaufkraftparitäten existiert.

d) Allokation nach gemischten Kriterien

Statt der Verwendung lediglich eines Kriteriums und der damit regelmäßig implizierten Bezugnahme auf eine ganz bestimmte Gerechtigkeitsnorm könnte zur Verbesserung der Chancen für eine internationale Einigung über die Allokation der Emissionsrechte auch eine Kombination aus mehreren (Sub-)Kriterien verwendet werden („Gemischtes Kriterium").[13]

Als ein solches gemischtes Kriterium kommt z.B. die Kombination aus den Subkriterien historische Emissionsmenge, Bruttoinlandsprodukt und Bevölkerung in Frage.[14] Dabei gehen die einzelnen Subkriterien mit einer ganz bestimmten Gewichtung in die Berechnung ein. So ergäbe sich für Land i die Zuteilung mit Emissionsrechten nach folgender „Formel":

$$e_i^z = E^* \cdot \left\{ \alpha_E \frac{e_i^0}{E^0} + \alpha_Y \frac{Y_i}{Y} + \alpha_P \frac{P_i}{P} \right\}. \qquad (3.15)$$

In der Regel wird die Summe der so ermittelten nationalen Emissionsrechte nicht genau mit dem globalen Emissionsziel übereinstimmen, so daß eine

---
[12] vgl. Grubb (1990), S. 74.
[13] Siehe dazu z.B. Grubb und Sebenius (1992), S. 209.
[14] vgl. dazu die Ausführungen von Cline (1992), S. 353f.

„Normalisierung" der nationalen Quoten mit dem Vielfachen $E^*/\sum e_i^z$ notwendig sein wird.[15]

Eine andere Form der Verwendung mehrerer Kriterien besteht darin, daß für einzelne Ländergruppen unterschiedliche Allokationsschemata zur Anwendung kommen.[16] So könnte zum Beispiel von den o.a. Subkriterien das BIP-Kriterium für die eine und das Bevölkerungskriterium für die andere Ländergruppe gelten.

e) Allokation nach Nutzen-/Kosten-bezogenen Kriterien

Im folgenden werden Allokationen nach diversen Nutzen-/Kosten-bezogenen Kriterien erörtert.[17] Dabei ist es zweckmäßig, nicht auf die Allokation der nationalen Emissionsrechte, sondern auf die Allokation der nationalen Vermeidungspflichten abzustellen.

Die Allokation nationaler Emissionsrechte impliziert quasi die Zuweisung nationaler Emissionsvermeidungspflichten, denn die nationale Erstausstattung mit Vermeidungspflichten q_i^z kann man als

$$q_i^z := e_i^0 - e_i^z$$

definieren.[18] Eine dem Land i zugewiesene Vermeidungspflicht ergibt sich damit in dem Umfang, in welchem das bisherige nationale Emissionsniveau (e_i^0) nicht durch eine entsprechende Anzahl zugewiesener Emissionszertifikate (e_i^z) „abgedeckt" ist.

Nachfolgend werden diverse Nutzen-/Kosten-bezogene Allokationsregime behandelt, wobei zunächst auf Nettonutzenkonzepte und anschließend auf reine Kostenkonzepte eingegangen wird.

Einheitliche absolute Nettonutzen
Beim Allokationsregime „einheitliche absolute Nettonutzen" werden die Vermeidungspflichten so auf die Länder verteilt, daß die Nutzen-/Kosten-Differenz für alle Länder gleich ist. Damit bestimmt sich die nationale Erstausstattung mit Vermeidungspflichten (q_i^z) wie folgt:

$$B_i(Q^*) - C_i(q_i^z) = \frac{1}{n} \sum_{j=1}^{n} \{B_j(Q^*) - C_j(q_j^z)\} \qquad \text{(für alle } i\text{)}. \qquad (3.16)$$

Da das globale Vermeidungsziel Q^* (als $Q^*:=E^0-E^*$) annahmegemäß bereits fixiert ist, sind damit auch automatisch die nationalen Vermeidungsnutzen

---

[15] vgl. Cline (1992), S. 353.
[16] Vergleiche dazu auch die entsprechenden Ausführungen zu den unter emissionsbezogene Allokationsschemata abgehandelten „modizierten Grandfathering-Systemen".
[17] Die Ausführungen zu den Nutzen-/Kosten-bezogenen Kriterien basieren insbesondere auf Welsch (1992b).
[18] Es sei daran erinnert, daß die entsprechende nationale Vermeidungspflicht nicht notwendigerweise fix ist, da ein internationales Zertifikatesystem die Möglichkeit des Emissionsrechtehandels und damit des Handels mit nationalen Vermeidungspflichten vorsieht.

$B_i(Q)$ determiniert. Für die „steuerbare" Lastverteilung ist dann entscheidend, wie die globale Vermeidungspflicht Q^* auf die Länder verteilt wird, weil sich daraus der Umfang der jeweiligen nationalen Vermeidungskosten $C_i(q_i)$ ergibt.

Hat ein Land i lediglich unterdurchschnittliche Grenzvermeidungsnutzen, so daß für dieses Land im internationalen Vergleich nur unterproportionale Nutzen aus globalen Emissionsvermeidungsmaßnahmen anfallen, dann dürfen diesem Land (um der Regimeanforderung „einheitliche absolute Nettonutzen" zu entsprechen) auch nur unterdurchschnittliche Vermeidungskosten entstehen. Dabei können sich die beiden folgenden Fälle ergeben: Hat ein Land des beschriebenen Typs eine länderdurchschnittlich verlaufende Vermeidungskostenkurve, dann werden diesem Land unter diesem Allokationsregime lediglich unterdurchschnittliche Vermeidungspflichten (q_i^z) auferlegt. Die Zuweisung durchschnittlicher Vermeidungspflichten ist bei diesem Ländertyp nur dann möglich, wenn überdurchschnittlich günstige nationale Vermeidungskostenverhältnisse vorliegen.

Einheitliche relative Nettonutzen
Das zweite Nettonutzenkonzept bezieht sich nicht auf den absoluten, sondern den relativen Nettonutzen aus globaler Emissionsvermeidung. Bei diesem Regime ist die Allokation der Vermeidungspflicht dadurch gekennzeichnet, daß der nationale Anteil am globalen Nettonutzen gleich dem nationalen Anteil an den globalen Vermeidungskosten ist:

$$\frac{B_i(Q^*) - C_i(q_i^z)}{\sum_{j=1}^{n}\{B_j(Q^*) - C_j(q_j^z)\}} = \frac{C_i(q_i^z)}{\sum_{j=1}^{n} C_j(q_j^z)} \quad \text{(für alle } i\text{)}. \quad (3.17)$$

Stellt man auf die nationale Wohlfahrtsfunktion ab, so ergibt sich für Land i der folgende Zusammenhang:

$$B_i(Q^*) - C_i(q_i^z) = \frac{C_i(q_i^z)}{\sum_{j=1}^{n} C_j(q_j^z)} \cdot \sum_{j=1}^{n}\{B_j(Q^*) - C_j(q_j^z)\} \quad \text{(für alle } i\text{)}. \quad (3.18)$$

Damit entspricht das resultierende nationale Wohlfahrtsniveau dem mit dem Vermeidungskostenanteil gewichteten globalen Wohlfahrtsniveau. Beim Regime „Einheitliche absolute Nettonutzen" erfolgte dagegen die Gewichtung mit dem Kehrwert der Länderanzahl.

Hätten alle Länder dieselben nationalen Vermeidungsnutzenfunktionen, dann würden die Bestimmungsgleichungen der beiden Nettonutzen-Konzepte auf die folgende Gleichung „zusammenschmelzen":

$$C_i(q_i^z) = \frac{1}{n}\sum_{j=1}^{n} C_j(q_j^z) \quad \text{(für alle } i\text{)}.$$

Dies ist unmittelbar einleuchtend: Ein zwischenstaatlicher Ausgleich von Nutzen-Kosten-Differenzen bzw. Nutzen-Kosten-Verhältnissen impliziert jeweils einen Ausgleich der Kosten, wenn einheitliche Nutzen unterstellt werden. Es ist jedoch zu beachten, daß bei Zugrundelegung identischer Vermeidungsnutzenfunktionen das folgende Problem auftreten kann. Wird ein relativ ehrgeiziges globales Vermeidungsziel fixiert, könnte es für manches Land unmöglich sein, Vermeidungen gemäß der angeführten Formel vorzunehmen, nämlich dann, wenn die entsprechend geforderte Vermeidungsmenge größer ist als die bisherige Emissionsmenge des Landes (Potentialinsuffizienz).[19]

Will man mögliche Probleme in Bezug auf die Erfaßbarkeit von Vermeidungsnutzen ganz umgehen, kann man sich darauf beschränken, bei der Zuweisung von Vermeidungspflichten auf (reine) Kostengrößen abzustellen. Damit kommt man zu den sog. kostenbezogenen Kriterien.

Einheitliche absolute Kosten
Das einfachste kostenbezogene Kriterium ist das Allokationsregime „einheitliche absolute Kosten". Es verteilt die Vermeidungspflichten so, daß bei den einzelnen Ländern Vermeidungsaufwendungen in gleicher Höhe anfallen:

$$C_i(q_i^z) = \frac{1}{n} \sum_{j=1}^{n} C_j(q_j^z) \quad \text{(für alle } i\text{)}. \tag{3.19}$$

Dieses Regime bewirkt also die Anlastung der länderdurchschnittlichen Vermeidungskosten. Man erkennt unmittelbar, daß dieses kostenbezogene Kriterium den Nettonutzen-Konzepten für den Fall identischer Vermeidungsnutzenfunktionen entspricht. Insofern gelten auch hier die dort gemachten Ausführungen.

Einheitliche relative Kosten
Das zweite kostenorientierte Regime stellt auf die Überlegung ab, Vermeidungskosten seien Einkommensrückgänge infolge gesunkener Einsatzmengen des „Produktionsfaktors" nationale Emissionen. In diesem Sinne sorgt die Zuweisung nationaler Vermeidungspflichten nach dem Prinzip der „einheitlichen relativen Kosten" für gleiche relative Einkommenseinbußen der Länder:[20]

$$\frac{C_i(q_i^z)}{\sum_{j=1}^{n} C_j(q_j^z)} = \frac{Y_i(e_i^0)}{\sum_{j=1}^{n} Y_j(e_j^0)} \quad \text{(für alle } i\text{)}. \tag{3.20}$$

Die entsprechenden Vermeidungspflichten bzw. Vermeidungskosten des Lan-

---

[19] Vgl. die entsprechende Problematik beim Regime „Einheitliche absolute Vermeidungspflichten".
[20] Man könnte deshalb von der Anwendung des „ability-to-pay"-Prinzips sprechen.

des i bestimmen sich dann auf der Grundlage von:

$$C_i(q_i^z) = \frac{Y_i(e_i^0)}{\sum_{j=1}^{n} Y_j(e_j^0)} \cdot \sum_{j=1}^{n} C_j(q_j^z) \quad \text{(für alle } i\text{)}. \tag{3.21}$$

Länder mit hohem Einkommen erleiden damit hohe absolute Einkommenseinbußen. Ein solcher Zusammenhang impliziert jedoch nicht notwendigerweise, daß ein Land mit hohem Nationaleinkommen auch hohe absolute Vermeidungspflichten zugewiesen bekommt. Dies erklärt sich wie folgt: Wenn die Differenz beim Einkommen zweier Länder und die Differenz bei den Emissionen unterschiedliche Vorzeichen haben (z.B. $Y_1 - Y_2 > 0$ bei $e_1^0 - e_2^0 < 0$), dann sind die Vermeidungspflichten des Landes mit dem hohen Einkommen geringer als die des Niedrigeinkommenslandes ($q_1^z < q_2^z$). Dieser Zusammenhang wird dann einleuchtend, wenn man bedenkt, daß zwischenstaatliche Differenzen bei der Vermeidungsbelastung von Differenzen bei den nationalen Basisemissionen abhängen und die Vermeidungspflicht eines Landes mit hohen Basisemissionen immer höher ist als die eines Landes mit niedrigem Basisemissionsniveau (also $dq_i^z/de_i^0 > 0$).[21]

Das vorliegende „Relativkosten-Regime" steht in einer gewissen inversen Beziehung zum Regime „Emissionsrechte proportional zum Bruttoinlandsprodukt", wobei ein relativ höherer nationaler Anteil am globalen Einkommen im ersten Fall höhere Vermeidungskosten (bzw. Vermeidungspflichten), im zweiten Fall dagegen höhere Emissionsrechte impliziert (so daß das erwähnte inverse Verhältnis besteht). Darüber hinaus ist jedoch zu beachten, daß beim hier behandelten Regime „Einheitliche relative Kosten" noch die Vermeidungskostenfunktionen involviert sind, während im anderen Fall eine entsprechende funktionale Einbeziehung fehlt.[22]

Einheitliche marginale Kosten
Das letzte kostenorientierte Allokationsschema weist die nationalen Vermeidungspflichten in der Weise zu, daß es zu einem zwischenstaatlichen Ausgleich der Grenzvermeidungskosten kommt. Damit gilt zwischen allen Ländern die folgende Beziehung:

$$\frac{dC_i}{dq_i}(q_i^z) = \frac{dC_j}{dq_j}(q_j^z). \tag{3.22}$$

Die Anwendung dieses Konzepts hat den allokativen Vorteil, daß die Umsetzung des globalen Vermeidungsziels mit kostenminimalen Mitteln erreicht wird.

---

[21] vgl. Welsch (1992b), S. 216 (einschließlich der dort angeführten Abbildung).
[22] Gewisse Bezüge ergeben sich auch zum polluter-pays-Prinzip. Während beim Regime „Einheitliche relative Kosten" eine Kostenanlastung nach Maßgabe der emissionsabhängigen Einkommen erfolgt, wird beim Verursacherprinzip direkt auf das Emissionsniveau abgestellt. Des weiteren werden hier Vermeidungskostenfunktionen herangezogen, wohingegen beim polluter-pays-Ansatz die Schadenskostenseite berücksichtigt wird.

Betrachtet man Länder mit unterschiedlicher Einkommensproduktivität des Faktors „Emissionen" und damit unterschiedlichen Emission-Einkommen-Funktionen, so wird dem Land mit der steileren Emission-Einkommen-Funktion ein höheres Endemissionsniveau zugebilligt als dem Land mit der flacheren Funktion. Dies liegt daran, daß das letztgenannte Land ein niedrigeres Emissionsniveau realisieren muß als das erstgenannte Land, um den angestrebten zwischenstaatlichen Ausgleich der Grenzvermeidungskosten möglich zu machen. Damit können die einem Land zugewiesenen Emissionen über die Emissionsmenge hinausgehen, die das Land bisher realisiert hat (sog. negative Vermeidungspflicht).[23] Des weiteren kann bei Anwendung des „Marginalkosten-Prinzips" der Fall auftreten, daß einem Land mit niedrigen Basisemissionen ein Endemissionsniveau zugeteilt wird, welches nicht nur die eigenen Basisemissionen übersteigt, sondern auch das Endemissionsniveau, welches einem ehemaligen Hochemissionsland eingeräumt wird.[24]

f) Allokation nach zahlungsbereitschaftsbezogenen Kriterien

Die nachfolgend dargestellten Allokationsregime orientieren sich daran, welche Zahlungsbereitschaft die Länder den Emissionsrechten zuordnen. Damit wird der Übergang vom Prinzip der kostenlosen Vergabe der Zertifikate-Erstausstattung, wie es den bisher behandelten Regimen zugrundelag, zum Prinzip der Entgeltlichkeit vollzogen. Bei der Anwendung solcher Allokationsregime fallen bei der internationalen Zertifikatsbehörde aber Einnahmen aus der Veräußerung der Zertifikate an. Es ist deshalb im Hinblick auf die Akzeptanz der entsprechenden Allokationsregime mitentscheidend, in welcher Weise diese Einnahmen auf die Mitgliedsländer rückverteilt werden. Damit ergibt sich eine große Ähnlichkeit mit dem Problem der Rückverteilung des bei einer internationalen Agentur anfallenden Aufkommens aus einer internationalen Emissionsteuer. Da diese Frage im entsprechenden Abschnitt des vierten Kapitels ausführlich erörtert wird, soll hier auf diese Problematik nicht näher eingegangen werden. Gleichwohl ist zu bedenken, daß die nationalen Wohlfahrtsfunktionen bei den vorliegenden „Entgeltlichkeits-Regimen" einen Term enthalten sollten, der die nationale Nettobelastung aus dem Erwerb der Zertifikate-Erstausstattung erfaßt.[25]

Eine Form der Anwendung des Entgeltlichkeitsprinzips ist die Auktionierung der Emissionsrechte. Dieses Regime setzt an der willingness-to-pay der Länder an und reflektiert damit bis zu einem gewissen Grad auch de-

---

[23] Dies setzt jedoch voraus, daß dem betreffenden Land überhaupt ein entsprechendes nationales „Emissionspotential" zur Verfügung steht, um seine Emissionstätigkeit ausweiten zu können.
[24] vgl. Welsch (1992b), S. 217.
[25] Es handelt sich dabei um einen Nettobetrag, da von den Aufwendungen für den Erwerb der Zertifikate-Erstausstattung die dem Land zugeteilten Rückflüsse aus dem internationalen Aufkommen abzuziehen sind.

ren ability-to-pay. Dieser Zusamenhang könnte zwar durch eine entsprechende Regelung bei der Verteilung der Auktionserlöse abgemildert werden, jedoch bleibt unabhängig vom grundsätzlichen Streitpunkt der Verwendung der Auktionserlöse das Problem, daß finanzkräftige Länder die gesamten Zertifikatsbestände ersteigern könnten. Ein möglicher Ausweg wäre, nur einen Teil der globalen Emissionszertifikate zu versteigern und den anderen Teil nach einem bestimmten Regime kostenlos zuzuweisen (Teilauktionierung). Eine Alternative zur Auktionslösung wäre der Verkauf zu Festpreisen. Hier ergibt sich jedoch die Frage, welches Niveau für den Verkaufspreis angesetzt werden soll und wie die Verteilung der Emissionsrechte im Falle einer Übernachfrage erfolgt.

3 Flexibilisierung der nationalen Ausstattung mit Emissionsrechten

Bei den bisherigen Ausführungen in diesem Kapitel wurde regelmäßig unterstellt, daß die durch eine internationale Agentur den einzelnen Ländern zugewiesene Ausstattung mit Emissionsrechten nicht modifizierbar wäre. Im folgenden Abschnitt werden nun die Implikationen erörtert, die eine Flexibilisierung der Emissionsrechteausstattung der Länder mit sich bringen.[26] Dabei wird davon ausgegangen, daß sich die Länder auf ein globales Emissionsziel E^* geeinigt haben und die Verteilung der nationalen Emissionsrechte e_i^z (nach irgendeinem Allokationsregime) bereits erfolgt ist.

a) Fixe Ausstattung mit nationalen Emissionrechten

Um einen geeigneten Referenzfall für die spätere Analyse zu haben, wird zunächst der Fall einer fixen Ausstattung mit nationalen Emissionsrechten (d.h. der Fall einer internationalen Auflagenlösung) abgehandelt. Bei einer Auflagenlösung dürfen die Länder Emissionen höchstens in Höhe der ihnen zugewiesenen Emissionsrechte realisieren. Damit ergibt sich für ein Land i das folgende nationale Optimierungskalkül:

$$\max_{e_i} \{B_i(e_i) - D_i(E) + \lambda_i \cdot (e_i^z - e_i)\} . \qquad (3.23)$$

Land i hat nun gegenüber dem Fall ohne eine internationale Auflagenlösung zu beachten, daß es seine nationale Emissionstätigkeit (e_i) nicht (mehr) in beliebigem Umfang praktizieren kann, sondern dabei durch die ihm zugewiesenen Emissionsrechte (e_i^z) eingeschränkt ist. Der diese Nebenbedingung integrierende Lagrangemultiplikator λ_i bringt den nationalen Schattenpreis der Emissionsrechte zum Ausdruck. In diesem Zusammenhang ist auch zu bedenken, daß das tatsächlich realisierte globale Emissionsniveau E nicht notwendigerweise die Emissionshöchstgrenze E^* „erreicht", d.h. es kann sein, daß E^* nicht vollständig ausgeschöpft wird, da es für einen Teil der Länder optimal

---
[26] Die Ausführungen dieses Abschnitts basieren zum Teil auf Welsch (1993), S. 150ff.

sein kann, weniger zu emittieren, als ihnen Emissionsrechte zur Verfügung stehen (Fall globaler Nichtausschöpfung $E<E^*$). Damit ist $D_i(E)$ nicht exogen vorgegeben.

Für die Bestimmung des optimalen nationalen Emissionsniveaus ergeben sich also die folgenden Bedingungen:

$$\frac{dB_i}{de_i} - \frac{dD_i}{dE} = \lambda_i \quad \text{und} \quad \lambda_i(e_i^z - e_i) = 0. \tag{3.24}$$

Die Berechnung von $(B_i' - D_i')$ für $(e_1^z, ..., e_n^z)$ erlaubt die Trennung in diejenigen Länder, für welche die Emissionsquote (mathematisch) bindend ist ($\lambda_i > 0$) und die, bei denen eine solche Bindung nicht auftritt ($\lambda_i = 0$). Die Länder mit nichtbindender Emissionsquote sind dadurch gekennzeichnet, daß sie bei einem nationalen Emissionsniveau gemäß der Emissionsrechteausstattung (d.h. für e_i^z) einen marginalen Emissionsnutzenwert erreichen, der den entsprechenden Grenzschäden (für $e_1^z, ..., e_n^z$) entspricht oder (bereits) darunter liegt. Bezeichnet man die Menge der durch die Auflagenlösung beschränkten (mathematisch gebundenen) Länder mit A und die der nichtgebundenen Länder mit B, dann ist die Problemstellung für ein B-Land die folgende:

$$\max_{e_i} \left\{ B_i(e_i) - D_i\left(E_A + \sum_{i \in B} e_i\right) \right\} \quad \text{mit} \quad E_A := \sum_{i \in A} e_i^z. \tag{3.25}$$

Geht man für die Länder von Nash-Verhalten aus, dann führt dies zu einem Vektor von e_i ($i \in B$) mit der Eigenschaft $e_i^0 < e_i < e_i^z$ ($i \in B$). Damit wird der folgende interessante Sachverhalt deutlich: Obwohl die (nichtgebundenen) B-Länder ihre Quote nicht ausschöpfen, emittieren sie unter dem Fix-Quoten-Regime mehr als im laissez-faire-Zustand. Dies erklärt sich so: Der durch die Vermeidungsmaßnahmen der (gebundenen) A-Länder bewirkte Rückgang der globalen Emissionen führt zu geringeren Grenzschäden, mit der Folge, daß die B-Länder ihre nationalen Emissionsniveaus nach oben korrigieren, wobei sie die ihnen zustehenden Emissionsrechte jedoch nie ganz ausschöpfen. Für den Fall also, daß nicht alle Länder durch das Auflagenregime in ihrer Emissionstätigkeit eingeschränkt werden (und damit nicht alle Länder sog. gebundene Länder sind), wird das anvisierte globale Emissionsniveau unterschritten.

b) Flexible Ausstattung mit nationalen Emissionsrechten

Als nächstes soll von der „starren" Form der Auflagenlösung abgegangen und die erste Stufe der Flexibilisierung der nationalen Emissionsrechteausstattung erörtert werden. Die nationalen Emissionsquoten e_i^z seien jetzt nicht mehr verbindliche Emissionshöchstgrenzen wie zuvor, sondern könnten gegen Bezahlung einer „Strafgebühr" überschritten werden. Das erhobene Bußgeld sollte soweit wie möglich den Schattenpreis der globalen Emissionshöchstgrenze abbilden. Schöpft ein Land dagegen seine Emissionsquote nicht voll aus, hätte es Anspruch auf eine entsprechende Prämie. In diesem Fall würde sich für Land i folgendes Kalkül ergeben:

$$\max_{e_i} \{B_i(e_i) - D_i(E) + p \cdot (e_i^z - e_i)\} \, . \tag{3.26}$$

Dabei ist $D_i(E)$ nicht exogen gegeben, da es durch Zu- bzw. Verkauf von Emissionsrechten zu einer Abweichung zwischen E und $E^* = \sum_i e_i^z$ kommen kann. Im Gegensatz zum Fix-Quoten-Regime existiert hier ein einheitlicher Schattenpreis (p), welcher so festzusetzen ist, daß er dazu beiträgt, eine möglichst weitgehende Realisierung des globalen Emissionsziels zu erreichen. Damit gilt für Land i die nachstehende Optimierungsbedingung:

$$\frac{dB_i}{de_i} - \frac{dD_i}{dE} = p \, . \tag{3.27}$$

Unter diesem Regime berücksichtigt das Land neben den Grenzemissionsnutzen und den Grenzschäden auch die anfallenden Grenzkosten (bzw. Grenzerträge) aus den Emissionsrechtetransaktionen mit der internationalen Umweltagentur. Ein solches Abkommen stellt keine kosteneffiziente Lösung dar, weil die Nichtfestschreibung der globalen Emissionsmenge einen Ausgleich der nationalen Grenzemissionsnutzen (bzw. Grenzvermeidungskosten) verhindert. Stattdessen kommt es zu einem zwischenstaatlichen Ausgleich der Differenz zwischen nationalen Grenzemissionsnutzen und Grenzschäden.

c) **Ausstattung mit handelbaren nationalen Emissionsrechten**

Ein weitergehender Ansatz zur Flexibilisierung der Emissionsrechteallokation wird dadurch erreicht, daß man die zwischenstaatliche Handelbarkeit der Emissionsrechte zuläßt. Dabei werden zwei Grundmodelle unterschieden: das sog. Verhandlungsmodell und das Modell eines internationalen Zertifikatesystems.[27] Beim Verhandlungsmodell treffen die Länder bilaterale Vereinbarungen über die Übertragung von Emissionsrechten (und die entsprechenden Kompensationszahlungen), wobei die Verträge der Genehmigung der internationalen Umweltagentur bedürfen. Beim anderen Modell, dem internationalen Zertifikatesystem, ist der freie Handel an einem multilateralen Zertifikatemarkt möglich, auf welchem sich für die dort gehandelten Emissionsrechte ein Marktpreis p herausbildet.[28] Da die handelbaren Emissionsrechte in Zertifikatsform verbrieft sind, spricht man von Emissionszertifikaten. Im Rahmen eines solchen Zertifikateregimes bestimmt ein Land sein nationales Emissionsniveau nach folgendem Ansatz:

$$\max_{e_i} \{B_i(e_i) - D_i(E^*) + p \cdot (e_i^z - e_i)\} \, . \tag{3.28}$$

---

[27] vgl. Cansier (1993), S. 373.
[28] „Freier" Handel bedeutet in diesem Zusammenhang, daß der zwischenstaatliche Austausch von Emissionsrechten nicht der Genehmigung der internationalen Umweltagentur bedarf.

58 Die Instrumentalebene internationaler Umweltpolitik

Unter Idealbedingungen kommt es zu einer vollständigen „Ausschöpfung" der globalen Emissionsrechte (d.h. es gilt $E=E^*$), mit der Folge, daß $D_i(E)$ als exogen angenommen werden kann. Dasselbe gilt für den Marktpreis der Emissionsrechte p. Als nationale Optimierungsbedingung für die Festsetzung der Emissionsmenge ergibt sich dann:

$$\frac{dB_i}{de_i} = p. \qquad (3.29)$$

Dies bedeutet aber nichts anderes, als daß bei einem internationalen Zertifikatesystem (unter Idealbedingungen) das globale Vermeidungsziel Q^* zu minimalen globalen Kosten realisiert werden kann.

4 Emissionsrechtehandel und Kosteneffizienz

Die Frage, ob die für Kosteneffizienz notwendigen Bedingungen vorliegen, hängt von den Gegebenheiten am internationalen Zertifikatemarkt ab. Auf die an einem solchen Markt möglicherweise vorherrschenden Verhältnisse wird in diesem Abschnitt eingegangen. Wie oben bereits angedeutet, legt ein Land im Rahmen eines internationalen Zertifikatesystems bei der Bestimmung seines Vermeidungsniveaus q_i (bei exogen vorgegebenem globalem Vermeidungsziel Q^*) folgenden Optimierungsansatz zugrunde:[29]

$$\max_{q_i} \left\{ B_i(Q^*) - C_i(q_i) + p \cdot \left[(e_i^z - e_i^0) + q_i \right] \right\}. \qquad (3.30)$$

In bezug auf die daraus resultierenden Implikationen sind die nachstehend angeführten Marktkonstellationen zu unterscheiden. Dabei wird davon ausgegangen, daß die Zuteilung der nationalen Emissionsrechte nach einem Regime erfolgt ist, welches keine global kosteneffiziente Lösung impliziert.

a) Vollständige Konkurrenz auf dem Zertifikatemarkt

Für den Fall, daß am Zertifikatemarkt viele Länder teilnehmen und diese relativ klein sind, betrachtet jedes Land den Zertifikatepreis als unabhängig vom eigenen Emissions- bzw. Vermeidungsniveau (sog. Kleine-Land-Annahme). Liegt eine solche Konstellation vor, dann gilt: Unabhängig davon, welches Kriterium für die Erstausstattung mit Emissionszertifikaten herangezogen wurde, werden für jedes Land (nach vollständiger Ausschöpfung aller geeigneten Transaktionsmöglichkeiten auf dem internationalen Zertifikatemarkt) die nationalen Grenzvermeidungskosten dem Marktpreis für Zertifikate entsprechen:

$$\frac{dC_i}{dq_i} = p \quad \text{(für alle } i\text{)}. \qquad (3.31)$$

---

[29] An dieser Stelle wird nun auf die nationale Wohlfahrtsfunktion in Abhängigkeit vom Vermeidungsniveau (und nicht vom Emissionsniveau) abgestellt, da dies in Zusammenhang mit den nachfolgenden Ausführungen zum Zertifikatshandel die „geeignetere" Darstellungsform ist.

Da der Marktpreis für alle Länder derselbe ist, kommt es zu einem Ausgleich der Grenzvermeidungskosten der einzelnen Länder. Durch die Möglichkeit des zwischenstaatlichen Handels mit Emissionsrechten wird damit unter den hier zugrundegelegten Idealbedingungen globale Kosteneffizienz realisiert. Der entsprechende Mechanismus auf dem Zertifikatemarkt soll nun erläutert werden.[30]

Die entsprechenden Überlegungen stellen auf Abbildung 6 ab, wobei in dieser Graphik die Länge der horizontalen Achse die globale Emissionshöchstmenge E^* mißt. Die status-quo-Emissionsniveaus seien e_i^0 bzw. e_j^0; diese bilden den Anfangspunkt der jeweiligen nationalen Grenzvermeidungskostenkurve: e_i^0 wird von der linken Achse, e_j^0 von der rechten Achse aus gemessen.[31] Es gelte $E^* < e_i^0 + e_j^0$, d.h., die globale Emissionsmenge muß gegenüber dem status-quo-Niveau reduziert werden. Die Allokation der Erstausstattung mit Emissionsrechten sei durch den Punkt A^0, mit (e_i^z, e_j^z), repräsentiert.

Wäre ein zwischenstaatlicher Handel von Emissionsrechten nicht zulässig, würden bei Land i Vermeidungskosten im Umfang der Fläche $a+b+c+d$ anfallen, während Land j keinerlei Vermeidungsbedarf hätte (da $e_j^z > e_j^0$) und auch keine Vermeidungskosten tragen müßte.[32]

Wenn aber ein Emissionsrechtehandel zwischen den Ländern zulässig ist, dann ergeben sich folgende Zusammenhänge: Bei der Anfangsallokation A^0 sind die Grenzvermeidungskosten von Land i höher als die von Land j. Damit wäre Land i bereit, Land j für die Vermeidung einer Emissionseinheit mehr zu bezahlen, als Land j notwendig hätte, um einen Verhandlungsgewinn zu realisieren. Bei vollkommenem Zertifikatemarkt wird der Zertifikatehandel so lange anhalten, bis sich die Grenzvermeidungskosten der Länder ausgeglichen haben (also Kosteneffizienz realisiert) und damit der gesamte Verhandlungsgewinn ausgeschöpft ist. Dies ist bei der Zertifikateallokation A^* bzw. beim Zertifikatepreis von p erreicht.

Land i kauft damit eine Zertikatsmenge $A^* - A^0$ von Land j, wobei Zertifikatekosten in Höhe von $a+b$ anfallen. Durch diesen Zukauf an Emissionsrechten muß Land i nur noch $e_i^0 - A^*$ Emissionseinheiten vermeiden und damit betragen seine Vermeidungskosten nur noch c. Die Gesamtkosten des Landes i sind also auf $a+b+c$ zurückgegangen. Das entspricht einem nationalen Handelsgewinn im Umfang der Fläche d. Das andere Land, Land j, erzielt aus dem Verkauf von Zertifikaten Erlöse in Höhe von $a+b$. Diese ergeben sich einerseits durch „Auflösung" des Zertifikateüberschusses ($e_j^z - e_j^0$) und andererseits durch „Übernahme" von Vermeidungspflichten des anderen Landes. Bei der Durchführung der entsprechenden Maßnahmen zur Vermei-

---

[30] vgl. dazu z.B. Tietenberg (1985), S. 20ff.
[31] Da die nationalen status-quo-Emissionsniveaus jeweils bei einem Grenzvermeidungskostenniveau von Null liegen, impliziert dies, daß die Länder ihr nationales Emissionspotential voll ausgeschöpft haben.
[32] Land j wäre damit ein (im mathematischen Sinne) „nichtgebundenes" Land. (Vergleiche dazu die entsprechenden Ausführungen im ersten Teil des vorigen Abschnitts.)

dung der $e_j^0 - A^*$ Emissionseinheiten fallen Vermeidungskosten in Höhe von b an. Damit erzielt Land j einen Überschuß der Zertifikatserlöse über die Vermeidungskosten von a, d.h. der Handelsgewinn, den Land j realisiert, ist gleich der Fläche a. Aus globaler Sicht ist es durch den damit implizierten Ausgleich der Grenzvermeidungskosten zu einer kosteneffizienten Lösung gekommen; die globalen Vermeidungskosten haben sich dabei von $a+b+c+d$ auf $c+b$ reduziert.

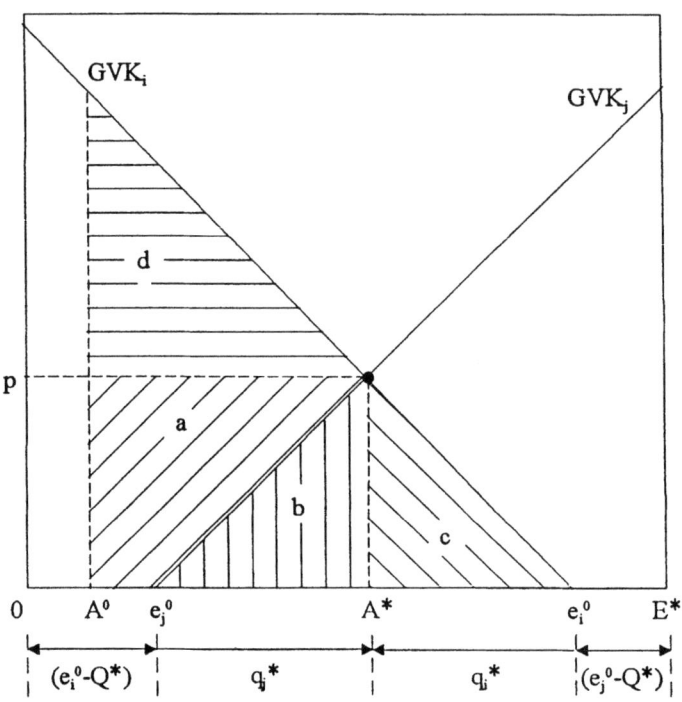

Abbildung 6: Zwischenstaatlicher Handel mit internationalen Emissionsrechten: Die Realisierung von Handelsgewinnen und globaler Kosteneffizienz.

b) Unvollständige Konkurrenz auf dem Zertifikatemarkt

In der Regel wird beim internationalen Handel mit Emissionszertifikaten die sog. Kleine-Land-Annahme nicht angemessen sein; vielmehr wird es unter den Marktteilnehmern auch große Länder geben. Ein großes Land geht (im Gegensatz zum kleinen Land) davon aus, daß der Marktpreis für Zertifikate vom eigenen Emissionsniveau (bzw. Vermeidungsniveau) nicht unabhängig ist.

Ein großes Land verhalte sich annahmegemäß wie ein „traditioneller" Monopolist bzw. Monopsonist (je nachdem, ob es am Zertifikatemarkt als

Verkäufer oder Käufer auftritt).[33] Nimmt man zunächst den Fall des (traditionellen) Monopolisten, so berücksichtigt dieser die Tatsache, daß der für Zertifikate am internationalen Markt realisierbare Preis um so geringer ausfällt, je mehr Emissionsrechte er dort zum Verkauf anbietet (d.h. je höher seine Emissionsvermeidung ist). Für ein Land mit Monopolstellung am internationalen Zertifikatemarkt gilt also $dp/dq_i < 0$. Daraus resuliert der folgende Zusammenhang:

$$\frac{dC_i}{dq_i} \neq p. \qquad (3.32)$$

Bei unvollständiger Konkurrenz am Zertifikatemarkt kommt es also zu keinem Ausgleich der Grenzvermeidungskosten aller Länder; mithin wird globale Kosteneffizienz nicht erreicht. Für den Monopolisten ist es optimal, ein niedrigeres Vermeidungsniveau (bzw. ein höheres Emissionsniveau) zu realisieren, als dasjenige, bei welchem Grenzvermeidungskosten und Zertifikatepreis übereinstimmen. Der Zertifikatepreis entspricht den Grenzvermeidungskosten für alle „kleinen" Länder. Folglich ist das Emissionsniveau des Monopolisten höher als das Niveau, welches Kosteneffizienz impliziert.

Stellt man nun auf den Fall ab, daß das große Land am internationalen Zertifikatemarkt nicht als Verkäufer, sondern als Käufer auftritt, dann ergibt sich das umgekehrte Ergebnis: Das Emissionsniveau eines „traditionellen" Monopsonisten ist geringer als dasjenige, das unter globalen Kostengesichtspunkten effizient wäre.

Ein großes Land verhält sich jedoch nicht notwendigerweise wie ein traditioneller Monopolist bzw. Monopsonist. Dies soll am Beispiel des Monopolisten verdeutlicht werden.[34] Stellt man zunächst noch einmal auf den Monopolisten in seiner traditionellen Ausprägung ab, so sieht sich dieser einer großen Gruppe nichtunterscheidbarer, anonymer Nachfragerländer gegenüber. Dies zwingt den Monopolisten dazu, allen Ländern, die Emissionszertifikate nachfragen, dieselben Preiskonditionen anzubieten. Damit ist der am Markt zu realisierende Preis von der Anzahl der gekauften Zertifikate unabhängig. Nun ist aber auch folgende Situation denkbar: Ein Land, das am internationalen Zertifikatemarkt eine monopolartige Stellung einnimmt, könnte möglicherweise in der Lage sein, am Markt die einzelnen Nachfragerländer (mit ihren individuellen umweltpolitischen Parametern) zu „identifizieren". Dies würde dem großen Land die Möglichkeit eröffnen, den verschiedenen Ländern unterschiedliche Preiskonditionen anzubieten und damit Preisdifferenzierung zu betreiben. Das sich letztendlich jeweils einstellende Marktergebnis hängt dann von mehreren Faktoren ab, u.a. davon, wie genau das große Land die individuellen Zertifikatenachfragefunktionen der anderen Länder kennt. Man kann wohl annehmen, daß unter diesen Umständen die Realisierung einer kosteneffizienten Lösung recht unwahrscheinlich ist.

---
[33] Die Ausführungen zu dem Fall, daß auf dem internationalen Zertifikatemarkt unvollständige Konkurrenz herrscht, basieren zum Teil auf Hoel (1991a), S. 104f.

[34] In analoger Weise kann man ähnliche Ergebnisse für den Fall ableiten, daß das große Land am internationalen Zertifikatemarkt als Nachfrager auftritt.

c) Weitere Aspekte zu Emissionsrechtehandel und Kosteneffizienz

Für die Frage, ob die Möglichkeit eines zwischenstaatlichen Zertifikatehandels globale Kosteneffizienz sichern kann, hängt noch von weiteren Faktoren ab. So wurde bisher die Frage der Gültigkeitsdauer der Zertifikate ausgeklammert. Greift man diesen Aspekt nun auf, so ergeben sich in Zusammenhang mit Effizienzaspekten die folgenden Überlegungen:[35] Haben Zertifikate zeitlich unbegrenzte Gültigkeit, dann besteht die Gefahr, daß auf dem Zertifikatemarkt die Marktmacht großer Länder zum Zuge kommt. Ein möglicher Ausweg gegen solche effizienzmindernden Strukturen könnte die periodische Neuausgabe zeitlich befristeter Emissionsrechte sein. Dies wäre auch ein Mittel gegenüber einer möglichen Hortung von Zertifikaten durch Länder, welche die ihnen zugewiesenen Emissionsrechte (noch) nicht voll in Anspruch nehmen. Gegen unbegrenzt gültige Zertifikate spricht auch, daß ein solches Laufzeitregime eine langfristige Fixierung des globalen Emissionsziels impliziert, so daß bei einer anstehenden Revision in Richtung einer restriktiveren internationalen Umweltpolitik die „übermäßigen" Emissionsrechte von der internationalen Agentur am Zertifikatemarkt aufgekauft werden müßten, was mit unkalkulierbaren Kosten verbunden wäre. Um trotz begrenzter Laufzeit eine gewisse Kontinuität und Planungssicherheit zu gewährleisten, könnte man die Zertifikate für einen mittelfristigen Zeitraum (also mehrere Jahre) ausgeben: Jedes Land hätte dann das Recht, über die betreffende Laufzeit eine bestimmte Schadstoffmenge zu emittieren. Bei Schadstoffen, bei welchen der Zeitpunkt der Emission irrelevant ist, könnte man es den Ländern freistellen, ihre Quoten gegen Gutschrift zu unterschreiten; Emissionen könnten in Anpassung an nationale Bedürfnisse also zeitlich nach hinten geschoben werden.[36] Durch die Begrenzung der Laufzeit kann auch die Gefahr umgangen werden, daß einzelne Länder ihre Zertifikate verkaufen und dabei hohe Erlöse erzielen, um anschließend aus dem Abkommen auszuscheren. Dies könnte vor allem für nichtdemokratisch regierte Länder relevant sein.

Eine weitere Determinante des internationalen Zertifikatemarktes ist die dort zugelassene Transaktionswährung. Aus Effizienzgründen sollten zwischenstaatliche Transaktionen auf der Grundlage jeder beliebigen Währung (d.h. Geld, Sachleistungen, etc.) zulässig sein. Länder, die potentielle Käufer am Zertifikatemarkt darstellen, könnten jedoch bestrebt sein, die Transaktionswährung auf in-kind-transfers (z.B. Technologietransfer) zu beschränken, da diese im Vergleich zu monetären Transfers möglicherweise innenpolitisch eher durchsetzbar sind.

---

[35] vgl. dazu z.B.: Grubb (1990), S. 81ff, Bauer (1993), S. 204, Mohr (1991a), S. 89f, Kverndokk (1992), S. 16ff.

[36] Vergleiche in diesem Zusammenhang das in Heister, Michaelis et al. (1991) vorgeschlagene sog. coupon-System.

5 Determinanten der Teilnahmebereitschaft

In diesem Abschnitt wird noch einmal explizit auf die Frage eingegangen, unter welchen Voraussetzungen sich ein Land an einem internationalen Zertifikatesystem beteiligt. Nach der Erörterung der nationalen Beitrittsbedingungen werden die entsprechenden Determinanten der Teilnahmebereitschaft analysiert.

a) Die nationalen Nichtverschlechterungsbedingungen

Unter einem internationalen Zertikatesystem gilt für Land i die folgende (emissionsbezogene) nationale Wohlfahrtsfunktion:

$$W_i(e_i) = B_i(e_i) - D_i(E^*) + p \cdot (e_i^z - e_i), \qquad (3.33)$$

mit $e_i^z = \alpha_i \cdot E^*$. Vergleicht man diese mit der in Abschnitt 3.1 zugrundegelegten Wohlfahrtsfunktion, so erkennt man die hier vorgenommene Ergänzung um den „Zertifikateterm", welcher die Möglichkeiten eines zwischenstaatlichen Emissionsrechtehandels abbildet. Der Term erfaßt die nationalen Erträge bzw. Kosten aus Transaktionen am Zertifikatemarkt, wobei p den Zertifikatepreis und (die Differenz zwischen Emissionsrechte-Erstausstattung e_i^z und tatsächlichem Emissionsniveau) e_i das Transaktionsvolumen zum Ausdruck bringen. Stellt man bei der Wohlfahrtsfunktion nicht auf Emissions-, sondern auf Vermeidungsmengen ab, so ergibt sich:

$$W_i(q_i) = B_i(Q^*) - C_i(q_i) + p \cdot [q_i - q_i^z], \qquad (3.34)$$

wobei $q_i^z := \alpha_i \cdot Q^*$ gilt. Die Differenz $(q_i - q_i^z)$ stellt das Transaktionsvolumen, also die Abweichung zwischen der tatsächlich realisierten Vermeidungsmenge und der (durch das Allokationsregime) zugewiesenen „primären" Vermeidungspflicht, dar. Der Zertifikatemarkt ist in diesem Fall als Markt für Vermeidungspflichten zu interpretieren.

Geht man davon aus, daß die Länder ihre nationale Wohlfahrt maximieren wollen, so sind für die Berechnung der nationalen Wohlfahrt unter einem internationalen Zertifikatesystem die vorstehend angeführten Wohlfahrtsfunktionen relevant. Diese bzw. deren Elemente bestimmen, ob sich ein Land an einer internationalen Zertifikatelösung beteiligen wird oder nicht. Die Determinanten der Teilnahmebereitschaft kann man danach unterteilen, ob sie für das Land vorgegeben (exogen) sind oder ob sie auf dem Verhandlungswege (und damit endogen) bestimmt werden. Zur Gruppe der exogenen Determinanten eines Landes zählen die nationalen Vermeidungsnutzen- und Vermeidungskostenfunktionen (bzw. Emissionsnutzen- und Schadenskostenfunktionen) sowie der am internationalen Zertifikatemarkt realisierte Emissionsrechtepreis (wenn man vom Fall des kleinen Landes ausgeht). Endogene Determinanten sind dagegen das globale Vermeidungsziel Q^* (bzw. die globale

Emissionshöchstgrenze E^*) und das Allokationsregime, welches die zwischenstaatliche Erstausstattung der Vermeidungspflichten (q_i^z, q_j^z) (bzw. der Emissionsrechte (e_i^z, e_j^z)) festlegt. Diese endogenen Determinanten der Teilnahmebereitschaft sind Gegenstand der Verhandlungen zwischen den Ländern, welche auf der Grundlage der länderspezifischen exogenen Determinanten zu führen sind.

Zunächst ist aber noch zu klären, welches Kalkül ein Land zugrunde legt, um sich für oder gegen einen Beitritt zu einem internationalen Zertifikatesystem zu entscheiden. Für ein Land gelten folgenden Grundüberlegungen: (1) Da durch ein internationales Zertifikatesystem das globale Emissionsniveau abgesenkt wird ($E^*<E^0$), gehen die nationalen Schadenskosten zurück. Insofern kann sich das Land gegenüber dem status-quo nicht verschlechtern. (2) Ein andere Einflußgröße ist das Allokationsregime. Realisiert das Land bei der Emissionsrechte-Erstausstattung einen Zertifikateüberschuß ($e_i^z>e_i^0$), dann fallen bei ihm höhere Zertifikaterlöse als Vermeidungskosten an. Damit ist der Teilnahmenutzen eines Landes mit Zertifikateüberschuß immer positiv. Anders sieht die Sache für sog. Defizitländer aus, deren bisheriges Emissionsniveau durch die zugeteilten Emissionsrechte nicht voll „abgedeckt" ist ($e_i^z<e_i^0$). Bei solchen Ländern ist der Beitritt zum internationalen Zertifikatesystem nicht sichergestellt.

Eine unmittelbar plausible Anforderung ist die Notwendigkeit, daß sich ein Land durch seine Abkommensteilnahme gegenüber allgemeiner Nichtkooperation nicht verschlechtern darf (Nichtverschlechterungsbedingung). Es muß also $W_i^C \geq W_i^N$ bzw. die Bedingung

$$B_i(Q^*) - C_i(q_i) + p \cdot [q_i - q_i^z] \geq B_i(Q^N) - C_i(q_i^N) \qquad (3.35)$$

gelten. Ein noch härteres Kriterium wäre, daß sich ein Land nur dann zur Abkommensteilnahme bereit erklärt, wenn es sich dadurch gegenüber der Realisierung der Freifahrerposition bei Kooperation aller anderen Länder verbessert. Dieses deutlich anspruchsvollere Kriterium soll an dieser Stelle nicht weiter berücksichtigt werden; es wird jedoch im siebten Kapitel herangezogen.

b) Exogene Determinanten der Teilnahmebereitschaft

Vermeidungsnutzenfunktion
Ziel eines internationalen Zertifikatesystems ist die Minderung des globalen Emissionsniveaus von E^0 auf E^* und damit die Realisierung globaler Emissionsvermeidung. Damit ergibt sich gegenüber allgemeiner Nichtkooperation ein Vermeidungsnutzen (bzw. ein Rückgang der Schadenskosten). Dabei haben diejenigen Länder einen Vorteil, deren Vermeidungsnutzenkurve relativ steil verläuft. Da diese Länder unabhängig vom jeweils vereinbarten globalen Vermeidungsziel Q^* immer einen höheren Grenzvermeidungsnutzen realisieren als andere Länder, sind solche Länder tendenziell eher für ein internatio-

nales Zertifikatesystem zu gewinnen. Ist das globale Vermeidungsziel erst einmal vereinbart, sind die nationalen Vermeidungsnutzen eindeutig bestimmt.

Vermeidungskostenfunktion
Die für ein Land anfallenden Vermeidungskosten sind weder durch die globale Emissionshöchstgrenze noch durch die Allokation der Emissionsrechte vorgegeben, wohl aber durch die Vermeidungskostenfunktion. Der durch ein internationales Zertifikatesystem induzierte Kostendruck ist für Länder mit hohen Grenzvermeidungskosten höher als für andere Länder, wenngleich ein Land im Gegensatz zur Auflagenlösung über die Option verfügt, Vermeidungsmaßnahmen (ganz oder teilweise) zu unterlassen und stattdessen Emissionsrechte von anderen Ländern zuzukaufen. Solche Transaktionen können die zwischenstaatlichen Differenzen bei den Grenzvermeidungskostenfunktion zwar

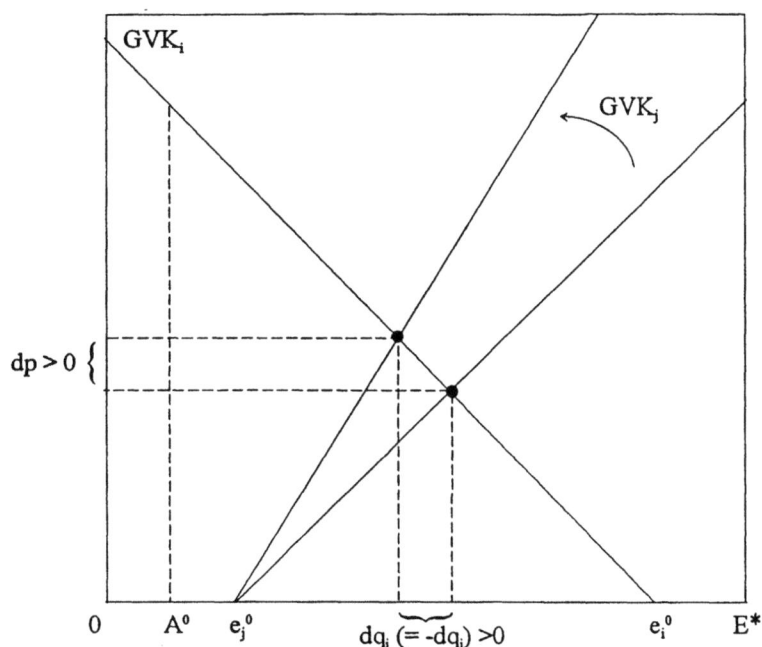

Abbildung 7: Zwischenstaatlicher Handel mit internationalen Emissionsrechten: Die Relevanz der Konstellation nationaler Grenzvermeidungskosten

entschärfen, deren Relevanz aber nicht völlig aufheben. Damit werden Länder um so eher zur Teilnahme bereit sein, je flacher deren Grenzvermeidungskostenkurve verläuft. In Abbildung 7 ist die Bedeutung alternativer Vermeidungskostenverhältnisse dokumentiert. Man erkennt, daß die jeweils vorherrschende zwischenstaatliche Konstellation der Grenzvermeidungskosten (via Zertifikatemarkt) die Allokation der nationalen Vermeidungsaktivität (q_i, q_j) determiniert.

Zertifikatepreis

Der Zertifikatepreis ist für ein Land nicht völlig exogen. Vielmehr bildet er eine „Mischgröße", die auch von einer endogenen Teilnahmedeterminante abhängt. Stellt man aber zunächst einmal auf die Frage der Marktmacht ab, so hat das Land bei Zugrundelegung der Kleinen-Land-Annahme keinen Einfluß auf die Höhe des Zertifikatepreises. Der Marktpreis wäre also für das Land unter diesen Bedingungen exogen. Die konkrete Höhe des Zertifikatepreises bestimmt sich durch die für das Land vorgegebene internationale Vermeidungskostenkonstellation. Damit sind für ein Land nicht nur die eigenen, sondern auch die Kostenverhältnisse in den anderen Länder relevant. Dies erkennt man in Abbildung 7, wenn man auf Land i abstellt und alternative Vermeidungskostenstrukturen des Auslandes (Land j) berücksichtigt. Der

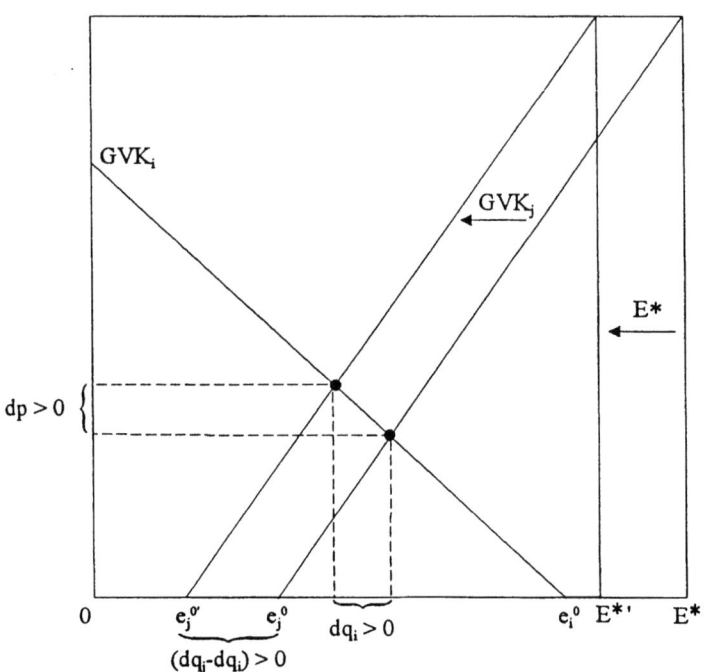

Abbildung 8: Zwischenstaatlicher Handel mit internationalen Emissionsrechten: Die Relevanz der globalen Emissionshöchstgrenze

Zertifikatepreis ist um so höher, je steiler in- und ausländische Grenzvermeidungskostenkurven verlaufen; diese sind aber exogen vorgegeben. Nun gibt es aber noch eine Einflußgröße auf den Zertifikatepreis, welche für ein Land endogen ist, nämlich die auszuhandelnde globale Emissionshöchstgrenze E^*. Betrachtet man Abbildung 8, so erkennt man, daß der Zertifikatepreis um so höher ausfällt, je niedriger E^* angesetzt wird. Eine Verschärfung des globalen Emissionsziels E^* bewirkt quasi ein „Ineinanderschieben" der Grenzvermeidungskostenkurven der Länder. In diesem Fall kommt es sowohl zu einem

Niveau- als auch zu einem Allokationseffekt bei den globalen Vermeidungsaktivitäten. Die Allokation der zusätzlichen globalen Vermeidungspflicht hängt von der zwischenstaatlichen Grenzvermeidungskostenkonstellation im relevanten Intervall ab (vgl. Abbildung 8).

c) Endogene Determinanten der Teilnahmebereitschaft

Soeben wurde bereits die eine endogene Determinante der Teilnahmebereitschaft angesprochen, nämlich die globale Emissionshöchstgrenze E^*. Ein zweiter umweltpolitischer Verhandlungsgegenstand der Länder ist das Erstausstattungsregime, welches die zwischenstaatliche Primärverteilung der globalen Emissionsrechte determiniert. Eine Auswahl der für die Zuteilung in Frage kommenden Schemata wurde in Abschnitt 2 dieses Kapitels ausführlich erörtert. Wie bereits im ersten Abschnitt, und damit unabhängig von der Option eines zwischenstaatlichen Emissionsrechtehandels, festgestellt wurde, kann die Relevanz der beiden endogenen Determinanten miteinander verknüpft sein. Ist etwa davon auszugehen, daß ein Land unabhängig vom konkret vereinbarten globalen Vermeidungsziel Q^* einen ganz bestimmten prozentualen Anteil (α_i) davon auf eigene Rechnung „umzusetzen" hat, dann ist jedem globalen Vermeidungsniveau, welches das Land vorschlägt, eindeutig eine bestimmte Erstzuweisung an nationalen Vermeidungspflichten zugeordnet ($q_i^z = \alpha_i Q^*$). In diesem Fall wäre von den beiden Teilnahmedeterminanten nur eine endogen. Die Existenz eines solchen Zusammenhangs erscheint (der Tendenz nach) nicht ganz unplausibel, denn ein Land wird nicht in glaubwürdiger Weise ein hohes Vermeidungsziel befürworten können, ohne gleichzeitig zur Übernahme eines angemessenen Anteils an nationalen Umweltschutzverpflichtungen bereit zu sein. Eine solche Interdependenz soll auch in der folgenden Analyse zum Tragen kommen.

Land i gehe davon aus, daß ihm (im 2-Länder-Fall) unabhängig vom letztlich ausgehandelten globalen Vermeidungsziel Q^* stets die Hälfte der globalen Erstausstattung an nationalen Vermeidungspflichten (q_i^z) zugewiesen wird ($\alpha_i = \alpha_j = 0,5$). Diese Regimevorstellungen basieren auf der Tatsache, daß die Länder dasselbe status-quo-Emissionsniveau haben. Damit ergibt sich, wenn man auf die Zuweisung handelbarer Vermeidungspflichten abstellt, für beide Länder dieselbe Erstausstattung an nationalen Vermeidungspflichten. Unter Zugrundelegung dieser Rahmenbedingungen sollen nun die nationalen Präferenzen für das globale Vermeidungsziel Q^* ermittelt werden.[37] Im Gegensatz zum Teil 1.b) dieses Kapitels wird nun die Möglichkeit des zwischenstaatlichen Handels mit Emissionsrechten berücksichtigt.

Die globale Vermeidungspflicht Q^* verteilt sich damit zu gleichen Teilen auf die beiden Länder (so daß $q_i^z = q_j^z = q_z$). Da die nationalen Vermeidungspflichten am Zertifikatemarkt handelbar sind, gilt die folgende Beziehung:

$$q_i + q_j = 2q^z \, (= Q^*). \tag{3.36}$$

---
[37] Der folgende Ansatz basiert auf Barrett (1992a), S. 34.

Geht man für den Zertifikatemarkt (nun als Markt für „Vermeidungspflichten") von vollständiger Konkurrenz aus, dann kommt es zu einem zwischenstaatlichen Ausgleich der Grenzvermeidungskosten; das entsprechende Niveau der Grenzvermeidungskosten entspricht dem Zertifikatepreis (p):[38]

$$\bar{c}_i q_i = \bar{c}_j q_j \, (= p) \, . \tag{3.37}$$

Ein Land bestimmt im Rahmen eines internationalen Zertifikatesystems die aus seiner Sicht optimale globale Vermeidungspflicht (Q^*) bzw. die optimale nationale Erstausstattung mit handelbaren Vermeidungspflichten (q_i^z) nach folgendem Ansatz:

$$\max_{q_i^z} \{B_i(2q_i^z) - C_i(q_i) + \bar{c}_i q_i \cdot (q_i - q_i^z)\}$$
$$\text{s.t.: } q_i + q_j = 2q^z \, (= Q^*) \quad \bar{c}_i q_i = \bar{c}_j q_j \, (= p) \, . \tag{3.38}$$

Für die nationalen Präferenzen hinsichtlich der nationalen Erstausstattung mit Vermeidungspflichten gilt dann:

$$q_i^z = f\left(\bar{b}_i, \bar{c}_i, \bar{c}_j\right) \, . \tag{3.39}$$

Damit ist explizit gezeigt, daß die von einem Land bevorzugte globale Vermeidungspflicht $Q^*(=2q_i^z)$ (bzw. globale Emissionshöchstgrenze E^*) nicht nur von Parametern der eigenen Grenzvermeidungsnutzen- (b_i) und Grenzvermeidungskostenfunktion (c_i), sondern auch von solchen der Grenzvermeidungskostenfunktion des anderen Landes (c_j) abhängt.[39] Diese Dependenz von der ausländischen Vermeidungskostenstruktur ergibt sich durch die Möglichkeit des zwischenstaatlichen Handels mit Vermeidungpflichten bzw. Emissionsrechten (vergleiche dazu auch Abbildung 7).

6 Reaktion auf nationaler Ebene

Nachdem nun die grundlegenden Fragen eines internationalen Zertifikatesystems abgehandelt sind, soll hier noch die Frage erörtert werden, mit welchen Maßnahmen auf nationaler Ebene die Länder ihre Zusage zum internationalen Umweltabkommen „flankieren" können.

Wird als Reaktion auf den Beitritt zu einem internationalen Zertifikatesystem auch auf nationaler Ebene ein solches mengensteuerndes System eingeführt, so ergeben sich die folgenden Optionen.[40] Das betreffende Land kann

---

[38] Für die Grenzvermeidungskostenkurven der Länder wird jeweils eine konstante Steigung unterstellt (c_i bzw. c_j).
[39] Siehe hierzu die entsprechenden Ausführungen zu den exogenen Determinanten der Teilnahmebereitschaft.
[40] Vergleiche in diesem Zusammenhang Hoel (1991a), S. 105f und Bauer (1993), S. 199.

die für die inländischen Wirtschaftssubjekte maßgebliche nationale Emissionshöchstgrenze so bemessen, daß sie gerade der nationalen Erstausstattung an global gültigen Emissionsrechten entspricht. Damit wäre die Erfüllung der international eingegangenen Verpflichtungen gewährleistet. Unterbleiben dagegen entsprechende nationale umweltpolitische Maßnahmen und wurden durch das internationale Zertifikateabkommen die nationalen Emissionsrechte „beschnitten", dann ist man auf den Zukauf von Emissionsrechten von anderen Ländern angewiesen. Eine solche Situation ist aber mit allerlei Unwägbarkeiten verbunden; so ist nicht sichergestellt, daß ein entsprechendes Zertifikateangebot überhaupt vorhanden ist, und wenn ja, zu welchen Konditionen. In einem dritten Fall würde das Land die intern ausgegebenen national gültigen Emissionsrechte so bemessen, daß es die ihm zugewiesenen globalen Zertifikate gar nicht voll in Anspruch nehmen muß und stattdessen mit Einnahmen aus dem internationalen Zertifikatemarkt rechnen kann.

Wird auf nationaler Ebene als Reaktion auf die eingegangenen Verpflichtungen statt einer Mengenlösung ein nationales Steuersystem eingeführt, so ist damit (angesichts der unsicheren Mengenwirkung einer Steuer) die Einhaltung der internationalen Vereinbarung grundsätzlich nicht gewährleistet. Das Land wäre möglicherweise auf den Zukauf internationaler Zertifikate angewiesen, und das mit allen Unsicherheiten in Bezug auf die Verfügbarkeit der entsprechenden Emissionsrechte (sowie der Preiskonditionen).

Für den Fall, daß die Einhaltung der nationalen Emissionsquoten durch die Staaten als generell unsicher angesehen wird, könnte das internationale Zertifikatesystem ergänzt werden, und zwar in der Weise, daß bei Quotenüberschreitung eine Strafsteuer auf überschüssige Emissionen fällig wird (und bei Quotenunterschreitung eventuell eine Subventionierung erfolgt).[41] Die Einhaltung der globalen Emissionshöchstgrenze könnte dann in etwa sichergestellt werden, wenn man die Strafsteuer für Quotenüberschreitung deutlich höher ansetzen würde als den zur angestrebten Emissionsmenge passenden Steuersatz und Rückzahlungen für Vertragserfüllung ganz entfallen würden.[42]

Der Wahl des nationalen umweltpolitischen Instrumentariums wird mitunter auch internationale Signalwirkung beigemessen.[43] So kann ein Land, welches sich für die Etablierung eines („angemessenen") nationalen Zertifikatesystems und damit explizit für eine Begrenzung der nationalen Emissionen entscheidet, signalisieren, die international getroffenen Umweltvereinbarungen auch tatsächlich einhalten zu wollen. Dies gilt nicht in gleichem Maße bei Einführung eines nationalen Emissionsteuersystems, da in diesem Fall das Potential möglicher nationaler „Täuschungsmöglichkeiten" umfangreicher ist. So könnte das betreffende Land die internationalen Bemühungen dadurch konterkarieren, daß es andere relevante Steuern absenkt.

---

[41] Siehe dazu auch Welsch (1991) in bezug auf die sog. flexible Quote.
[42] vgl. Bauer (1993), S. 199.
[43] vgl. Althammer und Buchholz (1993), S. 306.

7 Zusammenfassung

Das vorliegende Kapitel beschäftigte sich mit den Möglichkeiten internationaler Umweltpolitik mittels Mengensteuerung. Während die Ausführungen der ersten beiden Abschnitte für diverse Formen der Mengensteuerung (Auflagenlösung und Zertifikatelösung) relevant sind, markiert der dritte Abschnitt den Übergang zur ausschließlichen Behandlung der (internationalen) Zertifikatelösung.

Grundlegendes Element jeder umweltpolitischen Mengenlösung auf internationaler Ebene ist die Festsetzung einer globalen Emissionshöchstgrenze. Die Fixierung eines entsprechenden Emissionsziels erfolgt auf der Basis von Wohlfahrtsfunktionen, welche die Vermeidungsnutzen und Vermeidungskosten der Länder abbilden. Ansätze, die nicht auf der Verwendung von Wohlfahrtsfunktionen beruhen (wie etwa das Critical-load-Konzept) wurden verworfen, weil diese Konzepte die relevanten ökonomischen Zusammenhänge nur unzureichend erfassen.

Hat man sich auf die Verwendung von Wohlfahrtsfunktionen festgelegt, kann man die effiziente globale Emissionsmenge bestimmen. Diese ergibt sich als Summe der effizienten nationalen Emissionsmengen, welche sich ihrerseits aus der globalen Wohlfahrtsfunktion ableiten. Die so ermittelte globale Emissionsmenge wird jedoch regelmäßig von der in einem internationalen Umweltabkommen ausgehandelten Menge abweichen, da die einzelnen Länder ein anderes Kalkül zugrunde legen als ein fiktiver globaler Umweltschutzkoordinator. Gehen die Länder davon aus, daß sie unabhängig vom konkret vereinbarten globalen Emissionsniveau einen bestimmten prozentualen Anteil als national verfügbare Emissionsrechte zugewiesen bekommen, dann wählen sie auf der Grundlage ihrer nationalen Wohlfahrtsfunktion ein solches globales Emissionsniveau, bei welchem die nationalen Grenzschadenskosten einer zusätzlichen Emissionseinheit mit den gewichteten Grenzemissionsnutzen einer zusätzlichen nationalen Emissionseinheit übereinstimmen. Die Gewichtung erfolgt mit einem Koeffizient, der die erwartete Relation zwischen nationalen und globalen Emissionsrechten (α_i) zum Ausdruck bringt. Damit wird die von den Ländern präferierte globale Emissionsmenge in aller Regel vom effizienten Niveau abweichen. Die Länder können für verschiedene, ihrer Meinung nach plausible α_i-Koeffizienten die jeweilige aus ihrer Sicht optimale globale Emissionsmenge berechnen. Das entsprechende Tableau der Wertepaare globales Emissionsniveau (E^*) und Emissionsallokationsregime (α_i) könnte die Grundlage für die internationalen Umweltverhandlungen bilden.

Ein weiteres zentrales Element einer umweltpolitischen Mengenlösung ist die Frage, wie das mit der globalen Emissionshöchstgrenze kompatible internationale Emissionsrechtepotential auf die Länder verteilt werden soll. Dies ist Gegenstand des zweiten Abschnitts des Kapitels, wobei die Allokation der nationalen (Erst-)Ausstattung mit Emissionsrechten unter diversen Kriterien abgehandelt wird. Es wird analysiert, welche Voraussetzungen die

Länder erfüllen müssen, damit sie unter den einzelnen Regimen bestimmte zwischenstaatliche Verteilungspositionen einnehmen. Bei der ersten Kategorie von Allokationskriterien wird auf die historischen Emissionen der Länder Bezug genommen. Daraus leitet sich z.b. eine für alle Länder einheitliche proportionale Vermeidungspflicht ab, welche den bisherigen Vielverschmutzern überdurchschnittlich hohe Emissionsrechte sichert. Ein völlig anderer Ansatz bemißt die zukünftigen Emissionsrechte umgekehrt proportional zu den über einen längeren Zeitraum kumulierten nationalen Emissionen. Ein solches Regime beinhaltet unter Umständen ein beträchtliches Umverteilungspotential. Andere Regime stellen auf Bevölkerungsgrößen ab. Wendet man das Prinzip an, daß jeder Mensch unabhängig von seiner Nationalität das gleiche Emissionsrecht hat, dann werden Länder mit unterdurchschnittlichen Pro-Kopf-Emissionen bevorzugt. Um Manipulationen durch bevölkerungspolitische Maßnahmen auszuschließen, sollte beispielsweise auf die Bevölkerungszahl eines bereits abgeschlossenen Zeitraums Bezug genommen werden. Bei der Zuteilung nationaler Emissionsrechte kann man jedoch auch auf Sozialproduktsgrößen (Einkommensgrößen) der Länder abstellen. Erfolgt die Allokation z.B. proportional zum Bruttoinlandsprodukt, dann haben diejenigen Länder Vorteile, die lediglich unterdurchschnittliche Emissionen pro BIP-Einheit haben. Mitunter wird vorgeschlagen, nicht nur ein Kriterium für die Verteilung der Emissionsrechte heranzuziehen, sondern mehrere. So kommen als gleichzeitig verwendbare Subkriterien z.B. historische Emissionen im Verbund mit Einkommens- und Bevölkerungsgrößen in Betracht. In einer weiteren Kategorie werden sog. Nutzen-/Kosten-bezogene Kriterien erörtert, die entweder auf den Nettonutzen oder lediglich die Kosten der Emissionsvermeidung abstellen. Dabei kommt unter anderem die Anwendung einheitlicher absoluter und relativer Größen in Frage. Beim Prinzip der einheitlichen marginalen Kosten werden die Vermeidungspflichten so auf die Länder verteilt, daß ein zwischenstaatlicher Ausgleich der Grenzvermeidungskosten erreicht wird. Während die bislang vorgestellten Regime eine kostenlose Vergabe der Emissionsrechte vorsehen, können auch im internationalen Kontext zahlungsbereitschaftsorientierte Kriterien zur Anwendung kommen. So ist es denkbar, daß die Länder die Emissionsrechte bei einer Auktion ersteigern müssen oder daß die Rechte von einer internationalen Umweltbehörde zu einem Festpreis verkauft werden.

Gegenstand des dritten Abschnitts ist die mögliche Flexibilisierung bei der Emissionsrechteausstattung der Länder. Ausgehend vom Fall, daß die Erstausstattung der Länder mit Emissionsrechten fix ist (internationale Auflagenlösung) werden zwei Formen einer Flexibilisierung untersucht. In einem ersten Szenario können die Länder gegen Zahlung eines entsprechenden Bußgeldes die ihnen zugewiesene nationale Emissionsgrenze überschreiten. Nehmen sie dagegen die für sie vorgesehenen Emissionsrechte nicht in vollem Umfang wahr, haben sie Anspruch auf die Gewährung einer Prämie. Eine solche Regelung kann zwar gewisse Friktionen abbauen, eine kosteneffiziente Realisierung des globalen Vermeidungsziels ist damit aber nicht möglich. Erst dann, wenn man einen zwischenstaatlichen Handel mit Emissionsrechten zuläßt (Zertifikatelösung), wird Kosteneffizienz realisierbar.

Im nachfolgenden Abschnitt wurde gezeigt, daß selbst bei einem internationalen Zertifikatesystem Kosteneffizienz nur dann erreicht werden kann, wenn am Zertifikatemarkt ideale Rahmenbedingungen vorliegen. Unter Zugrundelegung der entsprechenden Rahmenkonstellationen wurde dann die grundsätzliche Funktionsweise eines internationalen Zertifikatemarktes demonstriert. Haben die Länder Einfluß auf den internationalen Marktpreis für Emissionsrechte, dann wird eine globale kosteneffiziente Lösung verfehlt. Als weitere Faktoren eines internationalen Zertifikatesystems, welche die Effizienz des Zertifikatemarktes beeinflussen, wurde das Laufzeitregime der Emissionsrechte erörtert.

Die Frage, unter welchen Voraussetzungen Länder einem internationalen Zertifikatesystem beitreten, war Gegenstand des fünften Abschnitts. Nach Herleitung der entsprechenden nationalen Nichtverschlechterungsbedingungen wurden die verschiedenen Determinanten der Teilnahmebereitschaft untersucht. Die für die Länder exogenen Determinanten sind die Vermeidungsnutzen- und Vermeidungskostenfunktion. Dies gilt bis zu einem gewissen Grad auch für den sich am Zertifikatemarkt bildenden Preis für die internationalen Emissionsrechte. Abstrahiert man von Marktmacht, dann wird der Zertifikatepreis unter anderem durch die internationale Grenzvermeidungskostenkonstellation bestimmt. Der Preis ist jedoch auch vom globalen Emissionsziel abhängig, das für die Länder keine exogene Größe darstellt. Vielmehr ist die globale Emissionsgrenze Gegenstand internationaler Umweltverhandlungen. Eine weitere endogene Determinante der Teilnahmebereitschaft ist das Erstausstattungsregime, welches die zwischenstaatliche Primärverteilung der Emissionsrechte determiniert. Geht man aber von dem Fall aus, daß zwischen beiden Größen ein fester Zusammenhang besteht, dann liegt nur eine endogene Determinante vor.

Abschließend wurde erörtert, welche angemessenen Maßnahmen auf nationaler Ebene die Länder nach ihrem Beitritt zum internationalen Zertifikatesystem ergreifen können. Als mögliche Reaktion auf die Zuweisung einer lediglich begrenzten Ausstattung internationaler Emissionsrechte könnte ein Land auch auf nationaler Ebene eine umweltpolitische Mengenlösung (z.B. ein nationales Zertifikatesystem) realisieren, da diese die Erfüllbarkeit der von dem Land eingegangenen internationalen Verpflichtungen sicherstellen kann. Eine andere Möglichkeit wäre die Etablierung eines nationalen Emissionsteuersystems. In diesem Fall bestünden jedoch Unsicherheiten, ob (und zu welchen Konditionen am internationalen Zertifikatemarkt) die nationale Emissionsgrenze eingehalten werden kann.

Kapitel 4: Internationale Umweltpolitik auf der Grundlage von Steuerlösungen

1 Systeme einer internationalen Emissionsbesteuerung

Die konsequenteste Umsetzung nationaler Umweltpolitik mittels Emissionsbesteuerung auf die internationale Ebene wäre eine internationale Emissionsteuer, bei welcher sämtliche Emittenten der (Mitglieds-)Länder die Steuer proportional zu deren Emissionstätigkeit an eine internationale Umweltagentur abzuführen hätten. Ein solcher Ansatz würde grundsätzlich eine global kosteneffiziente Lösung ermöglichen. Unabhängig von den zu erwartenden bürokratischen Problemen werden die Länder wohl aber nicht (ohne weiteres) bereit sein, einer internationalen Organisation „legal power" innerhalb ihrer jeweiligen Ländergrenzen einzuräumen.[1] Wegen der äußerst geringen Realisierungschancen eines solchen Systems soll dieses hier nicht weiter erörtert werden.

Eine Alternative zu diesem Ansatz bildet eine internationale Emissionsteuer, bei welcher nicht die emittierenden Wirtschaftssubjekte selbst, sondern deren jeweilige Regierungen steuerpflichtig sind. Nach diesem System hätten die Länder proportional zu ihren nationalen Emissionsniveaus eine Steuer an eine internationale Umweltagentur abzuführen. Das global anfallende Steueraufkommen würde dann nach einem bestimmten Redistributionsschlüssel vollständig auf die Länder zurückverteilt. Dieses System wird im Mittelpunkt dieses Kapitels stehen.

Am Ende des Kapitels wird dann noch ein alternatives System analysiert.[2] Dabei handelt es sich um ein internationales System nationaler Emissionsteuern, bei welchem – in einem international abgestimmten Rahmen – die Emissionsteuer in nationaler Regie von den heimischen Wirtschaftssubjekten erhoben wird und bei den nationalen Fiski verbleibt. In einem solchen System gibt es keine (explizite) monetäre Umverteilung zwischen den Ländern.

2 Internationales Emissionsteuersystem bei exogenem Redistributionsschlüssel

a) Grundzusammenhänge des Steuersystems

In den nächsten Abschnitten wird nun insbesondere eine internationale Emissionsteuer des folgenden Typs erörtert: Die Regierung jeden Teilnehmerlandes zahlt proportional zu den nationalen Emissionen eine Steuer an

---

[1] vgl. Hoel (1991a), S. 97 sowie Althammer und Buchholz (1993), S. 307f.
[2] Zur internationalen Emissionsbesteuerung als Instrument zur Finanzierung eines internationalen Umweltfonds vergleiche Grubb (1990), S. 80f (Zur alternativen Beitragsfinanzierung eines solchen Fonds, siehe Cansier (1993), S. 371).

eine internationale Umweltagentur. Das global anfallende Steueraufkommen wird dann nach einem bestimmten fixen Redistributionsschlüssel vollständig auf die Teilnehmerländer zurückverteilt.[3]

Es sei zunächst angenommen, daß der Redistributionsschlüssel (β-Vektor) nicht gleichzeitig mit dem Steuersatz (τ) ausgehandelt werde, sondern bereits zuvor vereinbart sei. Auf mögliche Kriterien für die Festsetzung des Redistributionsschlüssels wird später noch ausführlich eingegangen. Es sollte jedoch an dieser Stelle bereits folgendes festgehalten werden: Grundvoraussetzung für die allgemeine Akzeptanz eines Redistributionsschlüssels ist sicherlich, daß für jedes Land β_i so hoch sein muß, daß sich das Land durch Mitgliedschaft beim internationalen Steuersystem im Vergleich zur Nichtmitgliedschaft nicht verschlechtert. Die Frage der Teilnahmebereitschaft wird an späterer Stelle explizit erörtert.

Den Ausgangspunkt der Analyse eines solchen internationalen Steuersystems bilden die nationalen Wohlfahrtsfunktionen, welche gegenüber dem Laissez-faire-Fall eine Modifikation erfahren. Die Wohlfahrtsfunktion von Land i ergibt sich zunächst einmal aus der Differenz zwischen (Brutto)Emissionsnutzen- und Schadenskostenfunktion; darüber hinaus erfolgt eine Ergänzung um den sog. Steuerterm. Dieser bringt den Differenzbetrag zwischen (Brutto-)Steuerzahlung ($\tau_i e_i$) und Rückfluß aus dem globalen Steueraufkommen (entsprechend dem nationalen Redistributionsparameter β_i) zum Ausdruck.

$$W_i = B_i(e_i) - D_i(E) - \left[\tau_i e_i - \beta_i \sum_{j=1}^{n} \tau_j e_j\right]. \quad (4.1)$$

Es sei angenommen, daß das globale Steueraufkommen $\sum_j \tau_j e_j$ (gemäß Redistributionsschlüssel) vollständig auf die Länder zurückverteilt wird, so daß $\sum_i \beta_i = 1$ (bei $\beta_i > 0$) gilt. Der Ausdruck in der eckigen Klammer ist dann für einen Teil der Länder positiv, für einen anderen Teil negativ (oder Null).[4]

Für die nachfolgende Analyse benötigt man außerdem die globale Wohlfahrtsfunktion

$$W = \sum_{i=1}^{n} [B_i(e_i) - D_i(E)], \quad (4.2)$$

welche sich durch Aggregation der nationalen Wohlfahrtsfunktionen ergibt. Die nationalen Steuerterme heben sich dabei gegenseitig auf.

Die Bedingung für eine Pareto-optimale internationale Umweltpolitik ergibt sich durch Maximierung der globalen Wohlfahrtsfunktion. Man erhält

---

[3] Die Ausführungen zur internationalen Steuer bei exogenem Redistributionsschlüssel basieren im wesentlichen auf Hoel (1992b), S. 40ff.

[4] Für den Fall eines einheitlichen Steuersatzes ist der Steuerterm dann negativ, d.h. wohlfahrtserhöhend, wenn der nationale Redistributionsparameter β_i höher ist als der Anteil der nationalen an den globalen Emissionen e_i/E (und damit auch höher als der Anteil an der Aufbringung des Steueraufkommens).

so die folgende Effizienzbedingung:

$$B'_i(e_i) = \sum_{i=1}^{n} D'_i(E) \,[= D'(E)] \qquad (i = 1, ..., n). \qquad (4.3)$$

Im Pareto-Optimum müssen sich die nationalen Grenzemissionsnutzen der einzelnen Länder ausgleichen und den globalen Grenzschadenskosten $D'(E)$ entsprechen. Die Effizienzbedingung impliziert eine ganz bestimmte zwischenstaatliche Allokation der Emissionen (und damit auch eine ganz bestimmte Wohlfahrtsverteilung).[5] Insofern würde die Implementierung einer Pareto-optimalen Lösung im Rahmen eines internationalen Steuersystems eine exakte Koordination der nationalen Umweltpolitiken erfordern.

b) Verhalten innerhalb des Steuersystems

Ignorieren die Länder diesen innerhalb des Steuersystems bestehenden Koordinierungsbedarf, so könnten die (rein) nationalen Kalküle der Länder wie folgt aussehen:[6] Ausgehend vom vereinbarten nationalen Steuersatz und Redistributionsparameter nehmen die Länder die Emissionsmengen der jeweils anderen Länder als gegeben (Nash-Annahme), und realisieren damit diejenige nationale Emissionsmenge, welche sich aus folgender Optimierungsbedingung ergibt:[7]

$$B'_i(e_i) = D'_i(E) + (1 - \beta_i) \cdot \tau_i \qquad (i = 1, ..., n). \qquad (4.4)$$

Damit setzt Land i sein Emissionsniveau so fest, daß der nationale Grenzemissionsnutzen den nationalen Grenzschadenskosten plus marginaler Steuernettobelastung entspricht. Vergleicht man dieses Kalkül mit den Anforderungen für globale Effizienz (gemäß (4.3)), so erkennt man, daß diese nur dann kompatibel sind, wenn zwischen Steuersatz, Redistributionsparameter und Grenzschadensgrößen der folgende Zusammenhang gilt:

$$D'_i(E) + (1 - \beta_i) \cdot \tau_i = D'(E) \qquad (i = 1, ..., n). \qquad (4.5)$$

Die von Land i zugrundegelegten Grenzkosten einer marginalen Emissionserhöhung, also nationale Grenzschadenskosten plus marginale Steuernettobelastung, müßten somit gerade den global anfallenden Grenzschäden entsprechen. Damit wären die globalen Grenzschadenskosten voll angelastet. Dies setzt für die Realisierung der Effizienzlösung bei unkoordiniertem Verhalten (und bei vorgegebenem β-Vektor) einen ganz bestimmten Steuersatzvektor

---

[5] Auf die Möglichkeit der Abkoppelung der Emissionsallokation von der Wohlfahrtsverteilung durch die Integration von zwischenstaatlichen Transferzahlungen sei hier nicht eingegangen.
[6] vgl. Hoel (1992b), S. 42f.
[7] Damit wird implizit der Fall eines sog. Großen Landes unterstellt.

voraus, und zwar:

$$\tau_i = D'(E) \cdot \frac{1 - \left[\dfrac{D'_i(E)}{D'(E)}\right]}{1 - \beta_i} \qquad (i = 1, ..., n). \tag{4.6}$$

Es zeigt sich, daß der effiziente Steuersatz nur dann für alle Länder einheitlich ist, wenn die nationalen Redistributionsparameter die jeweiligen nationalen Anteile an den globalen Grenzschadenskosten widerspiegeln:[8]

$$\beta_i = \frac{D'_i(E)}{D'(E)} \qquad (i = 1, ..., n). \tag{4.7}$$

Wurde der β-Vektor entsprechend dieser Anforderung festgesetzt, dann ergibt sich als einheitlicher Pareto-kompatibler (Brutto-)Steuersatz:

$$\tau = D'(E), \tag{4.8}$$

falls für den exogenen Redistributionsparameter $\beta_i = D'_i(E)/D'(E)$ gilt. In diesem Fall würde der in der Nash-Bedingung (4.4) enthaltene „marginale" Steuerterm die externen Grenzschadenskosten abbilden, so daß durch das Steuersystem eine vollständige Internalisierung aller externen Effekte erreicht wäre. Inwieweit ein einheitlicher Pareto-optimaler Steuersatz (in Höhe der globalen Grenzschadenskosten) überhaupt existiert, hängt davon ab, ob die Kompatibilitätsbedingung i.e.S. ($\beta_i = D'_i/D'$) erfüllt ist oder nicht, d.h. ob der β-Vektor für die einzelnen Länder tatsächlich das Verhältnis zwischen nationalen und globalen Grenzschadenskosten erfaßt.

c) Existenz eines einheitlichen effizienten Steuersatzes

1. Fall: Atypische nationale Schadenskostenfunktion
Im Prinzip könnte der β-Vektor gerade so gewählt worden sein, daß die Kompatibilitätsbedingung i.e.S. ($\beta_i = D'_i/D'$) im Gleichgewicht erfüllt ist. Ein solcher (Pareto-kompatibler) β-Vektor könnte jedoch gegen die Grundvoraussetzung für eine Abkommensteilnahme verstoßen, gemäß welcher sich ein Land im Fall der Teilnahme am internationalen Steuersystem (hier: eines Pareto-optimalen Systems) gegenüber dem Nichtkooperationsfall ohne jede Steuer zumindest nicht verschlechtern darf (Nichtverschlechterungsbedingung). Dieses Problem könnte aber auftreten: So ist nicht auszuschließen, daß es Länder gibt, die von der Erhöhung der globalen Schadstoffkonzentration nicht in negativer Weise betroffen sind, für die also $D'_i(E) \leq 0$ gilt.[9] Natürlich müßte einem solchen Land ein Redistributionsparameter $\beta_i > 0$ zugestanden werden, um sich am Abkommen (mit einem positiven Steuersatz)

---
[8] vgl. Hoel (1993), S. 54f.
[9] Eine solche Konstellation wird in Zusammenhang mit der Emission von Treibhausgasen mitunter für gewisse nördliche Länder unterstellt.

zu beteiligen. Dies würde aber im Gegensatz zur Kompatibilitätsbedingung i.e.S. (4.7) folgendes implizieren:

$$\beta_i > \frac{D_i'(E)}{D'(E)}.$$

Beim Vorliegen solcher atypischer Schadenskostenfunktionen ist ein einheitlicher Pareto-kompatibler Steuersatz nicht realisierbar. In diesem Zusammenhang wäre eine Anregung von Keck zu erwähnen, welcher für diesen Fall die Integration einer negativen Steuer für die betreffenden Länder vorschlägt. Danach hätten diese Länder einen Anspruch auf Kompensation für die abkommensinduzierte Nichtausnutzung ihrer nationalen Emissionskapazitäten.[10]

2. Fall: Globale Grenzschadenskosten als einheitlicher Steuersatz (konstellationsbedingte Effizienzapproximation)
Grundsätzlich kann ein einheitlicher Steuersatz in Höhe der globalen Grenzschadenskosten, $\tau=D'(E)$, eine gewisse Approximation auf die First-best-Lösung und damit die Pareto-kompatible Steuersatzdifferenzierung gemäß (4.6) sein. Unterstellt man, daß der Redistributionsschlüssel in etwa die relativen Ländergrößen abbildet und die nationalen Anteile an den globalen Grenzschadenskosten mit den Ländergrößen positiv korreliert sind, dann ergeben sich unter dieser Konstellation die folgenden Zusammenhänge: Sind für kleine Länder sowohl β_i als auch $D_i'(E)/D'(E)$ nahe Null, dann wird ein gemäß $\tau = D'(E)$ fixierter Steuersatz vom idealen Steuersatz gemäß (4.6) nur geringfügig abweichen. Große Länder werden zwar höhere Werte für $D_i'(E)/D'(E)$ und β_i haben; unterstellt man aber, daß relative Grenzschadenskosten und nationale Redistributionsparameter sich in etwa entsprechen, dann ergäbe sich auch bei dieser Ländergruppe durch den einheitlichen Steuersatz $\tau = D'(E)$ eine gute Annäherung an den idealen Steuersatz gemäß (4.6). Trotz alledem kommt es zu Abweichungen der nationalen Emissionsmengen vom Pareto-optimalen Niveau. In bezug auf die jeweilige Abweichungsrichtung lassen sich folgende Überlegungen anstellen. Ausgehend von einem einheitlichen Steuersatz $\tau = D'(E)$ ergibt sich bei unkoordiniertem (Nash-)Verhalten die folgende Optimierungsbedingung:

$$B_i'(e_i) = D'(E) \cdot \left(1 + \frac{D_i'(E)}{D'(E)} - \beta_i\right). \quad (4.9)$$

Damit werden Länder, die im Vergleich zu ihrer Landesgröße (gemessen in β_i) relativ hohe Grenzschadenskosten aufweisen, eine höhere Vermeidungsmenge realisieren als Pareto-optimal wäre. In diesem Fall werden nämlich die den nationalen Grenzemissionsnutzen (via Besteuerung) gegenübergestellten globalen Grenzschadenskosten mit einem Faktor mulipliziert, der höher als eins ist. Im umgekehrten Fall, d.h. bei in diesem Sinne unterdurchschnittlichem

---
[10]vgl. Hoel (1992b), S. 43 und Keck (1992), S. 68.

Verlauf der nationalen Grenzsschadenskurven, ergeben sich im Vergleich zum Pareto-Fall zu niedrige nationale Vermeidungsniveaus.

3. Fall: „Gewichtete" globale Grenzschadenskosten als einheitlicher Steuersatz (Effizienzapproximation des second-best)
Es hat sich gezeigt, daß die Festsetzung des Steuersatzes gemäß $\tau = D'(E)$ bei Vorliegen bestimmter Zusammenhänge eine gewisse Approximation in bezug auf die First-best-Lösung ist. Strebt man eine weitere Effizienzverbesserung an, dann würde dies eine Pareto-verbessernde Steuersatzdifferenzierung zwischen den Ländern erforderlich machen (vgl. dazu die o.a. Bemerkungen). Falls man jedoch aus praktischen Gründen einen einheitlichen Steuersatz zugrundelegen muß, kann man in folgender Weise ein Second-best-Optimum realisieren.[11]

Man ermittelt den entsprechenden Second-best-Steuersatz durch Maximierung der globalen Wohlfahrt, wobei man zwischenstaatlich unkoordiniertes (Nash-)Verhalten zugrundelegt; damit gelten $e_i = e_i^N(\tau)$ bzw. $E = E^N(\tau)$. Es ergibt sich dann (bei Verzicht auf Indexierung mit N) folgender Ansatz:

$$\max_{\tau} \left\{ \sum_{i=1}^{n} [B_i(e_i(\tau)) - D_i(E(\tau))] \right\}. \qquad (4.10)$$

Damit folgt:

$$\frac{dW}{d\tau} = \sum_{i=1}^{n} B_i'(e_i) \cdot e_i'(\tau) - D_i'(E) \cdot \sum_{i=1}^{n} e_i'(\tau) = 0.$$

Ersetzt man in diesem Ausdruck $B_i'(e_i)$ durch die nationale Nash-Bedingung $B_i'(e_i) = D_i'(E) + (1 - \beta_i)\tau_i$, so folgen nach diversen algebraischen Umformungen schließlich als (einheitliches) Second-best-Steuersatzniveau die „gewichteten" globalen Grenzschadenskosten (mit Index s für second-best):

$$\tau = \psi \cdot D'(E^s), \qquad (4.11)$$

mit $\psi = \dfrac{\sum_{i=1}^{n} \varepsilon_i^s e_i^s \dfrac{1-\beta_i}{1 - \dfrac{D_i'(E^s)}{D'(E^s)}}}{\sum_{i=1}^{n} \varepsilon_i^s e_i^s}$ und $\varepsilon_i = -e_i'(\tau) \cdot \dfrac{\tau}{e_i}$.

Der Term ψ ist damit der gewogene Durchschnitt der Verhältnisse zwischen den Termen $(1-\beta_i)$ und $(1-D_i'/D')$. Man sieht unmittelbar, daß bei Gültigkeit der „engen" Anforderung (4.7) und damit für $\psi = 1$ der Second-best-Ansatz mit der First-best-Lösung kompatibel ist.

Der (einheitliche) Second-best-Steuersatz ist höher oder niedriger als der „zugehörige" globale Grenzschaden $D'(E^s)$, je nachdem, ob $\varepsilon_i^s e_i^s$ und das

---
[11] Die Herleitung des Second-best-Steuersatzes ist aus Hoel (1993), S. 68f entnommen.

Verhältnis zwischen $(1 - \beta_i)$ und $1 - D'_i(E^s)/D'(E^s)$ positiv oder negativ korreliert ist. Grob gesagt bedeutet dies, daß der Steuersatz höher oder niedriger als $D'(E^s)$ sein sollte, und zwar je nachdem, ob große Länder (d.h. hohe e_i^s) und/oder Länder, deren Emissionsniveaus auf die Steuer relativ stark reagieren (d.h. hohes ε_i) einen relativ niedrigen oder hohen Anteil am Steueraufkommen, verglichen mit deren Anteil an den globalen Grenzschadenskosten, erhalten.

4. Fall: Zwischenstaatliche Schadenskostenproportionalität
Abschließend soll die Existenz eines einheitlichen Pareto-kompatiblen Steuersatzes beim Vorliegen spezieller Rahmenbedingungen analysiert werden.[12] Es sei davon ausgegangen, daß alle nationalen Schadenskosten bis auf einen Proportionalitätsfaktor identisch sind:

$$D_i(E) = \alpha_{ij} \cdot D_j(E) \qquad (i \neq j). \tag{4.12}$$

Dies impliziert den folgenden Zusammenhang zwischen nationalen und globalen Schadenskosten:

$$D_i(E) = \alpha_i \cdot D(E) \qquad (i=1,...,n), \tag{4.13}$$

mit $\alpha_i \geq 0$ und $\sum_i \alpha_i = 1$. Formt man diese Beziehung nach α_i um, so erhält man für diesen Sonderfall die folgende Relation: $\alpha_i = D_i(E)/D(E)$, d.h. α_i bringt den jeweiligen Anteil des nationalen Schadens am globalen Schaden zum Ausdruck, so daß die Höhe von α_i bis zu einem gewissen Grad die Größe des Landes i (aus der Größe des anteiligen Schadens) widerspiegelt.

Für den Fall, daß in bezug auf die Teilnahmebereitschaft der Länder auch der β-Vektor positiv mit der Ländergröße korreliert sein sollte, ist es durchaus denkbar, daß sich die Festsetzung des β-Vektors am α-Vektor (Schadens-„Schlüssel") orientiert:[13] Im Falle eines so determinierten β-Vektors ($\beta_i = \alpha_i = D_i(E)/D(E)$) ist die Kompatibilitätsbedingung (4.7), also $\beta_i = D'_i(E)/D'(E)$, stets erfüllt. D.h., bei Proportionalität der nationalen Schadenskostenfunktionen existiert ein einheitlicher Pareto-kompatibler Steuersatz.

d) Existenz eines einheitlichen „akzeptablen" Steuersatzes

Im folgenden soll von dem vorstehenden Sonderfall für die Schadenskosten abgesehen und die Existenz eines für alle Länder akzeptablen internationalen Steuersystems untersucht werden.[14] Man kann zeigen, daß bei einem einheitlichen Steuersatz von $\tau = D'(E)$ nicht generell sichergestellt ist, daß es einen β-Vektor gibt, der die Abkommensteilnahme für jedes Land profitabel

---
[12] vgl. zum Teil Hoel (1992b), S. 43f.
[13] Dabei ist jedoch zu beachten, daß z.B. unterschiedliche nationale Schadenskosten zugrundegelegt werden, obwohl dieselben physischen Schäden vorliegen.
[14] vgl. Hoel (1992b), S. 44f.

machen würde. Dagegen läßt sich nachweisen, daß irgendein einheitlicher Steuersatz τ (> 0) existiert, welcher alle Länder gegenüber dem Fall ohne Steuerabkommen besserstellt.

Das bei einem einheitlichen Steuersatz realisierbare nationale Wohlfahrtsniveau eines Landes i sei:

$$W_{i,\tau} = \max_{e_i} [B_i(e_i) - D_i(e_i + E_{-i}) - \tau e_i + \beta_i \tau \cdot (e_i + E_{-i})] \quad (4.14)$$

(wobei das globale Emissionsniveau E in die inländischen Emissionen (e_i) und die aggregierten Emissionen aller übrigen Länder (E_{-i}) aufgespalten wird). Die Differentiation nach τ und das Zugrundelegen der Ausgangsgröße $\tau = 0$ (d.h. Referenzfall ohne internationale Steuer) führt dann bei Anwendung des Enveloppen-Theorems zu:

$$dW_{i,\tau_{(\tau=0)}} = -\frac{dD_i}{dE} dE_{-i} + (\beta_i E - e_i) d\tau. \quad (4.15)$$

Aus der Nash-Bedingung (4.4) und dem Steigungsverhalten der Nutzen- und Kostenfunktionen folgt, daß bei einer Erhöhung (hier: Einführung) des Steuersatzes alle nationalen Emissionsmengen zurückgehen. Dies impliziert für die Fremdemissionen $dE_{-i} < 0$; damit ist der erste Term von (4.15) für alle Länder nichtnegativ: Der Term ist positiv für alle Länder mit $D_i'(E) > 0$ und Null für diejenigen mit $D_i'(E) = 0$. Damit muß für die letztgenannten Länder (d.h. für $D_i'(E) = 0$) der zweite Term in (4.15) notwendigerweise positiv sein, um einen positiven Wohlfahrtseffekt der Steuereinführung sicherzustellen. Dies ergibt sich dann, wenn der β-Vektor so bestimmt ist, daß für diese Länder $\beta_i = (e_i/E) + \varepsilon_0$ gilt.[15] Damit folgt für die Länder mit $D_i'(E) > 0$ ein Redistributionsparameter von $\beta_i = (e_i/E) - \varepsilon_1$. ε_0 und ε_1 sind positiv und hinreichend klein, zudem müssen sie (da das Steueraufkommen vollständig zurückverteilt wird) die „Budgetgleichung" $n\varepsilon_0 = (N-n)\varepsilon_1$ erfüllen.[16] Dabei steht n für die Anzahl der Länder mit $D_i'(E) = 0$ und damit für die Länder, die im internationalen Steuersystem notwendigerweise monetäre Nettoempfänger sein müssen.

Die Frage der Akzeptanz des hier zugrundegelegten Steuersystems kann – alternativ zu Hoel – noch auf eine andere Art plausibel gemacht werden. Die nationale Wohlfahrtsfunktion läßt sich (bei einheitlichem Steuersatz) wie folgt schreiben:

$$W_i = B_i(e_i) - D_i(e_i + E_{-i}) - (1 - \beta_i)\tau e_i + \beta_i \tau E_{-i}. \quad (4.16)$$

Dabei bringt der Term $(1 - \beta_i)\tau e_i$ die Steuernettobelastung der nationalen Emissionstätigkeit des Landes i zum Ausdruck, während $\beta_i \tau E_{-i}$ den natio-

---

[15] D.h. für diese Länder (die keine Schadenskostenersparnis haben) muß der Steuerrückfluß höher sein als die Steuerzahlung, um so einen positiven Wohlfahrtseffekt durch die Steuereinführung zu erzielen.

[16] Der „Abzugsbetrag" ε_1 darf nicht so hoch sein, daß es zu einer Überkompensation des positiven Wohlfahrtseffektes durch den Schadenskostenrückgang kommt.

nalen Zufluß aus dem „fremdfinanzierten" Anteil des globalen Steueraufkommens darstellt. Formt man die Wohlfahrtsfunktion weiter um, so erhält man:

$$W_i = B_i(e_i) - D_i(E) + \tau(\beta_i E - e_i). \qquad (4.17)$$

Damit kann sich für die Länder mit $D'_i(E) = 0$ ein positiver Wohlfahrtseffekt durch die Einführung der internationalen Steuer nur dann ergeben, wenn der Steuerterm $\tau(\beta_i E - e_i) > 0$ ist. Dies impliziert die Notwendigkeit von $\beta_i > (e_i/E)$. D.h. für diese Länder muß ihr Anteil an den globalen Steuerrückflüssen (β_i) höher sein als ihr Anteil am globalen Steueraufkommen (e_i/E). Dies sichert für diese Länder die Vorteilhaftigkeit eines Beitritts zum Steuerabkommen. Für die anderen, diesen monetären Transfer leistenden Länder (d.h. mit $D'_i(E) > 0$) resultiert die Vorteilhaftigkeit des Abkommens aus den gesunkenen nationalen Schadenskosten.[17]

3 Determinanten der Teilnahmebereitschaft

Nachdem nun gewisse Überlegungen zur allgemeinen Akzeptanz von Steuersätzen angestellt worden sind, sollen in diesem Abschnitt weitere Determinanten, welche für die mögliche Teilnahme eines Landes am internationalen Steuerabkommen entscheidend sind, erörtert werden.

a) Länderszenarien bei exogenem Redistributionsschlüssel

Ausgehend von einem bestimmten Steuersatz sei zunächst ein exogener Redistributionsschlüssel unterstellt.[18] In einem solchen Fall gilt folgende nationale Wohlfahrtsfunktion (vgl. oben):

$$W_i = B_i(e_i) - D_i(E) + \tau(\beta_i E - e_i). \qquad (4.18)$$

Als Teilnahmebedingung sei $W_i^C > W_i^N$ unterstellt; d.h., ein Land ist zum Abkommensbeitritt nur dann bereit, wenn es durch die Teilnahme am internationalen Steuersystem seine Wohlfahrtsposition gegenüber der Laissez-faire-Situation verbessert. Die geforderte Wohlfahrtsverbesserung soll anhand der vorgenannten Wohlfahrtsfunktion „überprüft" werden. Dabei bietet sich aus analytischer Sicht eine Aufspaltung der Funktion in einen fiskalischen und einen nichtfiskalischen Term an. Der Fiskalterm $\tau(\beta_i E - e_i)$ ist – geht man von der Überprüfbarkeit der Emissionsgrößen aus – genau feststellbar, während der nichtfiskalische Term $B_i(e_i) - D_i(E)$ zwischenstaatlich weniger exakt nachprüfbar ist.

Im folgenden sollen nun für alternative Szenarien des Fiskalterms Überlegungen in bezug auf die Teilnahmebereitschaft der Länder angestellt werden.

---

[17] Welche die steuerliche Nettobelastung überkompensieren müssen.
[18] Kriterien für die Festsetzung des Redistributionsschlüssels werden im nachfolgenden Teil erörtert.

1. Fall: Fiskalische Neutralität

Ein Land i gehe annahmegemäß davon aus, daß sein Rückflußanteil am globalen Steueraufkommen genau seinem „Beitragsanteil" entspricht ($\beta_i = e_i/E$). In einem solchen Fall „fiskalischer Neutralität" muß sich der Vorteil, den das Land aus dem internationalen Steuersystem ziehen kann, aus dem nichtfiskalischen Term ergeben. Damit resultiert für Land i gegenüber der Laissez-faire-Situation die folgende Teilnahmebedingung:

$$dW_i = \frac{dB_i}{de_i} de_i - \frac{dD_i}{dE} dE > 0. \qquad (4.19)$$

Der Rückgang der nationalen Schadenskosten (durch globale Vermeidungsmaßnahmen) muß den Verlust bei den nationalen (Brutto)Emissionsnutzen (durch nationale Emissionsminderung) überkompensieren. Stellt man – aus Gründen der „einfacheren" Argumentation – auf vermeidungsbezogene Wohlfahrtsfunktionen ab, dann gilt für die vorgenannte Bedingung

$$dW_i = \frac{dB_i}{dQ} dQ - \frac{dC_i}{dq_i} dq_i > 0. \qquad (4.20)$$

Für Länder, welche für sich „fiskalische Neutralität" antizipieren, ist also eine Teilnahme am internationalen Steuerabkommen um so wahrscheinlicher, je steiler deren Grenzvermeidungsnutzenkurve und je flacher deren Grenzvermeidungskostenkurve verläuft.

2. Fall: Fiskalischer Nettoabfluß

Die aus fiskalischer Sicht problematischste Konstellation ist diejenige, bei der ein Land sich in der Rolle des Nettozahlers des internationalen Steuersystems sieht ($\beta_i < e_i/E$). In einem solchen Fall reicht es für die Teilnahmebereitschaft nicht aus, daß der nichtfiskalische Term grundsätzlich positiv ist; vielmehr muß dieser den Nettosteuerabfluß überkompensieren:

$$dW_i = \left(\frac{dB_i}{dQ} dQ - \frac{dC_i}{dq_i} dq_i \right) - FNA > 0. \qquad (4.21)$$

Dies stellt natürlich höhere „Anforderungen" an die nationale Konstellation von Vermeidungsnutzen und Vermeidungskosten. Das vorliegende fiskalische Szenario ist mit der Teilnahme am internationalen Steuerabkommen nur dann vereinbar, wenn sich das betreffende Land im Hinblick auf die Emissionsvermeidung durch eine besonders günstige Nutzen-/Kosten-Struktur auszeichnet.

3. Fall: Fiskalischer Nettozufluß

Dies ist der am wenigsten problematische Fall. Antizipiert ein Land die Rolle des fiskalischen Nettoempfängers, also $\beta_i > e_i/E$, dann ist es nicht notwendigerweise auf einen positiven Grundterm der Vermeidungsnutzen und Vermeidungskosten angewiesen. Es muß lediglich die folgende Voraussetzung erfüllt sein:

$$dW_i = \left(\frac{dB_i}{dQ} dQ - \frac{dC_i}{dq_i} dq_i\right) + FNZ > 0. \qquad (4.22)$$

Auch ein Land, das sich durch eine ungünstige Konstellation bei Vermeidungskosten bzw. Vermeidungsnutzen auszeichnet, kann also bei hinreichend hohem fiskalischen Rückflußanteil von der Teilnahme an einem internationalen Steuersystem profitieren.

b) **Kriterium für die Festsetzung des Redistributionsschlüssels**

Die Länder wurden eben danach unterschieden, ob sie in bezug auf die Steuerleistung Nettozahler oder Nettoempfänger des Systems sind. Anhand dieser Einteilung wurden den betreffenden Ländergruppen jeweils bestimmte Anforderungen an andere teilnahmerelevante Determinanten zugeordnet. Diese Einteilung erfolgte auf der Grundlage eines exogen vorgegebenen Redistributionsschlüssels (β-Vektor). Die Bedeutung des Redistributionsschlüssels soll nun explizit erörtert werden. Dabei werden auch Kriterien für dessen Festsetzung diskutiert.

Die Frage nach der Art der Rückverteilung des globalen Steueraufkommens stellt sich – unabhängig von distributiven Aspekten – allein schon deshalb, weil mit einer bloßen Rückerstattung der von den Ländern jeweils abgeführten Steuerbeträge der angestrebte umweltpolitische Lenkungseffekt nicht erreichbar wäre. In diesem Fall würde nämlich der Steuerterm aus den nationalen Wohlfahrtsfunktionen „herausfallen".

Erfolgt die Rückverteilung des Steueraufkommens auf eine andere Art und Weise, also nach einem allokativ geeigneten Redistributionsschlüssel, dann werden manche Länder mehr Steuern bezahlen als sie später zurückerstattet bekommen (sog. Nettozahler).[19] Die restlichen Länder sind dann Nettoempfänger des internationalen Steuersystems (wenn man Fälle „fiskalischer Neutralität" vernachlässigt). Fließt das globale Steueraufkommen – wie oben angenommen – vollständig an die Länder zurück, dann ist die globale Nettosteuerzahlung gleich Null.

Stellt man aber auf die nichtfiskalischen Wirkungen des internationalen Steuersystems ab, so ergibt sich keineswegs eine globale Nettowirkung von Null. So entstehen etwa bei der Durchführung von Emissionsminderungsmaßnahmen Vermeidungskosten. Die global anfallenden Vermeidungskosten werden jedoch bei geeigneter Gestaltung des Steuersystems durch entsprechende globale Vermeidungsnutzen überkompensiert. Verglichen mit dem Fall ohne internationale Umweltkooperation (und damit ohne nennenswerte globale Vermeidungsaktivität) führt die Einführung eines internationalen Steuersystems zu einem globalen „net gain", welcher als Verhandlungsgewinn für die

---

[19] Zu den Ausführungen über die Festsetzung des Redistributionsschlüssels siehe Hoel (1991a), S. 98ff.

Verteilung unter den Teilnehmerländern zur Verfügung steht. Dieser „net gain" ist definiert als Überschuß des zusätzlichen globalen Vermeidungsnutzens über die zusätzlichen globalen Vermeidungskosten:

$$dW = \sum_{i=1}^{n} \left\{ \frac{dB_i}{dQ} dQ - \frac{dC_i}{dq_i} dq_i \right\}. \qquad (4.23)$$

Als Instrument zur Verteilung dieses globalen Überschußbetrages steht der Redistributionsschlüssel zur Verfügung.[20]

In bezug auf die Teilnahmebereitschaft eines Landes gilt: Der von einem Land für eine Abkommensteilnahme geforderte nationale Mindestrückfluß (und damit sein Redistributionsparameter β_i) ist um so höher, je höher dessen Vermeidungskosten sind und je niedriger dessen Vermeidungsnutzen ist.

Zwischen den nationalen Mindestrückflüssen und globalen Bruttosteuerzahlungen kann man folgende Zusammenhänge konstatieren: Die (globale) Summe der nationalen Mindestrückflüsse („Verteilungsbedarf") muß niedriger sein als die globalen Bruttosteuerzahlungen der Länder („Verteilungsmasse"). Dies ist eine unmittelbare Konsequenz aus der Tatsache, daß der Steuersatz in Anlehnung an ein globales Vermeidungsziel festgelegt wurde, welcher einen abkommensinduzierten „net gain" sicherstellt, der dann für distributive Zwecke zur Verfügung steht. Gleichwohl kann nicht ausgeschlossen werden, daß es eine Gruppe von Ländern gibt, für welche die (gruppenmäßige) Summe der nationalen Mindestrückflüsse höher ist als die globalen Bruttosteuerzahlungen. Solche Ländergruppen zeichnen sich durch hohe nationale Vermeidungskosten bzw. niedrige nationale Vermeidungsnutzen aus. In diesem Fall wäre das für die Realisierung („Bedienung") der Mindestrückflüsse notwendige globale Steueraufkommensniveau nicht verfügbar. Damit müßte die Summe der Steuerrückflüsse der restlichen Teilnehmerländer negativ sein, d.h., mindestens ein Teil dieser „Rest"-Teilnehmerländer müßte zusätzlich zur Emissionsteuer eine verteilungspolitisch motivierte Zusatzsteuer leisten, um so die Abkommensteilnahme für die o.a. Ländergruppe profitabel zu machen. Diejenigen Länder, die zu dieser Zusatzsteuer herangezogen würden, zeichnen sich durch eine besonders günstige nationale Nutzen-/Kosten-Konstellation bei der Emissionsvermeidung aus und hätten damit trotz Erhebung der Zusatzsteuer einen Anreiz zur Teilnahme am internationalen Steuerabkommen. Für die letztgenannte Gruppe ist die gruppenmäßige Summe der nationalen Mindestrückflüsse also negativ, d.h., deren Teilnahmebereitschaft ist auch dann gegeben, wenn sie (bis zu einem gewissen Grad) die Position von Nettozahlern einnehmen.[21]

Die bisher angeführten Prinzipien können dann bei der Festsetzung des Redistributionsschlüssels herangezogen werden, wenn Vermeidungs- und

---
[20] Auf die Möglichkeit der Gewährung von zwischenstaatlichen Transfers sei in diesem Zusammenhang nicht eingegangen.
[21] vgl. Hoel (1991a), S. 100.

Schadenskostenfunktionen der einzelnen Länder allgemein bekannt sind. Ist dies nicht der Fall, besteht für die Länder der Anreiz, die Vermeidungskosten zu übertreiben und die Schadenskosten untertrieben darzustellen.[22] Insofern kann es notwendig sein, bei der Festsetzung des Redistributionsschlüssels auf „objektivere" Kriterien zurückzugreifen.

Als solche „objektiveren Kriterien" kommen beispielsweise die folgenden Regelungen in Betracht:[23] eine Rückverteilung des globalen Steueraufkommens
(1) proportional zu den historischen Emissionen („grandfathering"),
(2) proportional zum Bruttoinlandsprodukt (des laufenden Jahres oder eines Basisjahres), bzw.
(3) proportional zur Bevölkerung (des laufenden Jahres oder eines Basisjahres).[24]

Für die Beurteilung der Frage, ob ein Land vom internationalen Steuersystem profitiert oder nicht, wird hier nur darauf abgestellt, ob es „fiskalischer" Nettoempfänger oder Nettozahler ist. Ein Land gilt dann als (fiskalischer) Nettoempfänger des internationalen Steuersystems, wenn der Rückflußanteil β_i höher ist als sein Anteil am Steueraufkommen e_i/E. Dominiert dagegen der Aufkommensbeitrag, so ist das Land Nettozahler.

Im folgenden sollen nun die vorgenannten „objektiveren" Kriterien für die Festsetzung des Redistributionsschlüssels analysiert und jeweils die Bedingungen dafür abgeleitet werden, daß ein Land Nettoempfänger bzw. Nettozahler des internationalen Steuersystems ist.

Bei einer Rückverteilung des globalen Steueraufkommens proportional zu den historischen Emissionen (des Basiszeitraumes t_0 bis T) würde gelten:

$$\beta_i = \frac{\sum_{t=t_0}^{T} e_i(t)}{\sum_{t=t_0}^{T} E(t)}.$$

Bei einem solchen Regime würden die Länder bevorzugt, die im bisherigen Verlauf überdurchschnittlich Schadstoffe emittiert (und damit im Fall von sich akkumulierenden Schadstoffen maßgeblich zur Konzentrationserhöhung beigetragen) haben. Sie würden bereits dann zu Nettoempfängern im Steuersystem, wenn sie ihren Anteil an den globalen Emissionen gegenüber dem Bezugszeitraum (der historischen Emissionen) nur geringfügig mindern würden.

---

[22] In diesem Zusammenhang ist weiter zu beachten: Wenn der Steuersatz vor oder mit der Aushandlung des Redistributionsschlüssels festgesetzt würde, würden sich die Länder für einen niedrigen Steuersatz einsetzen, um so ihre Behauptung, sie hätten hohe Vermeidungskosten bzw. niedrige Schadenskosten, glaubwürdig erscheinen zu lassen. Es würde dann ein zu niedriger Steuersatz vereinbart und damit eine höhere als die Pareto-optimale globale Emissionsmenge realisiert werden.
[23] Siehe dazu Grubb (1990).
[24] Vergleiche in diesem Zusammenhang auch die Kriterien für die Erstausstattung mit Emissionsrechten (in Abschnitt 3.2 des vorigen Kapitels).

Dagegen würden umweltpolitische Vorreiter benachteiligt, weil diese für den Bezugszeitraum lediglich unterdurchschnittliche Emissionsanteile „geltend machen" könnten. Insofern ist dieses System mit dem „grandfathering"-Gedanken verwandt. In diesem Fall würde nun aber nicht ein bestimmter (historisch „gewachsener") absoluter Betrag von Emissionsrechten kostenlos (d.h. hier nettosteuerfrei) zugeteilt, sondern ein entsprechender (relativer) Anteil an einem globalen Quantum.

Bei der Rückverteilung proportional zum Bruttoinlandsprodukt (hier: des laufenden Jahres) hätte man folgenden Redistributionsparameter:[25]

$$\beta_i = \frac{Y_i}{\sum_{i=1}^{n} Y_i}.$$

Damit wäre ein Land dann Nettoempfänger, wenn gilt:

$$\frac{e_i}{E} < \frac{Y_i}{\sum_{i=1}^{n} Y_i} \quad \text{bzw.} \quad \frac{e_i}{Y_i} < \frac{E}{\sum_{i=1}^{n} Y_i}.$$

Ein Land erzielt also dann einen fiskalischen Nettogewinn, wenn sein Anteil am globalen Emissionsniveau geringer ist als sein Anteil am globalen Bruttoinlandsprodukt. Dies impliziert eine unterdurchschnittliche nationale Relation Emissionsmenge pro BIP-Einheit. Damit werden Länder mit relativ hohen Emissionen pro BIP-Einheit und relativ hohen Vermeidungskosten einer solchen Regelung des β-Vektors eher skeptisch gegenüberstehen. Die negative Einstellung dieser Länder würde dann noch verschärft, wenn zusätzlich deren Vermeidungsnutzen gering wären. Wenn eine solche Regelung für den β-Vektor trotzdem zustandekommen würde, ergäbe sich aufgrund der unterschiedlichen Anreizintensität für die beiden angeführten Ländergruppen eine zwischenstaatliche Annäherung bei den nationalen Emissionen (bezogen auf das jeweilige nationale BIP).

Schließlich sei noch auf die Rückverteilung proportional zum Bevölkerungsumfang (hier: des laufenden Jahres) eingegangen. Dann würde gelten:

$$\beta_i = \frac{P_i}{\sum_{i=1}^{n} P_i}.$$

In diesem Fall wäre ein Land dann Nettoempfänger im internationalen Steuersystem, wenn es folgende Bedingungen erfüllt:

$$\frac{e_i}{E} < \frac{P_i}{\sum_{i=1}^{n} P_i} \quad \text{bzw.} \quad \frac{e_i}{P_i} < \frac{E}{\sum_{i=1}^{n} P_i}.$$

---

[25] Eine Alternative dazu wäre, das Bruttoinlandsprodukt eines Basisjahres als Referenzgröße heranzuziehen.

Ein fiskalischer Nettogewinn würde also voraussetzen, daß das betreffende Land unterdurchschnittliche Pro-Kopf-Emissionen hat. Die Realisierbarkeit einer solchen Position ließe sich jedoch außer durch Maßnahmen der Emissionsvermeidung auch dadurch erreichen, daß dieses Land Anreize für Bevölkerungswachstum im Inland setzt. Um eine solche „Manipulierung" auszuschließen, wird auch vorgeschlagen, statt auf die laufende Bevölkerung auf die entsprechende Zahl einer Basisperiode abzustellen.[26] Unabhängig davon wäre für Länder mit stark überdurchschnittlichen Pro-Kopf-Emissionen ein solches β-Regime wohl nicht akzeptabel.

Da alle o.a. Kriterien gewisse „Schwächen" aufweisen, könnte man eine Kombination derselben anstreben („Kombiniertes Kriterium"). Stimmen die Länder einer Kombination der drei Kriterien (historische Emissionen, Bruttoinlandsprodukt und Bevölkerung) zu, so beschränkt sich der Verhandlungsgegenstand auf die Aushandlung der Gewichtung für die Subkriterien.

4 Explizite Integration nationaler Nichtverschlechterungsbedingungen

Nachdem in der bisherigen Modellierung zur internationalen Emissionsbesteuerung von einem exogenen Redistributionsschlüssel ausgegangen wurde, soll dieser im Rahmen der nun folgenden Analyse endogen bestimmt werden.[27] Eine solche Vorgehensweise wird dadurch möglich, daß die nationalen Nichtverschlechterungsbedingungen explizit in den Ansatz integriert werden.

Die Wohlfahrt eines Landes i sei eine Funktion des nationalen Einkommens in den beiden betrachteten Perioden ($t=0,1$), wobei das jeweilige Periodeneinkommen von der Vermeidungsniveaugrößen abhängig ist:[28]

$$W_i = W_i \left(Y_i^0(q_i, Q), Y_i^1(Q) \right) . \qquad (4.24)$$

Es seien folgende Einkommensfunktionen zugrundegelegt:[29]

$$Y_i^0(q_i, Q) = \bar{Y}_i^0 - C_i(q_i) - \tau (\bar{e}_i - q_i) + \beta_i \tau (\bar{E} - Q)$$
$$\text{mit} \quad \beta_i > 0 \quad \text{und} \quad \sum_i \beta_i = 1, \qquad (4.25)$$

$$Y_i^1(Q) = \bar{Y}_i^1 + B_i(Q). \qquad (4.26)$$

Ausgehend von einem jeweiligen Periodeneinkommen für den Fall ohne Änderung der nationalen Emissionspolitik im Vergleich zu einer Basisperiode ($\bar{Y}_i^0$

---

[26] Als alternatives Kriterium zum Basisjahr könnte auch statt auf die Gesamtbevölkerung auf die Erwachsenenbevölkerung abgestellt werden (vgl. Grubb 1990).

[27] Die folgenden Ausführungen basieren im wesentlichen auf Eyckmans, Proost and Schokkaert (1994).

[28] In Eyckmans, Proost and Schokkaert (1994) werden Pro-Kopf-Größen zugrunde gelegt.

[29] Das zeitliche „Auseinanderziehen" von Vermeidungskosten und fiskalischen Sachverhalten einerseits und Vermeidungsnutzen andererseits ermöglicht die explizite Berücksichtigung zwischenstaatlicher Differenzen bei den Zeitpräferenzen.

bzw. $\bar{Y}_i^1$ jeweils auf der Basis von $\bar{e}_i$) werden in der ersten Periode ($t=0$) Vermeidungsmaßnahmen ergriffen, die unmittelbar zu Vermeidungskosten $C_i(q_i)$ führen, aber erst in der Folgeperiode (zusammen mit entsprechenden Maßnahmen anderer Länder) Nutzen im Sinne verhinderter Umweltschäden $B_i(Q)$ abwerfen. Darin kommt eine verzögerte Wirksamkeit von Vermeidungsmaßnahmen zum Ausdruck, wie sie für manche Umweltprobleme nicht untypisch ist. In der ersten Periode fallen zudem (Brutto-)Steuerzahlungen auf die nationalen Restemissionen an, $\tau(\bar{e}_i - q_i)$, denen ein Rückfluß von $\beta_i \tau(\bar{E} - Q)$ aus dem globalen Steueraufkommen gegenübersteht.[30]

a) Verhalten innerhalb des Steuersystems

Geht man auch im Rahmen dieser Modellierung davon aus, daß die Länder ihr Verhalten innerhalb des Steuersystems nicht abstimmen, d.h. daß die Länder von gegebenen Vermeidungsmengen der jeweils anderen Länder ausgehen, so ist (bei exogenem Steuersatz und Redistributionsparameter) folgender Ansatz zugrunde zu legen:[31]

$$\max_{q_i} W_i\left(Y_i^0(q_i, Q), Y_i^1(Q)\right). \qquad (4.27)$$

Damit ergibt sich für jedes Land jeweils folgende Nash-Optimierungs-Bedingung:

$$\frac{\partial W_i}{\partial Y_i^0}\left[-\frac{\partial C_i}{\partial q_i} + \tau(1-\beta_i)\right] = -\frac{\partial W_i}{\partial Y_i^1}\cdot\frac{\partial B_i}{\partial q_i}. \qquad (4.28)$$

Diese Bedingung kann auch folgendermaßen geschrieben werden (für alle i):

$$\frac{\partial C_i}{\partial q_i} = \theta_i \cdot \frac{\partial B_i}{\partial q_i} + \tau(1-\beta_i) \quad \text{mit} \quad \theta_i := \frac{\dfrac{\partial W_i}{\partial Y_i^1}}{\dfrac{\partial W_i}{\partial Y_i^0}}. \qquad (4.29)$$

Ein Land i legt seine Vermeidungsmenge so fest, daß die nationalen Grenzvermeidungskosten den Grenzvermeidungsnutzen plus der durch die Vermeidung gesparten (Netto-)Steuerbelastung entsprechen. Es zeigt sich, daß – im Gegensatz zur vorherigen Modellierung – die Höhe der nationalen Vermeidungsaktivität zusätzlich von der jeweiligen Grenzrate der intertemporalen Substitution zwischen den beiden nationalen Periodeneinkommen (θ_i) abhängt.[32] Die vorgenannten Bedingungen definieren implizit die nationalen Reaktionsfunktionen $q_i = R_i(Q_{-i})$, und zwar für gegebenen τ- und β-Vektor.

---
[30] Es wird von einem einheitlichen Steuersatz ausgegangen.
[31] Damit wird auch bei dieser Modellierung der Fall des „Großen Landes" unterstellt.
[32] Im Falle fehlender Zeitpräferenz, d.h. für $\theta_i = 1$, ergäben sich in beiden Modellierungen dieselben nationalen Optimierungsbedingungen (sofern auch für das erste Modell ein einheitlicher Steuersatz unterstellt wird).

b) Festsetzung von optimalem Steuersatz und Redistributionsschlüssel

Die Festsetzung von optimalem Steuersatz und Redistributionsschlüssel ergibt sich durch Maximierung der globalen Wohlfahrtsfunktion, wobei hier von unterschiedlichen Gewichtungen (α_i) für die nationalen Wohlfahrtsfunktionen ausgegangen wird.[33] Die Variation der α_i-Gewichte (mit $\sum_i \alpha_i = 1$) ermöglicht die Bestimmung der vollständigen Menge Pareto-optimaler Lösungen.[34] Für die konkrete Auswahl eines bestimmten Punktes der Pareto-Grenze sind dann zusätzliche Annahmen heranzuziehen.[35] Um eine vollständige Abkommensteilnahme sicherzustellen, gehen in das Optimierungskalkül als Nebenbedingungen die nationalen Nichtverschlechterungsbedingungen ein, welche zum Ausdruck bringen, daß die einzelnen Länder dem internationalen Steuersystem nur dann beitreten, wenn sie sich durch die Teilnahme gegenüber allgemeiner Nichtkooperation nicht verschlechtern. Für das Verhalten der Länder sei angenommen, daß diese ihre Vermeidungsmengen unkoordiniert festlegen, so daß die oben abgeleiteten Nash-Bedingungen (4.28) zugrundegelegt werden. Damit ist der folgende Ansatz relevant:

$$\max_{\tau,\beta} \sum_{i=1}^{n} \alpha_i \cdot W_i \left\{ Y_i^0(.), Y_i^1(.) \right\}, \qquad (4.30)$$
$$\text{s.t.:} \quad W_i \left\{ Y_i^0(.), Y_i^1(.) \right\} \geq W_i^N.$$

Für den Fall identischer nationaler Wohlfahrtsfunktionen ergibt sich dann der nachstehend angeführte Lagrangeansatz (mit $\lambda = (\lambda_1, ..., \lambda_n)$ und $\beta = (\beta_1, ..., \beta_n)$):[36]

$$L(\tau,\beta,\lambda) = \sum_{i=1}^{n} (\alpha_i + \lambda_i) \cdot W_i \left\{ Y_i^0(.), Y_i^1(.) \right\}$$
$$- \sum_{i=1}^{n} \lambda_i \cdot W_i^N + \mu \left(1 - \sum_{i=1}^{n} \beta_i \right). \qquad (4.31)$$

Legt man die Bedingung für das Nash-Verhalten der Länder zugrunde, kommt man als Voraussetzung für den optimalen β-Vektor zu den folgenden Bedingungen:

---

[33] Vergleiche dazu den Abschnitt „Kooperation auf der Grundlage unterschiedlicher nationaler Machtpositionen" im zweiten Kapitel.
[34] Dies gilt, da die Wohlfahrtsmöglichkeitengrenze streng konvex ist.
[35] vgl. Eyckmans, Proost and Schokkaert (1993), S. 369f.
[36] Die Lagrange-Multiplikatoren λ_i beziehen sich auf die nationalen Nichtverschlechterungsbedingungen.

$$\gamma_i (\bar{E} - Q) \cdot \tau + \frac{dq_i}{d\beta_i} \cdot \sum_{j \neq i} \gamma_i \left(\theta_j \cdot \frac{\partial B_j}{\partial q_j} - \beta_j \tau \right) = \mu \quad \text{(für alle } i\text{)},$$

$$\text{mit} \quad \gamma_i := (\alpha_i + \lambda_i) \cdot \frac{\partial W_i}{\partial Y_i^0} \quad \text{und} \quad \theta_i := \frac{\frac{\partial W_i}{\partial Y_i^1}}{\frac{\partial W_i}{\partial Y_i^0}}. \quad (4.32)$$

Den Ausdruck γ_i kann man in Anlehnung an Eyckmans et al. als „marginal social valuation of income" bezeichnen; θ_i stellt dagegen die Grenzrate der intertemporalen Substitution zwischen den Periodeneinkommen dar.

Bei der Wahl des optimalen β-Vektors sind gemäß (4.32) zwei Effekte zu berücksichtigen: Einerseits führt ein höheres β_i ceteris paribus zu einer direkten Erhöhung der Rückflüsse aus dem (zunächst unverändert unterstellten) globalen Steueraufkommen $\tau(\bar{E}-Q)$, wobei der monetäre Effekt mit der marginal social valuation gewichtet wird (1. Term). Der zweite Term resultiert aus der Tatsache, daß eine Änderung von β_i auch das aus nationaler Sicht optimale Vermeidungsniveau beeinflußt und damit die Vermeidungsnutzen aller anderen Länder sowie das für die Rückverteilung zur Verfügung stehende globale Steueraufkommen. Die betreffenden monetären Effekte werden mit den entsprechenden marginal social valuations of income gewichtet.

Als Bedingung für den optimalen internationalen Steuersatz ergibt sich:

$$\sum_{j=1}^{n} \gamma_j \left\{ (\bar{E} - Q)\beta_j - (\bar{e}_j - q_j) + \left[\theta_j \cdot \frac{\partial B_j}{\partial q_j} - \beta_j \tau \right] \cdot \sum_{k \neq j} \frac{dq_k}{d\tau} \right\} = 0. \quad (4.33)$$

Diese Bedingung fordert, daß die gewichtete Summe der Effekte einer marginalen Steuersatzänderung auf die verschiedenen Länder Null sein muß, wobei die Gewichte die nationalen marginal social valuations of income sind. Eine Änderung des Steuersatzes führt zunächst einmal zu einer Änderung der Nettosteuerzahlungen eines Landes j (vgl. die ersten beiden Terme). Gleichzeitig werden alle anderen Länder als Reaktion auf die Steuersatzänderung das Ausmaß ihrer Vermeidungsaktivitäten ändern. Diese Reaktionen implizieren Änderungen des nichtkooperativen Nash-Gleichgewichts, wobei die jeweiligen Änderungsrichtungen a priori nicht bestimmt werden können.[37] Damit kommt ein Term zum Tragen, der die aus einer Veränderung der globalen Vermeidungsmenge resultierende Änderung bei Vermeidungsnutzen und (rückverteilungsfähigem) Steueraufkommen abbildet.

Es hat sich damit gezeigt, daß die Bedingungen für einen optimalen Steuersatz und Redistributionsschlüssel einen recht komplexen Zusammenhang

---

[37] Eine solche Unbestimmtheit der Änderungsrichtung gilt jedoch dann nicht, wenn vom 2-Länder-Fall ausgegangen wird (vgl. Eyckmans, Proost and Schokkaert (1994), S. 13).

zwischen Allokations- und Verteilungsaspekten darstellen. Geht man nun davon aus, daß die marginal social valuations of income für alle Länder gleich sind ($\gamma_i = \gamma$), dann ergibt sich aus der Optimierungsbedingung für den Steuersatz (4.33) unmittelbar $\beta_j \tau = \theta_j (\partial B_j / \partial Q)$ (für alle j).[38] Summiert man über alle Länder (also $\sum_j \beta_j = 1$), so erhält man $\tau = \sum_j \theta_j (\partial B_j / \partial Q)$. Damit entspricht der optimale Steuersatz der Summe der nationalen Grenzvermeidungsnutzen (bzw. Grenzschadenskosten). Verknüpft man die beiden letztgenannten Beziehungen, so ergibt sich folgende Implikation: Das Steueraufkommen wird an Land i entsprechend seinem Anteil an den globalen Grenzvermeidungsnutzen zurückverteilt. Das internationale (First-best-) Pigou-Steuersystem wäre demnach gekennzeichnet durch folgenden Steuersatz bzw. Redistributionsschlüssel:

$$\tau = \sum_{j=1}^{n} \theta_j \frac{\partial B_j}{\partial Q} \qquad \beta_i = \frac{\theta_i \dfrac{\partial B_i}{\partial Q}}{\sum\limits_{j=1}^{n} \theta_j \dfrac{\partial B_j}{\partial Q}}. \qquad (4.34)$$

Abstrahiert man von der Tatsache, daß Vermeidungskosten und Vermeidungsnutzen zeitlich versetzt anfallen (und damit $\theta_i = 1$ gilt), dann erkennt man die Übereinstimmung mit den im zweiten Abschnitt abgeleiteten Steuersatz und Redistributionsparameter (4.8) bzw. (4.7), wobei dort auf die Grenzschadenskosten und hier auf die Grenzvermeidungsnutzen abgestellt wird.

5 Steuersystem und Kosteneffizienz

a) Der Fall des großen Landes

Bislang wurde für das internationale Steuersystem davon ausgegangen, daß der Fall sogenannter großer Länder vorliegt. Dies implizierte folgende nationale Nash-Bedingungen (bei gegebenem Redistributionsparameter und einheitlichem Steuersatz):

$$\frac{dB_i}{dq_i} + \tau(1 - \beta_i) = \frac{dC_i}{dq_i}. \qquad (4.35)$$

Die Länder setzten ihre Vermeidungsmenge so fest, daß sich die nationalen Grenzvermeidungskosten und die Summe aus nationalen Grenzvermeidungsnutzen und eingesparter (Netto-)Steuerlast ausgleichen. Vernachlässigt man den Idealfall, bei welchem der marginale Nettosteuerterm $\tau(1 - \beta_i)$ die externen Grenzvermeidungsnutzen reflektiert, dann kommt es zu keinem Ausgleich der Grenzvermeidungskosten.[39] Damit ergibt sich für den Fall des

---
[38] vgl. Eyckmans, Proost and Schokkaert (1994), S. 15.
[39] Eine entsprechende „Ideal"-Konstellation von Steuersatz und Redistributionsschlüssel würde nicht nur Kosteneffizienz, sondern Pareto-Optimalität implizieren. Vergleiche dazu die Ausführungen zur Pareto-Kompatibilität von Steuersatz bzw. Redistributionsschlüssel.

92 Die Instrumentalebene internationaler Umweltpolitik

großen Landes in der Regel globale Kosteninefizienz. In diesem Zusammenhang gelten folgende Überlegungen, wobei zwei verschiedene Effekte zu unterscheiden sind:[40] Eine Berücksichtigung der globalen Wirkung nationaler Emissionen führt via Schadenskostenbezug zunächst einmal zu geringeren nationalen Emissionsniveaus als dasjenige Niveau, welches Grenzvermeidungskosten und (Brutto)Steuersatz zur Übereinstimmung bringen. Andererseits berücksichtigt ein großes Land ebenso die Tatsache, daß mit einer Erhöhung der eigenen Emissionen die globalen Steuereinnahmen und damit die entsprechenden nationalen Rückverteilungsansprüche zunehmen. Dies bedingt ein höheres nationales Emissionsniveau als dasjenige, bei welchem nationale Grenzvermeidungskosten und (Brutto)Steuersatz übereinstimmen. Nimmt man die beiden gegenläufigen Effekte zusammen, so wird sich in der Regel eine Abweichung von der kosteneffizienten Lösung ergeben. Ob das betreffende nationale Emissionsniveau nun höher oder niedriger als das global kostenminimierende Niveau ist, bleibt unbestimmt.

b) Der Fall des kleinen Landes

Unterstellt man stattdessen die „Kleine-Land-Annahme" (1. Variante) in dem Sinne, daß alle teilnehmenden Länder so klein sind, daß sie durch Variation ihrer Vermeidungsaktivität ihren Steuerrückflußanteil nicht signifikant beeinflussen können, so vereinfacht sich die nationale Nash-Bedingung für die Festsetzung der nationalen Vermeidungsmenge, und zwar zu:[41]

$$\frac{dB_i}{dq_i} + \tau = \frac{dC_i}{dq_i}. \tag{4.36}$$

Es zeigt sich damit, daß im Fall der Kleinen-Land-Annahme die Tatsache vernachlässigt wird, daß in das Steuersystem ein Rückverteilungsmechanismus eingebaut ist. Dies führt dazu, daß für die durch Vermeidungsmaßnahmen induzierte Steuerersparnis ein zu hoher Wert angesetzt wird, mit der Folge, daß hier höhere nationale Vermeidungsniveaus realisiert werden als beim Fall des sog. Großen Landes. Eine global kosteneffiziente Lösung wäre in dem so definierten Kleinen-Land-Fall nur dann möglich, wenn der Brutto-Steuersatz „zufälligerweise" die externen Grenzvermeidungsnutzen abbilden würde.[42]

Man kann die Kleine-Land-Annahme jedoch auch noch „enger" fassen (2. Variante):[43] Es sei angenommen, daß die Länder so klein sind, daß sie die Wirkung ihrer nationalen Emissionstätigkeit auf das globale Emissionsniveau nicht berücksichtigen. Gleichzeitig betrachtet jedes Land das globale

---
[40] vgl. Hoel (1991a), S. 104.
[41] vgl. Eyckmans, Proost and Schokkaert (1994), S. 15. (Aus Gründen der besseren Vergleichbarkeit wird hier jedoch unterstellt, daß Vermeidungsnutzen und Vermeidungskosten in derselben Periode anfallen.)
[42] Im Fall des großen Landes wäre in diesem Zusammenhang dagegen auf den Netto-Steuersatz abzustellen.
[43] vgl. Hoel (1991a), S. 98 und Hoel (1992e), S. 102.

Steueraufkommen und damit seinen Rückverteilungsbetrag als von seinem Emissionsniveau unabhängig. Damit setzt ein solches kleines Land seine Vermeidungsmenge so fest, daß die nationalen Grenzvermeidungkosten dem internationalen Steuersatz entsprechen:

$$\tau = \frac{dC_i}{dq_i}. \qquad (4.37)$$

Geht man von einem einheitlichen internationalen Steuersatz aus, so kommt es zu einem zwischenstaatlichen Ausgleich der Grenzvermeidungskosten und damit zu globaler Kosteneffizienz.

6 Reaktion auf nationaler Ebene

Hat sich ein Land zur Teilnahme am internationalen Steuersystem verpflichtet, dann wird dies regelmäßig ein Anlaß sein, auf nationaler Ebene Maßnahmen zu ergreifen, die auf eine Minderung der nationalen Emissionsmenge und damit (auch) auf eine Senkung der nationalen Steuerbelastung gegenüber der internationalen Agentur abzielen.[44,45] Grundsätzlich sollte es dem einzelnen Mitgliedsland überlassen bleiben, ob und gegebenenfalls welche Instrumente es auf nationaler Ebene einsetzen will (Freiheit der Instrumentenwahl auf nationaler Ebene).[46]

Eine Senkung der nationalen Emissionsmenge könnte einmal dadurch erreicht werden, daß das Mitgliedsland die inländischen Emissionen durch die Einführung einer nationalen Emissionsteuer verteuert. Damit ließe sich einmal die nationale Steuerbelastung gegenüber der internationalen Agentur absenken. Gleichzeitig könnte die verbleibende Steuerlast aus dem Aufkommen der nationalen Steuer (mit-)finanziert werden. Liegen auf nationaler Ebene „ideale" Rahmenbedingungen vor, so ist es für ein Mitgliedsland optimal, den nationalen Steuersatz so festzusetzen, daß er dem vorgegebenen internationalen Steuersatz entspricht.[47]

Will man dagegen eine ganz bestimmte nationale Emissionsmenge realisieren, so wird man sich für die Einführung eines nationalen Zertifikatesystems entscheiden.[48] Da auch in einem solchen Fall (und zwar nach Maßgabe der „Restemissionen") Steuern an die internationale Umweltagentur abzuführen

---

[44] vgl. Hoel (1992f), S. 10.
[45] Eine solche nationale Reaktion ist jedoch nicht zwingend. Stattdessen kann sich das betreffende Land darauf beschränken, entsprechend dem nationalen Emissionsniveau Steuern an die internationale Agentur abzuführen, denn nur darauf beschränkt sich die Verpflichtung aus dem Abkommen.
[46] Gewisse Beschränkungen etwa in bezug auf nationale Emissionsteuersätze könnten sich insoweit ergeben, als durch deren Ausgestaltung keine Verzerrungen im Außenhandel entstehen sollten.
[47] Bei komplexen Modellstrukturen kann es dagegen optimal sein, den nationalen Steuersatz nicht in Höhe des internationalen Satzes zu fixieren (vgl. Hoel (1992e), S. 103).
[48] Die Möglichkeit der Einführung eines nationalen Auflagensystems soll im Hinblick auf dessen relative Effizienzdefizite vernachlässigt werden.

sind, ergibt sich ein gewisser Zwang, die Einführung des Zertifikatesystems mit fiskalischen Maßnahmen zur Einnahmenerzielung zu begleiten. Die direkteste Möglichkeit der Mittelbeschaffung könnte darin bestehen, die auf nationaler Ebene gültigen Emissionsrechte gegen Entgelt, etwa im Wege der Auktionierung, an inländische Interessenten abzugeben. Unabhängig davon ergibt sich aber das Problem, daß die Höhe des erzielbaren Zertifikatepreises unsicher ist. Der nationale Preis für Emissionen wird regelmäßig vom internationalen Preis abweichen.[49] Dies führt (legt man „ideale" Rahmenbedingungen zugrunde) zu Effizienzdefiziten. Der Erfüllbarkeit der internationalen Verpflichtung steht eine solche Vorgehensweise jedoch nicht entgegen.

7 Alternativsystem: Internationales System nationaler Emissionsteuern

Das bisher behandelte internationale Steuersystem stellt hohe Anforderungen an die Bereitschaft der Länder, Souveränitätsrechte an eine internationale Organisation abzutreten. Sollte diese Bereitschaft nicht vorhanden bzw. die damit implizierte zwischenstaatliche Umverteilung für viele Länder nicht akzeptabel sein, dann bietet sich eine alternative internationale Steuerlösung an. So könnten sich die Länder darauf einigen, in eigener Regie die nationalen Emissionen zu einem einheitlichen Steuersatz zu besteuern, ohne daß es zu einer fiskalischen „Umschichtung" zwischen den Teilnahmeländern kommt. Bei dem relevanten Lösungsansatz handelt es sich also um ein internationales System nationaler Emissionssteuern, bei welchem das nationale Steueraufkommen bei dem jeweiligen Mitgliedsland verbleibt.[50]

a) Das Verhalten der Länder innerhalb des Steuersystems

Zunächst sei untersucht, wie sich die Mitgliedsländer bei einem vorgegebenen, international einheitlichen („harmonisierten") Steuersatz verhalten. Die Bedingung für die Festsetzung des optimalen nationalen Vermeidungsniveaus eines Landes i hängt vom jeweils vorgegebenen Niveau des für alle Länder einheitlichen nationalen Steuersatzes ab. Konkret ergeben sich folgende Bedingungen:

$$\frac{dC_i}{dq_i} = \tau \quad \text{für} \quad \tau > \frac{dB_i}{dq_i}(q_i^N), \tag{4.38a}$$

$$\frac{dC_i}{dq_i} = \frac{dB_i}{dq_i} \quad \text{für} \quad \tau \leq \frac{dB_i}{dq_i}(q_i^N). \tag{4.38b}$$

Es sind also zwei Fälle zu unterscheiden, die auch in Abbildung 9 verdeutlicht werden.

---

[49] vgl. Bauer (1993), S. 199.
[50] Ein Teil der Ausführungen dieses Abschnitts basiert auf Eyckmans, Proost and Schokkaert (1994), S. 16f. bzw. Barrett (1992a), S. 33.

Zunächst zu dem Fall, daß ein Land eine solche Nutzen-/Kosten-Konstellation hat, die einen relativ niedrig gelegenen Laissez-faire-Schnittpunkt von Grenzvermeidungsnutzen und Grenzvermeidungskosten („Marginalniveau") impliziert (in Abbildung 9: Land 1). Ist der zwischenstaatlich vereinbarte (einheitliche) nationale Steuersatz τ höher als dieses Laissez-faire-„Marginalniveau", dann wird ein solches Land auf die Etablierung des zwischenstaatlichen Steuerabkommens wie folgt reagieren: Es erhöht (ausgehend von q_1^N) seine Vermeidungsmenge so lange, bis die nationalen Grenzvermeidungskosten das Niveau des nationalen Steuersatzes „erreicht" haben (q_1^*). Damit wird über das Vermeidungsniveau hinausgegangen, bei welchem nationaler Grenzvermeidungsnutzen und Grenzvermeidungkosten

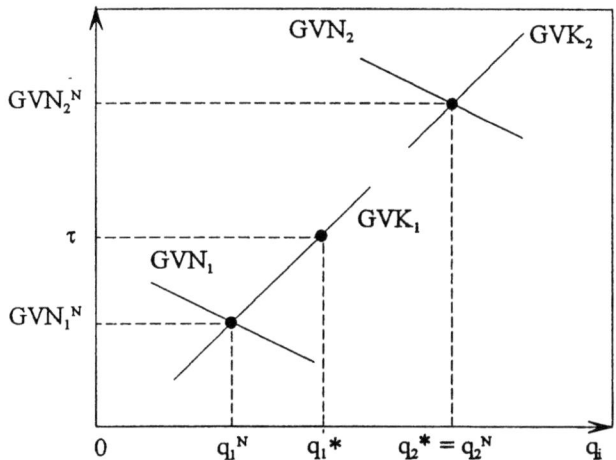

Abbildung 9: Internationales System nationaler Emissionsteuern: Die relevanten Optimierungskalküle der Länder.

übereinstimmen.[51] Länder, deren Laissez-faire-Schnittpunkt von Grenzvermeidungsnutzen und Grenzvermeidungskosten dagegen auf einem relativ hohen Niveau liegt (in Abbildung 9: Land 2), so daß deren „Marginalniveau" vom Steuersatz τ gar nicht erreicht wird, werden ein nationales Vermeidungsniveau realisieren, bei welchem sich nationale Grenzvermeidungsnutzen und Grenzvermeidungskosten entsprechen (damit gilt $q_2^* = q_2^N$). Insofern bleibt die „bisherige", d.h. vor dem Abkommen gültige, nationale Optimierungsbedingung weiterhin relevant, und zwar deshalb, weil der vereinbarte einheitliche nationale Steuersatz für diese Länder zu gering „ausgefallen" ist.[52]

---

[51] An dieser Stelle wird aus Gründen der einfacheren Darstellung vernachlässigt, daß es aufgrund des zwischenstaatlichen Steuerabkommens zu einer Erhöhung der globalen Vermeidungsmenge und damit zu einer Verschiebung der nationalen Grenzvermeidungsnutzenkurven kommt.

[52] Es ist hier noch einmal zu betonen, daß abkommensinduzierte Verschiebungen der nationalen Grenzvermeidungsnutzenkurven ausgeklammert bleiben.

Geht man jedoch davon aus, daß der zwischenstaatlich einheitliche nationale Steuersatz so hoch angesetzt wird, daß er zumindest für einen Teil der Länder (im mathematischen Sinne) „bindend" ist, dann werden die betreffenden Länder nach dem o.a. Kalkül ihr Vermeidungsniveau gegenüber dem vorvertraglichen Zustand erhöhen. Dies führt aber zu einer Verschiebung der Grenzvermeidungsnutzenkurven aller Länder, mit der Folge, daß nicht nur die mathematisch gebundenen Länder, sondern auch die nichtgebundenen Länder ihr nationales Vermeidungsniveau den neuen Gegebenheiten anpassen.

b) Der aus nationaler Sicht präferierte Steuersatz

Bei der vorstehenden Analyse haben die Länder einen vorgegebenen Steuersatz zugrunde gelegt, und zwar denjenigen Satz, welcher zwischen den Ländern vereinbart wurde. Es ist damit zu klären, welche nationalen Präferenzen in bezug auf den allgemein gültigen Steuersatz bestehen.

Land i gehe davon aus, daß für eine Vereinbarung lediglich solche Steuersätze in Frage kommen, die für alle Länder höher als deren jeweilige nichtkooperative Grenznutzenniveaus sind ($\tau > B'_j(q_j^N)$); dann kann Land i plausiblerweise für jedes Land das folgende Kalkül unterstellten:

$$\frac{dC_i}{dq_i} = \tau \,. \tag{4.39}$$

D.h., ein Land weitet seine Vermeidungsaktivität solange aus, bis die Grenzvermeidungskosten dem zwischenstaatlich einheitlichen Steuersatz entsprechen. Die nationale Vermeidungsmenge ist also eine ansteigende Funktion des für alle Länder gültigen Steuersatzes:

$$q_i = q_i(\tau) \quad \text{mit} \quad q'_i > 0 \,. \tag{4.40}$$

Damit ergibt sich als Ansatz zur Bestimmung des aus nationaler Sicht präferierten einheitlichen Steuersatzes (für den Zwei-Länder-Fall):

$$\max_{\tau} \{B_i(q_i(\tau), q_j(\tau)) - C_i(q_i(\tau))\} \,. \tag{4.41}$$

Als Optimierungsbedingung folgt daraus:

$$\frac{dB_i}{dQ} \cdot \left(\frac{dq_i}{d\tau} + \frac{dq_j}{d\tau}\right) = \frac{dC_i}{dq_i} \cdot \frac{dq_i}{d\tau} \,. \tag{4.42}$$

Der von Land i präferierte zwischenstaatlich einheitliche Steuersatz bildet die Verhandlungsgrundlage des Landes. Man erkennt, daß im Falle der (mathematischen) „Nichtbindung" des anderen Landes, d.h. für $(dq_j/d\tau) = 0$, die Bedingung zur üblichen Nash-Bedingung „zusammenschmilzt".

c) Der aus globaler Sicht präferierte Steuersatz

An dieser Stelle soll nun der aus globaler Sicht präferierte Steuersatz abgeleitet werden.[53] Berücksichtigt man dabei die nationalen „Nichtverschlechterungsbedingungen", dann ergibt sich folgender Ansatz:[54]

$$\max_\tau \sum_{i=1}^n \alpha_i \cdot \{B_i(Q) - C_i(q_i)\}$$
$$\text{s.t.:} \quad B_i(Q) - C_i(q_i) \geq W_i^N \quad \text{(für alle } i\text{)}. \tag{4.43}$$

In diesem Zusammenhang kann man die folgenden Fälle unterscheiden (vgl. dazu auch Abbildung 10):

1. Fall: Wird der für alle Länder einheitliche Steuersatz so festgesetzt, daß er dem Minimum der Grenzvermeidungsnutzen im nichtkooperativen Nash-Gleichgewicht entspricht, $\tau = \min\{\text{GVN}_i^N | i \in (1,...,n)\}$, dann ergibt sich gegenüber dem vorvertraglichen Zustand keine Verhaltensänderung, weil der Steuersatz in dieser Höhe für keines der Länder mathematisch „bindenden" Charakter hat. Alle Länder setzen ihr Vermeidungsniveau nach dem bisherigen Kalkül (nationale Grenzvermeidungsnutzen gleich Grenzvermeidungskosten) fest. Bei angenommenen Differenzen zwischen den Grenzvermeidungskosten der Länder im Nash-Gleichgewicht besteht globale Kosteninneffizienz. Fazit: Die Teilnahmebedingungen sind erfüllt, da der Nichtkooperationsfall quasi „nachgeahmt" wird. In bezug auf den Beispielfall (vgl. Abbildung 10) gilt dann:

$$\frac{dB_1}{dq_1}(q_1^N) = \frac{dC_1}{dq_1}(q_1^N) = \tau < \frac{dC_2}{dq_2}(q_2^N) = \frac{dB_2}{dq_2}(q_2^N). \tag{4.44}$$

2. Fall: Es kommt auch eine Art „Zwischenlösung" in Betracht: Wird der Steuersatz in der Weise fixiert, daß er über dem Minimum und höchstens beim Maximum der Grenzvermeidungsnutzen im nichtkooperativen Nash-Gleichgewicht liegt, dann wird er für einen Teil der Länder (mathematisch) „bindend". Die betreffenden Länder werden dann ihr Kalkül entsprechend modifizieren. Allerdings wird auch in bei diesem Steuersatzniveau (außer beim oberen Extremwert des Intervalls) keine global kosteneffiziente Lösung erreicht:

$$\frac{dB_1}{dq_1}(q_1^*) < \frac{dC_1}{dq_1}(q_1^*) = \tau \leq \frac{dC_2}{dq_2}(q_2^N) = \frac{dB_2}{dq_2}(q_2^N). \tag{4.45}$$

3. Fall: Für einen noch höheren Steuersatz, also $\tau > \max\{\text{GVN}_i^N | i \in (1,...,n)\}$, gilt: Ist der Steuersatz höher angesetzt als das Maximum der

---
[53] vgl. Eyckmans, Proost and Schokkaert (1994), S. 17.
[54] Für den o.a. Optimierungsansatz existiert stets eine zulässige Lösung, da alle Länder im nichtkooperativen Nash-Gleichgewicht nichtnegative Grenzvermeidungskosten haben.

Grenzvermeidungsnutzen im nichtkooperativen Nash-Gleichgewicht, dann wird der Steuersatz für alle Länder mathematisch „bindend". Damit werden alle Länder gegenüber dem vorvertraglichen Zustand mehr Emissionsvermeidung betreiben. Die so realisierten globalen Vermeidungsmengen sind nun

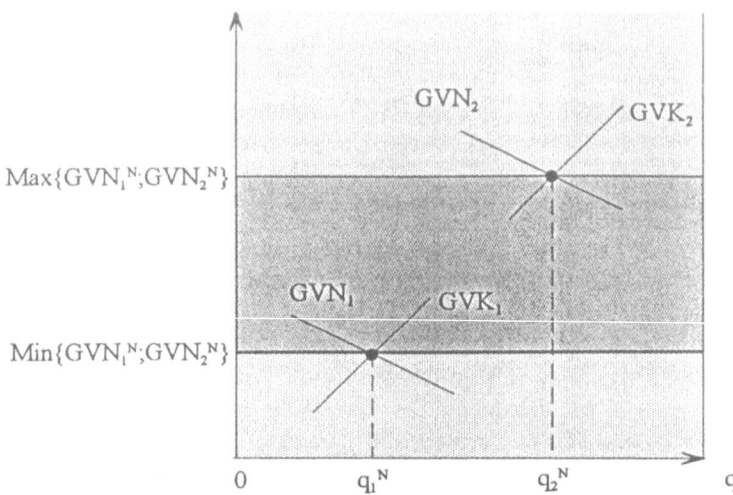

Abbildung 10: Internationales System nationaler Emissionsteuern: Intervallbereiche für die Festlegung des Steuersatzes.

zwar nicht Pareto-optimal, sie werden jedoch zu minimalen globalen Kosten realisiert (globale Kosteneffizienz). Es gilt folgender Zusammenhang:

$$\frac{dB_1}{dq_1}(q_1^{**}) < \frac{dC_1}{dq_1}(q_1^{**}) = \tau = \frac{dC_2}{dq_2}(q_2^{**}) > \frac{dB_2}{dq_2}(q_2^{**}). \qquad (4.46)$$

4. Fall: Wenn die Teilnahmebedingungen nicht bindend wären, könnte man den Steuersatz sogar auf das folgende Niveau erhöhen: $\tau = \sum_i \text{GVN}_i^{\text{Eff}}$. Damit würde die First-best-Lösung realisiert, und zwar dadurch, daß der Steuersatz die globalen Grenzvermeidungsnutzen (bzw. Grenzschadenskosten) abbildet. Dieser Punkt wird i.d.R. jedoch nicht erreicht, da für einige Länder die Teilnahmebedingung bereits bei einem Vermeidungsniveau bindend wird, das unterhalb der Pareto-optimalen Menge liegt. In diesem Punkt würde dann gelten:

$$\frac{dB_1}{dq_i}(q_i) + \frac{dB_2}{dq_i}(q_i) = \tau = \frac{dC_i}{dq_i}(q_i) \qquad (i = 1, 2). \qquad (4.47)$$

d) Vergleich mit dem internationalen Emissionsteuersystem

Vergleicht man die beiden Steuersysteme, so lassen sich folgende Zusammenhänge feststellen.[55] Der herausragendste Unterschied besteht wohl darin, daß ein System nationaler Steuern im Gegensatz zum System einer internationalen Steuer keinen eingebauten Mechanismus hat, welcher die Lastverteilung zwischen den Ländern „gerecht" gestaltet. Natürlich bestünde grundsätzlich die Möglichkeit, in dieses Steuerregime ein System zwischenstaatlicher Transfers zu intergrieren, bei welchem die Seitenzahlungen z.B. aus dem Emissionssteueraufkommen der transferpflichtigen Länder bestritten werden könnten.[56] Jedoch sind auch hier ähnliche Probleme zu erwarten, wie bei der Festsetzung des Redistributionsschemas im System einer internationalen Steuer. Eine gewisse Approximation beider Systeme ergibt sich unter den folgenden Rahmenbedingungen: Ein System nationaler Steuern ist (ungeachtet weiterer Differenzen) insoweit mit einem System einer internationalen Steuer vergleichbar, bei welchem die Rückverteilung gemäß Redistributionsschlüssel zufälligerweise gerade so ausfällt, daß jedes Land (im Gleichgewicht) Nettosteuerzahlungen von Null hat. Eine solche Situation führt zu einer ganz bestimmten zwischenstaatlichen Verteilung von Nutzen und Kosten, die nur zufälligerweise gerecht wäre.

Ein letzter Punkt stellt auf die Anreizstrukturen der beiden Steuersysteme ab. So hat ein Land innerhalb eines Systems nationaler Emissionsteuern (nicht aber bei einer internationalen Steuer) ein Interesse daran, die nationale Emissionstätigkeit so wenig wie möglich zu beschränken. Damit ergeben sich Anreize, die Umsetzung der nationalen Steuer ineffizient zu gestalten. Kommt es durch die Emissionsabgabe zu Preissteigerungen bei den besteuerten Gütern, so könnte das Land diese Wirkungen bis zu einem gewissen Grad dadurch neutralisieren, daß es (die von der Emissionsbesteuerung nicht erfaßten) Substitutionsgüter anderweitig besteuert bzw. Komplementärgüter subventioniert.

8 Zusammenfassung

In diesem Kapitel wurden Ansätze einer internationalen Umweltpolitik auf der Grundlage von Steuerlösungen behandelt. Den Ausgangspunkt der Untersuchung bildete ein Überblick über verschiedene Systeme internationaler Emissionsbesteuerung. Die zunächst vorgestellte internationale Emissionsteuer, bei der sämtliche Emittenten der (Mitglieds-)Länder gegenüber einer internationalen Umweltagentur steuerpflichtig sind, wurde als nicht praktikabel verworfen. Als Alternative wurde eine von einer internationalen Umweltorganisation erhobene Emissionsteuer angeführt, bei welcher nicht die einzelnen Emittenten, sondern die Regierungen der betreffenden Länder nach Maßgabe der nationalen Emissionen steuerpflichtig sind. Dieses Steuersystem ist

---
[55] vgl. dazu Hoel (1992a), S. 404f.
[56] Vergleiche in diesem Zusammenhang Althammer und Buchholz (1993), S. 308.

dann Hauptgegenstand des Kapitels. Des weiteren wurde ein internationales System nationaler Emissionsteuern vorgestellt, welches im siebten Abschnitt des Kapitels erörtert wird.

Die Ausführungen der Abschnitte zwei bis sechs des Kapitels beziehen sich auf den oben angeführten zweiten Typ eines internationalen Emissionsteuersystems. Bei diesem System zahlt die Regierung jeden (Teilnehmer-) Landes proportional zu den nationalen Emissionen eine Steuer an eine internationale Umweltagentur. Das global anfallende Steueraufkommen wird dann nach einem bestimmten fixen Redistributionsschlüssel vollständig auf die Teilnehmerländer zurückverteilt.

Der zweite Abschnitt des Kapitels befaßt sich mit diesem internationalen Steuersystem unter der Annahme, daß der Redistributionsschlüssel bereits vereinbart, also exogen vorgegeben ist. Zunächst werden die Grundzusammenhänge eines solchen Steuersystems vorgestellt, die unter anderem in der nationalen Wohlfahrtsfunktion im sog. Steuerterm zum Ausdruck kommen. Dieser Term erfaßt die Differenz zwischen Bruttosteuerbelastung und Steuerrückfluß eines Landes (Nettosteuerbelastung). Es zeigt sich, daß ein Land innerhalb dieses Steuersystems seine nationale Emissionsmenge so bestimmt, daß der nationale Grenzemissionsnutzen den nationalen Grenzschadenskosten plus marginale Steuernettobelastung entspricht. Man kann zeigen, daß dieses Kalkül nur dann mit globaler Effizienz vereinbar ist, wenn zwischen Steuersatz, Redistributionsparameter und Grenzschadensgrößen eine ganz bestimmte Beziehung gilt. Der daraus ableitbare effiziente Steuersatz ist nur dann für alle Länder einheitlich, wenn der Redistributionsschlüssel die nationalen Anteile an den globalen Grenzschäden abbildet. Dann entspricht der effiziente Steuersatz den globalen Grenzschadenskosten. Im weiteren Verlauf wurde die Existenz eines einheitlichen effizienten Steuersatzes geprüft. Ein solcher Steuersatz kann dann nicht nachgewiesen werden, wenn es Länder gibt, die negative Grenzschadenskosten haben. Sind nationale Schadenskostenanteile und Ländergrößen positiv korreliert und orientiert sich der Redistributionsschlüssel an den Ländergrößen, dann kann die Steuerfestsetzung entsprechend den globalen Grenzschadenskosten eine gewisse Approximation zum First-best-Steuersatz darstellen. Strebt man eine grundsätzliche Effizienzsteigerung an, setzt dies eine geeignete zwischenstaatliche Steuersatzdifferenzierung voraus. Muß man jedoch aus praktischen Gründen einen einheitlichen Steuersatz zugrunde legen, läßt sich ein Second-best-Steuersatz ableiten. Schließlich kann man zeigen, daß bei zwischenstaatlicher Proportionalität der nationalen Schadenskostenfunktionen ein einheitlicher Paretokompatibler Emissionsteuersatz existiert.

Nach Abhandlung des Steuersatzes unter allokativen Gesichtspunkten wurde die Frage der Akzeptanz eines bestimmten einheitlichen Steuersatzniveaus aufgeworfen. In diesem Zusammenhang kann man nachweisen, daß bei geeigneter Gestaltung des Redistributionsschlüssels ein einheitlicher Steuersatz existiert, der jedem Land durch Einführung des Steuersystems einen positiven Wohlfahrtseffekt sichert.

Der dritte Abschnitt des Kapitels steht unter der Überschrift „Determinanten der Teilnahmebereitschaft" der Länder. Zunächst wurden diverse Länderszenarien bei exogenem Redistributionsschlüssel durchgespielt. Man erkennt, daß sich je nach der „fiskalischen Position", die ein Land im internationalen Steuersystem einnehmen wird (Nettozahler oder Nettoempfänger), unterschiedlich strenge Anforderungen an die nationale Konstellation von Vermeidungsnutzen und Vermeidungskosten ergeben, welche die Bereitschaft zur Teilnahme am Steuerabkommen betreffen. Im Anschluß daran wurde die Festsetzung des Redistributionsschlüssels problematisiert. Nach grundsätzlichen Überlegungen zu den fiskalischen und nichtfiskalischen Zusammenhängen innerhalb des Umweltregimes erfolgte die Diskussion diverser Kriterien für die Rückverteilung des globalen Steueraufkommens. Dabei wurde die Rückverteilung proportional zum Bruttoinlandsprodukt, zur Bevölkerung und zu den historischen Emissionen erörtert.

Der nachfolgende vierte Abschnitt hatte die Endogenisierung des Redistributionsschlüssels zum Gegenstand. Ein solcher analytischer „Zugriff" wird dadurch möglich, daß man die nationalen Nichtverschlechterungsbedingungen explizit in das globale Optimierungskalkül einbezieht. Es zeigt sich jedoch, daß die entsprechenden Bedingungen für einen optimalen Steuersatz und Redistributionsschlüssel einen recht komplexen Zusammenhang zwischen Allokations- und Gerechtigkeitsaspekten darstellen. Nimmt man aber bestimmte Modifikationen vor, so erkennt man die Kompatibilität mit Ergebnissen des zweiten Abschnitts.

Im fünften Abschnitt wird der Frage nachgegangen, ob das internationale Steuersystem die Realisierung globaler Kosteneffizienz ermöglicht. Legt man den Fall des sog. großen Landes zugrunde, dann werden die nationalen Emissionsmengen so festgelegt, daß sich die nationalen Grenzvermeidungskosten und die Summe aus nationalen Grenzvermeidungsnutzen und eingesparter (Netto-)Steuerlast ausgleichen. Sieht man von dem Fall ab, daß der marginale Nettosteuerterm (mit einheitlichem Steuersatz und nationalem Redistributionsparameter) genau die externen Grenzvermeidungsnutzen reflektiert, kommt ein zwischenstaatlicher Ausgleich der Grenzvermeidungskosten nicht zustande. Dagegen kann man für die enge Fassung der Kleinen-Land-Annahme globale Kosteneffizienz nachweisen, da sich in diesem Fall die Länder mit ihren Grenzvermeidungskosten an den einheitlichen Steuersatz anpassen.

Der letzte Abschnitt, welcher sich mit dem internationalen Steuersystem beschäftigt, stellt darauf ab, welche innerstaatlichen Optionen die Länder nach ihrem Beitritt zum Steuerabkommen haben. In diesem Zusammenhang wird sowohl die Etablierung einer nationalen Steuer- als auch einer nationalen Zertifikatelösung erörtert. Besondere Bedeutung haben hierbei fiskalische Überlegungen, da das betreffende Land im internationalen Steuersystem möglicherweise die Position eines Nettozahlers einnehmen wird.

Im siebten Kapitel erfolgt der Übergang zu einer alternativen internationalen Steuerlösung. Es wird ein internationales System nationaler Emissionssteuern abgehandelt, bei welchem die (Mitglieds-)Länder einen einheitlichen Steuersatz vereinbaren, die Steuerhoheit jedoch bei den nationalen Regierungen verbleibt. Es zeigt sich, daß ein Land nach Etablierung des zwischenstaatlich vereinbarten nationalen Steuersatzes nur dann sein Vermeidungsniveau revidiert, wenn der Steuersatz höher ist als das Laissez-faire-Niveau des Grenzvermeidungsnutzens bzw. der Grenzvermeidungskosten. Anschließend wird die Bedingung für die Festsetzung des aus der Sicht eines einzelnen Landes präferierten einheitlichen Steuersatzes abgeleitet. Dann erfolgt noch eine entsprechende Erörterung aus der globalen Perspektive (wobei die nationalen Nichtverschlechterungsbedingungen berücksichtigt werden).

Den Abschluß des Abschnitts bildet ein Vergleich mit dem im Kapitel ausführlich behandelten internationalen Emissionsteuersystem, bei welchem die Regierungen der Steuerpflicht unterliegen. Als Hauptunterscheidungsmerkmal wird festgestellt, daß dieser Ansatz im Gegensatz zum internationalen System nationaler Emissionsteuern über einen eingebauten fiskalischen Mechanismus verfügt, welcher die Lastverteilung zwischen den Ländern „gerecht" gestalten soll.

Teil III:
Die Dimensionalebene internationaler Umweltpolitik

Kapitel 5: Internationale Umweltpolitik und langfristiger Zeithorizont

Bei der bisherigen Analyse wurde davon ausgegangen, daß die nationalen Umweltschutzmaßnahmen den Charakter einer einmaligen Investition haben. Unterstellt man aber, daß eine langfristig erfolgreiche Umweltpolitik die sukzessive Durchführung von Emissionsvermeidung erfordert, dann könnte sich daraus ein Ansatzpunkt für eine internationale Kooperationslösung ergeben. Die notwendige Sukzessivität umweltpolitischer Maßnahmen kann sich z.B. aus dem stetigen Verschleiß eingesetzter Vermeidungstechnologie ergeben oder aus der Notwendigkeit eines ständigen Verzichts auf bestimmte ökonomische Aktivitäten, die mit „unverhältnismäßig" hoher Umweltverschmutzung verbunden wären. Im Hinblick auf den damit stets neu auftretenden umweltpolitischen Entscheidungsbedarf und die daraus resultierenden Chancen für eine Kooperationslösung kann man die folgenden Überlegungen anstellen: Ein Land könnte ein Eigeninteresse an der Einhaltung einer Umweltvereinbarung haben, wenn es für das Land rational ist, auf die Wahrnehmung kurzfristiger Vorteile aus Freifahrerverhalten (durch Nichtkooperation bzw. Vertragsbruch) zu verzichten, um über eine längere Frist (gemeinsam mit anderen Ländern) Kooperationsgewinne zu realisieren.[1] Die für die Länder stets wiederkehrende Frage, ob sie sich umweltpolitisch kooperativ verhalten sollen („Entscheidungspermanenz"), führt zur spieltheoretischen Figur des sog. iterierten Gefangenendilemma.[2] Im Gegensatz zur üblichen Gefangenendilemma-Situation (im One-shot-Rahmen) eröffnet der permantente zwischenstaatliche Entscheidungsbedarf (wiederholte „Spielsituation") neue Chancen für eine umweltpolitische Kooperationslösung.[3]

Haben die Umweltschutzmaßnahmen sukzessiven Charakter, so erfordert dies die explizite Einbeziehung intertemporaler Zusammenhänge. In Bezug auf die Darstellung intertemporaler Sachverhalte kann man zwei alternative Rahmenbedingungen unterscheiden. Bei dem einen Ansatz geht man davon aus, daß sich die Länder bei ihren umweltpolitischen Entscheidungen Rahmenbedingungen gegenübersehen, die zeitlich invariant sind („stationäre Rahmenbedingungen"). Beim anderen Ansatz ist der für die Länder relevante Entscheidungsrahmen dagegen im Zeitablauf potentiellen Änderungen unterworfen (sog. dynamische Rahmenbedingungen).

---

[1] Vergleiche dazu im allgemeinen spieltheoretischen Kontext z.B. Holler und Illing (1993), S. 21f.

[2] vgl. Althammer und Buchholz (1993), S. 294.

[3] Mäler (1991b), S. 86, merkt dazu folgendes an: ".. it seems that cooperation between countries on transfrontier environmental issues may evolve as an equilibrium outcome, simply because in the long run the consequences of not cooperating are worse than the present costs of deviating".

1 Intertemporale Entscheidung bei stationären Rahmenbedingungen

Im folgenden sei also angenommen, daß zur Sicherstellung eines nachhaltigen umweltpolitischen Erfolges die ständige Durchführung geeigneter Umweltschutzmaßnahmen im internationalen Kontext notwendig ist. Insofern stellt sich für jedes Land immer wieder die Frage, ob es sich an den aus globaler Sicht „angezeigten" umweltpolitischen Maßnahmen beteiligen soll. Der funktionale Zusammenhang zwischen den Handlungen eines Landes (Kooperation bzw. Nichtkooperation) und der nationalen Wohlfahrt sei im Zeitablauf annahmegemäß unverändert: Damit werden für die intertemporalen Entscheidungen zunächst stationäre Rahmenbedingungen unterstellt.[4]

Man kann eine solche Situation spieltheoretisch in der Weise interpretieren, daß dasselbe (Stufen-)Spiel stets neu durchgespielt wird. Das Gesamtspiel besteht dann aus der über mehrere Perioden hinweg praktizierten Wiederholung des Stufenspiels.[5] Die Länder handeln in jeder Periode gleichzeitig, ohne die umweltpolitischen Absichten der jeweils anderen Länder zu kennen. Sie können jedoch ihre jeweilige Periodenentscheidung über Kooperation oder Nichtkooperation davon abhängig machen, wie sich die anderen Länder im bisherigen „Spielverlauf" umweltpolitisch verhalten haben. Damit ist $e_i = e_i(h_t)$, wobei h_t die bisherige „Geschichte" des Spiels erfaßt. Die Strategie σ_i des Landes i bestimmt dann für alle denkbaren Verhaltenskonstellationen der Länder (über alle Perioden hinweg), wie Land i handeln wird.[6]

Die in einer Periode von einem Land getroffene Entscheidung hat nicht nur kurzfristige Wirkung, sondern ist auch im langfristigen Kontext insofern von Bedeutung, als die jeweils anderen Länder die bisherigen umweltpolitischen Entscheidungen dieses Landes nach Beobachtung der entsprechenden Handlungen mit in ihr Periodenkalkül einbeziehen. Es kann deshalb aus der Sicht des betreffenden Landes rational sein, auf kurzfristige Vorteile durch umweltpolitisches Freifahrerverhalten zu verzichten, wenn ein solches unkooperatives Verhalten Vergeltungsmaßnahmen der anderen Länder nach sich zieht und diese Länder dem Abweichler in den Folgeperioden Wohlfahrtsverluste „zufügen".

Inwieweit solche Vergeltungsmaßnahmen bzw. deren bloße Androhung zur „Disziplinierung" möglicher Vertragsabweichler ausreichen, d.h. einen Anreiz zu umweltkooperativem Verhalten darstellen, hängt davon ab, in welcher

---

[4] Diese Vorgehensweise erscheint dann gerechtfertigt, wenn Umweltprobleme ohne relevante Akkumulationsphänomene auftreten, für den Fall z.B., daß sich ein Schadstoffkonzentrationsniveau einstellt, welches die Assimilationskapazität des betreffenden Umweltsystems nicht übersteigt.

[5] Vergleiche in diesem Zusammenhang z.B. Friedman (1986), S. 88ff sowie Holler und Illing (1993), S. 139ff.

[6] Die Strategie σ_i eines Landes i besteht aus einer Folge von Handlungen (e_{i0}, e_{i1}, ..., e_{iT}).

Weise ein potentielles Freifahrerland die nationale Wohlfahrt späterer Perioden gewichtet.

Es sei angenommen, daß die Länder Zeitpräferenzen haben. Für Land i soll deshalb folgende intertemporale Wohlfahrtsfunktion gelten:

$$W_i = \sum_{t=0}^{T} \delta_i^t \cdot W_{it}\left(e_{it}(h_t)\right). \qquad (5.1)$$

Die intertemporale Wohlfahrt ergibt sich als Summe der gewichteten Periodenwohlfahrtniveaus. Die Gewichtung erfolgt mit dem durch den Zeitexponenten t modifizierten Diskontfaktor δ_i.[7] Ist die Zeitpräferenz des Landes stark ausgeprägt, so ist der Diskontfaktor nahe Null. In diesem Fall sind die Wohlfahrtniveaus zukünftiger Perioden für das Land von untergeordneter Bedeutung. Im entgegengesetzten Fall besteht eine lediglich geringe Zeitpräferenz (Diskontfaktor nahe eins). Im Grenzfall $\delta = 1$ wäre es für das Land völlig irrelevant, zu welchem Zeitpunkt bestimmte Periodenwohlfahrtniveaus „anfallen". Für die weitere Analyse wird jedoch von nationalen Diskontfaktoren zwischen Null und eins ausgegangen.

a) Umweltpolitik bei endlichem Zeithorizont

Wenn die Länder einen Planungszeitraum mit konkreter Endperiode zugrunde legen, läßt sich die umweltpolitische Situation als endlich wiederholtes Spiel beschreiben. Nach folgenden Überlegungen erscheint es durchaus plausibel, daß eine kooperative Lösung erreichbar ist. Es sei angenommen, die Länder vereinbaren, in jeder zukünftigen Periode des Planungszeitraums Vermeidungsmaßnahmen in bestimmtem Umfang durchzuführen. Besteht nun keine Möglichkeit, verbindliche (d.h. mit exogener Durchsetzungsmöglichkeit) flankierte) Abmachungen abzuschließen, so kommt die Anwendung der Mehrperiodenstrategie des „tit-for-tat" in Betracht. Ein Land, welches diese Strategie anwendet, verhält sich zunächst einmal kooperativ, d.h. nimmt die für die betreffende Periode (durch eine zwischenstaatlich getroffene Umweltvereinbarung) vorgesehene Umweltinvestition vor. Falls die anderen Länder sich ebenso verhalten, wird man auch in der Folgeperiode kooperativ „spielen". Halten sich aber nicht alle Länder an das Umweltabkommen (d.h. tätigen sie nicht die vereinbarte Periodeninvestition in den Umweltschutz), dann erfolgt in der Folgeperiode eine „Bestrafung" durch eigene Nichtkooperation, also Aussetzen weiterer Investitionen in den Umweltschutz, mit entsprechender negativer ökologischer Rückwirkung auf die Abweichlerländer. Sollten die ausgescherten Länder daraufhin (wieder) kooperieren, so wird man selbst

---

[7] Zwischen dem Diskontfaktor δ und der Diskontrate (Zinssatz) r besteht folgender Zusammenhang: $\delta = 1/(1+r)$. Damit ist bei einem Zinssatz $r=0$ der Diskontfaktor $\delta = 1$. Geht der Diskontfaktor δ gegen Null, so liegt ein unendlich hoher Zinssatz r vor. Vernachlässigt man diese beiden Extremfälle, dann entspricht beispielsweise ein Diskontfaktor $\delta = 0,5$ einem Zinssatz von 100% ($r=1$).

wieder zu kooperativem Verhalten zurückkehren. Auf diese Weise läßt sich eine Tendenz zur Kooperation begründen.

Nimmt man jedoch anstelle dieser Plausibilitätsüberlegung eine explizite spieltheoretische Betrachtung vor, so kommt man zu einer völlig anderen Einschätzung. Trotz endlicher Wiederholung der Spielsituation wird eine geschlossene Umweltschutzvereinbarung von keinem der Länder eingehalten. Es kommt von Anfang an zu nichtkooperativem Verhalten. Dies ist das einzige (teilspielperfekte) Gleichgewicht.[8] Die Begründung für eine solche pessimistische Diagnose (auf der Basis des Kalküls der sog. Backward Induction) setzt zunächst bei der letzten Periode des endlichen Zeitraumes an. In dieser Endperiode werden die Länder auf keinen Fall kooperieren, denn sie können aus einem solchen Verhalten keinen langfristigen Nutzen ziehen. In der vorletzten Periode wird man Kooperation nur dann präferieren, wenn man in der Folgeperiode für sein kooperatives Verhalten belohnt bzw. für Nichtkooperation bestraft würde. Da sich nun aber (wie oben gezeigt) in der Endperiode niemand an das Abkommen halten wird, ist eine Belohnung für früheres kooperatives Verhalten überhaupt nicht möglich, mit der Folge, daß bereits in der vorletzten Periode keine Kooperation zustandekommt. Führt man diese Argumentation bis zur Anfangsperiode fort, so zeigt sich, daß von Anfang an keine Kooperation zustande kommt.

Diese für den globalen Umweltschutz äußerst pessimistische Einschätzung kann jedoch bis zu einem gewissen Grad relativiert werden. Denn auch für den Fall endlicher Spiele kann die Spieltheorie unter Zugrundelegung bestimmter Voraussetzungen Kooperation (als Ergebnis teilspielperfekter Gleichgewichte) erklären.[9]

Kooperatives Verhalten kann z.B. dann rational sein, wenn gewisse Umstände, die für die umweltpolitische Entscheidung eines Landes relevant sind, diesem nicht bekannt sind. Ist etwa ein Land über den „Typus" anderer Länder nicht vollständig informiert, kann Kooperation das der Situation angemessene Verhalten darstellen. Dies gilt dann, wenn ein Land (selbst mit einer noch so geringen Wahrscheinlichkeit) davon ausgeht, daß sich die jeweils anderen Länder zunächst einmal kooperativ verhalten werden. In diesem Fall besteht die Möglichkeit, sich durch entsprechendes Verhalten die Reputation als kooperatives Land aufzubauen.

Eine andere Möglichkeit, Kooperation zu erklären, leitet sich aus dem Konzept des „Satisficing Behavior" ab. Dieses auf Radner zurückgehende

---

[8] Das Konzept des „teilspielperfekten Gleichgewichts" stellt eine Verfeinerung des Nash-Gleichgewichtskonzeptes dar. Es schließt solche Nash-Gleichgewichte als Lösungen aus, die im dynamischen Spielverlauf irrationales Verhalten unterstellen. Eine Strategiekombination ist nur dann ein teilspielperfektes Gleichgewicht, wenn es für kein Land optimal ist, bei irgendeinem Teilspiel, welches an einem beliebigen Entscheidungsknoten des Spielbaums beginnt, von seiner Strategie abzuweichen. (Ein Teilspiel eines Spieles besteht aus einem Knoten des Spielbaumes und den Nachfolgern dieses Knotens). Zum Konzept des teilspielperfekten Gleichgewichts, vergleiche z.B. Friedman (1986), Holler und Illing (1993).

[9] vgl. Holler und Illing (1993), S. 24.

Konzept unterstellt, daß die Länder insofern einer gewissen Trägheit unterliegen, als sie nicht ständig bemüht sind, jeden noch so kleinen potentiellen Wohlfahrtsgewinn (aufgrund von strategischem Verhalten) auszunutzen. Jedes Land begnügt sich bereits mit einem Wohlfahrtsniveau, das um den Betrag ε geringer ist als die maximal erreichbare Wohlfahrt (Konzept des ε-Gleichgewichts).[10]

b) Umweltpolitik bei unendlichem Zeithorizont

Liegt im Gegensatz zum bisher unterstellten Fall für den Planungshorizont keine konkrete Endperiode vor, so läßt sich die umweltpolitische Konstellation, in der sich die Länder befinden, als „unendlich wiederholtes Spiel" (sog. Superspiel) charakterisieren.[11] Da es nun im Gegensatz zum endlich wiederholten Spiel keine feststehende Endperiode gibt, in welcher die Durchführung einer Bestrafung ausgeschlossen wäre, führt dies zu entscheidenden Konsequenzen.[12]

Für den Fall, daß eines der Länder aus der Vereinbarung ausschert, um sich durch Wegfall von Vermeidungskosten einen Vorteil zu verschaffen, reagieren die restlichen Länder mit folgender Vergeltungsstrategie: Von der auf die Abweichung folgenden Periode an werden diese stets nur noch die geringeren Vermeidungsmaßnahmen gemäß der nichtkooperativen Nash-Gleichgewichtsstrategie durchführen. Damit wird dem Abweichlerland die (langfristige) Realisierung der Freifahrerposition verwehrt.

Für ein Land ist es dann rational, sich stets an das Umweltabkommen zu halten und nicht abzuweichen, wenn die angedrohten Wohlfahrtsverluste der Vergeltungsstrategie höher sind als der durch Nichteinhaltung des Abkommens erzielbare einmalige Wohlfahrtsgewinn. Die hier beschriebene Vergeltungsstrategie nennt man in Anlehnung an Radner „Trigger-Strategie", weil das abweichende Verhalten eines Landes bei den restlichen Ländern einen schlagartigen Wechsel von kooperativem zu nichtkooperativem Verhalten „auslöst".[13] Die Wirksamkeit einer solchen Vergeltungsstrategie hängt davon ab, wie stark die einzelnen Länder die nationale Wohlfahrt späterer Perioden abdiskontieren.[14]

Im folgenden soll nun untersucht werden, unter welchen Bedingungen die Anwendung der Trigger-Strategie dauerhafte umweltpolitische Kooperation sicherstellen kann. Angenommen, mehrere Länder hätten sich zu kooperativer Umweltpolitik (mit nationalen Emissionsniveaus von e_i^C) verpflichtet,

---

[10] In diesem Zusammenhang ist auch auf Ansätze zu verweisen, welche für die entscheidenden Instanzen der Länder lediglich „beschränkte Rationalität" unterstellen und in diesem Rahmen kooperatives Verhalten erklären.

[11] Vergleiche dazu z.B. Dasgupta (1990), Bartsch (1992), Mohr (1991b), Barrett (1990).

[12] vgl. Holler und Illing (1993), S. 23f.

[13] vgl. Friedman (1986), S. 86.

[14] Vergleiche dazu die entsprechenden Ausführungen zur intertemporalen Wohlfahrtsfunktion (5.1).

110 Dimensionalebene internationaler Umweltpolitik

welche allen Ländern ein höheres Wohfahrtsniveau sichert als bei nichtkooperativem Nash-Verhalten. Wenn dann aus dieser Gruppe das Land i zur Förderung kooperativen Verhaltens die Trigger-Strategie $\sigma_i = (e_i^C, e_i^N)$ verfolgt, so gilt:[15]

Für $t = 0$: $\quad e_{i0} = e_i^C$;

Für $t \geq 1$: $\quad e_{it}(h_t) = \begin{cases} e_i^C, \text{ falls } h_t(e_0^C, ..., e_{t-1}^C); \\ e_i^N \text{ andernfalls}. \end{cases}$ (5.2)

Es stellt sich nun die Frage, unter welchen Bedingungen σ ein Gleichgewicht darstellt. Wenn sich alle Länder an das Umweltabkommen halten, realisiert Land i über den gesamten Zeithorizont ein Wohlfahrtsniveau von

$$W_i = W_{it}(e_i^C) \cdot \sum_{t=0}^{\infty} \delta_i^t = W_{it}(e_i^C) \cdot (1 - \delta_i)^{-1}. \quad (5.3)$$

Dabei ist zu beachten, daß aufgrund der angenommenen Invarianz der Rahmenbedingungen für Land i in jeder Periode dasselbe Wohlfahrtsniveau $W_{it}(e_i^C)$ vorliegt. Schert Land i jedoch als einziges Land aus dem Abkommen aus, um die Freifahrerposition einzunehmen, so kann es durch sein abweichendes Verhalten auf $r_i(e_i^N)$ einen einmaligen Wohlfahrtsgewinn realisieren, der maximal

$$W_{it}\left(r_i(e_i^C)\right) = \max \left\{ W_{it}\left(e_i, E_{-i}^C\right) \right\} > W_{it}(e_i^C) \quad (5.4)$$

beträgt. $r_i(e_i^C)$ ist die kurzfristig optimale Reaktion auf das bisherige kooperative Verhalten aller Länder. Von der folgenden Periode ab wird dann stets nichtkooperativ gespielt (e_i^N), wobei in diesem Fall (wie bereits oben erwähnt) $W_{it}(e_i^N) < W_{it}(e_i^C)$ gilt.

Das intertemporale Wohlfahrtsniveau eines umweltpolitischen Freifahrerlandes ergibt sich somit aus dem folgenden Ausdruck:[16]

$$W_i^r = W_{it}\left(r_i(e_i^C)\right) + W_{it}(e_i^N) \cdot \frac{\delta_i}{1 - \delta_i}. \quad (5.5)$$

Ein Abweichen auf die Freifahrerposition zahlt sich also dann nicht aus, wenn folgende Bedingung erfüllt ist (sog. Nichtabweichungsbedingung):

$$W_{it}\left(r_i(e_i^C)\right) + W_{it}\left(e_i^N\right) \cdot \frac{\delta_i}{1 - \delta_i} < W_{it}\left(e_i^C\right) \cdot \frac{1}{1 - \delta_i} \quad \text{bzw.} \quad (5.6)$$

$$W_{it}\left(r_i(e_i^C)\right) - W_{it}\left(e_i^C\right) < \left[W_{it}\left(e_i^C\right) - W_{it}\left(e_i^N\right)\right] \cdot \frac{\delta_i}{1 - \delta_i}. \quad (5.7)$$

---
[15] vgl. Holler und Illing (1986), S. 142f.
[16] Wegen der unterstellten Zeitpräferenz wird ein Vertragsbruch, falls ein solcher überhaupt in Frage kommt, *sofort* vollzogen, weil ein Freifahrergewinn um so weniger „wert" ist, je später er anfällt.

Der kurzfristige Wohlfahrtsgewinn durch das Ausbrechen in die Freifahrerposition (linke Seite der Ungleichung) darf die abdiskontierte Wohlfahrtseinbuße aufgrund der Vergeltungsmaßnahmen (rechte Seite der Ungleichung) nicht übersteigen. Diese Bedingung kann man auch explizit mit Hilfe des nationalen Diskontierungsfaktors δ_i ausdrücken:

$$\delta_i > \frac{W_{it}\left(r_i\left(e_i^C\right)\right) - W_{it}\left(e_i^C\right)}{W_{it}\left(r_i\left(e_i^C\right)\right) - W_{it}\left(e_i^N\right)}. \tag{5.8}$$

Wenn diese Bedingung für alle Länder i (in jeder Periode) erfüllt ist, stellt ständiges kooperatives Verhalten (e^C) ein teilspielperfektes Nash-Gleichgewicht dar: Es besteht also zu keinem Zeitpunkt ein Anreiz, von der Trigger-Strategie abzuweichen.[17] Umweltpolitische Kooperation ist damit um so wahrscheinlicher je höher der Diskontierungsfaktor δ_i (bzw. je niedriger die Zeitpräferenz) ist. Ist der Diskontierungsfaktor nicht hinreichend hoch, d.h. spielen die Wohlfahrtniveaus späterer Perioden eine eher untergeordnete Rolle, dann nimmt die Effektivität der Androhung von Vergeltungsmaßnahmen ab. In diesem Fall ist umweltpolitische Kooperation nicht mehr sichergestellt.

Es ist jedoch zu bedenken, daß selbst bei hinreichend hohem Diskontierungsfaktor Umstände auftreten können, die vertragswidriges Verhalten begünstigen. So ist zu beachten, daß die Länder, die nicht die Freifahrerposition eingenommen haben („Restländer") mit dem Auslösen der Vergeltungsmaßnahmen gegenüber dem Abweichler nicht nur diesem Schaden zufügen, sondern auch selbst Wohlfahrtsverluste erleiden. Denn die Vergeltung, d.h. der Wechsel von kooperativem Verhalten auf nichtkooperatives Nash-Verhalten, besteht darin, daß die Restländer als Strafmaßnahme ihre Emissionen erhöhen. Da dies aber nicht nur das Abweichlerland, sondern auch die Restländer selbst trifft, besteht ein Anreiz, statt der Vergeltung Verhandlungen mit dem Abweichler aufzunehmen. Gerade dieser Anreiz, nach vertragswidrigem Verhalten eines Landes das Umweltabkommen neu auszuhandeln (sog. fehlende Neuverhandlungsstabilität), untergräbt die Glaubwürdigkeit der Vergeltungsdrohung.[18] Insofern kann die Einhaltung von Bedingung (5.8) für sich genommen umweltpolitische Kooperation nicht sicherstellen. Betrachtet man jedoch spieltheoretische Ansätze, die ausgehend vom Konzept der Trigger-Strategie sog. neuverhandlungsstabile Strategien heranziehen, dann lassen sich trotz alledem Tendenzen für die Realisierbarkeit umweltpolitischer Kooperation ausmachen.

Bei den bisherigen Ausführungen wurde davon ausgegangen, daß die Länder ihre umweltpolitischen Periodenentscheidungen simultan treffen. Dabei wurde unterstellt, daß die betreffende umweltpolitische Weichenstellung eines Landes ohne Kenntnis der entsprechenden Entscheidungen der jeweils

---
[17] Für den Diskontfaktor wurde $0 < \delta_i < 1$ unterstellt.
[18] vgl. Bartsch (1992), S. 19.

anderen Länder lediglich auf der Grundlage des bisherigen Spielverlaufs erfolgt. An dieser Stelle soll nun auf einen alternativen Ansatz eingegangen werden. Bei diesem Ansatz treffen die Länder ihre Entscheidungen nicht simultan, sondern nacheinander. Dies kommt dadurch zum Ausdruck, daß die umweltpolitischen Verhandlungen zwischen den Ländern als alternierender Angebots- und Reaktionsprozeß im Sinne von Rubinstein modelliert werden.[19] Die bereits an früherer Stelle getroffene Annahme stationärer Rahmenbedingungen bleibt davon unberüht.

Die nachstehend dargestellte Modellierung mit ihrem expliziten Bezug zur internationalen Umweltpolitik geht auf Kuhl zurück.[20] Initiiert z.B. Land 1 die umweltpolitischen Verhandlungen, dann gibt dieses zu Beginn der ersten Periode ($t=0$) ein Angebot $a := (e_1, e_2, z)$ an Land 2 ab, welches neben den zulässigen nationalen Emissionsmengen (e_1, e_2) möglicherweise Transferzahlungen (z) zum Gegenstand hat.[21] Land 2 muß dann in derselben Verhandlungsrunde entscheiden, ob es das Angebot von Land 1 annimmt oder ablehnt. Akzeptiert es das Angebot, so kommt auf dessen Grundlage zwischen den beiden Ländern mit sofortiger Wirkung ein Umweltabkommen zustande. In diesem Fall ist der Verhandlungsprozeß beendet. Lehnt Land 2 dagegen das Angebot von Land 1 ab, so werden die Verhandlungen fortgeführt, und zwar dadurch, daß in der Folgeperiode $t=1$ Land 2 ein Gegenangebot abgibt. Auf dieses Angebot des Landes 2 muß nun seinerseits Land 1 durch Annahme bzw. Ablehnung reagieren. Dieser alternierende Prozeß von Angebot und Reaktion kann beliebig lange fortgesetzt werden („alternierende Entscheidungspermanenz").

Es sei zunächst angenommen, daß die Länder vollständige Information haben. Damit können diese abschätzen, welche Konsequenzen ihre Angebots- und Reaktionsentscheidungen nach sich ziehen. Das zukünftige Verhalten der jeweils anderen Länder ist damit antizipierbar und kann bei der eigenen Entscheidung berücksichtigt werden. Weiterhin hätten die Länder in bezug auf den bisherigen Spielverlauf sog. vollständiges Erinnerungsvermögen.

Wenn sich die Länder im Laufe der Verhandlungen über ein gemeinsames umweltpolitisches Regime verständigen, dann realisieren sie ab dem Einigungszeitpunkt für die betreffende und alle nachfolgenden Perioden jeweils einen „Kooperationsgewinn" in Höhe von

$$\Delta W_i(e_1, e_2, z) := W_i\left(e_1^C, e_2^C, z\right) - W_i\left(e_1^N, e_2^N\right). \qquad (5.9)$$

Der Kooperationsgewinn eines Landes i ist damit definiert als Zuwachs an nationaler Wohlfahrt aufgrund umweltpolitischer Kooperation gegenüber

---

[19] vgl. Rubinstein (1982). Eine allgemeine spieltheoretische Darstellung des Rubinsteinschen Konzepts eines alternierenden Angebots- und Reaktionsprozesses bietet z.B. Kreps (1990), S. 556ff.
[20] vgl. Kuhl (1987), S. 75ff.
[21] Dabei steht $z>0$ für die Entgegennahme und $z<0$ für die Gewährung einer Tranferzahlung.

Nichtkooperation.[22,23] Damit sind die Nutzen der ab dem Einigungszeitpunkt anfallenden Kooperationsgewinne über alle Perioden zu aggregieren.

Für den Fall einer sofortigen Einigung auf eine umweltpolitische Kooperationslösung in der ersten Verhandlungsrunde würde sich ein nationaler Wohlfahrtszuwachs in Höhe des Gegenwartswertes aller (unendlich vielen) zukünftigen Kooperationsgewinne ergeben:

$$\Delta W_i(e_1, e_2, z) \cdot \frac{1}{1 - \delta_i}. \tag{5.10}$$

Dagegen entstünden bei Nichteinigung für ein Land i bis einschließlich Periode $t - 1$ Nutzenentgänge in Höhe von insgesamt

$$\Delta W_i(e_1, e_2, z) \cdot \frac{1 - \delta_i^t}{1 - \delta_i}. \tag{5.11}$$

Somit bildet die Differenz zwischen den vorstehend angeführten Größen, nämlich

$$\Delta W_i(e_1, e_2, z) \cdot \frac{\delta_i^t}{1 - \delta_i}, \tag{5.12}$$

den Gegenwartswert aller zukünftigen Kooperationsgewinne ab, welche ab dem Einigungszeitpunkt realisiert werden.

Kommt man nun zur konkreten Lösung des Verhandlungsproblems, so bietet sich die Anwendung des Konzepts des „teilspielperfekten Nash-Gleichgewichts" an. Da die Existenz solcher Gleichgewichte für den hier zugrunde gelegten Verhandlungsrahmen grundsätzlich nachgewiesen ist, genügt es an dieser Stelle, anhand der Optimierungsbedingungen der Länder eine Charakterisierung des Gleichgewichtszustandes vorzunehmen.

Geht man von einem Verhandlungsregime aus, bei welchem Land 1 das „Erst"-Angebot unterbreitet, so gelten folgende Zusammenhänge:[24] Land 1 nimmt in der ersten Runde die Stackelberg-Unabhängigkeitsposition ein, da es bei der Fixierung seines Angebots lediglich durch das potentielle Reaktionsverhalten des anderen Landes eingeschränkt ist. Land 2 dagegen muß sich in dieser Eröffnungsrunde mit der (schwächeren) Abhängigkeitsposition begnügen und sich dem Angebotsverhalten des Landes 1 anpassen. Eine Kopplung des Reaktionsverhaltens von Land 2 an das eigene Angebotsverhalten (in $t + 1$) ergibt sich insoweit, als es seine jeweiligen Optionen für Periode t mit denen in Periode $t + 1$ vergleicht. So wird Land 2 ein Angebot des Landes 1 nur dann annehmen, wenn es nicht in der Lage ist, in der Folgeperiode

---

[22] Kuhl stellt nicht wie hier auf Wohlfahrtsfunktionen als Differenz zwischen einer Bruttonutzen- und einer Kostenfunktion, sondern auf eine Gesamtkostenfunktion (Vermeidungskosten plus Schadenskosten) ab und spricht demzufolge in diesem Zusammenhang von „Umweltkostenvorteil" (und nicht von „Kooperationsgewinn").

[23] In bezug auf die Transferzahlungen gelte: $\partial(\Delta W_i)/\partial z = 1$.

[24] Auf die Frage, welche Auswirkungen es auf die nationale Wohlfahrt hat, ob das betreffende oder das andere Land die Verhandlungen eröffnet, wird später noch eingegangen.

für sich vorteilhaftere Angebotsbedingungen zu unterbreiten, die wiederum Land 1 im Hinblick auf den weiteren Verhandlungsverlauf akzeptieren würde. Damit muß das Angebot des Landes 1 in Periode t, um für Land 2 akzeptabel zu sein, so gestaltet werden, daß Land 2 mindestens denjenigen Nutzen realisieren würde, den es in der Folgeperiode durch sein eigenes Angebot erreicht hätte.

Man kann zeigen, daß es im vorliegenden Rahmen zu einer sofortigen Einigung der beiden Länder kommt, wobei eine Pareto-optimale Lösung realisiert wird.[25] Das entsprechende teilspielperfekte Nash-Gleichgewicht läßt sich vollständig durch folgendes Gleichungssystem beschreiben:[26]

$$\Delta W_1\left(e_1^*, e_2^*, z^2\right) = \Delta W_1\left(e_1^*, e_2^*, z^1\right) \cdot \delta_1$$
$$\Delta W_2\left(e_1^*, e_2^*, z^1\right) = \Delta W_2\left(e_1^*, e_2^*, z^2\right) \cdot \delta_2 \, . \tag{5.13}$$

Die damit kompatiblen optimalen Ausgleichzahlungen, die ein Land im Zeitablauf anbietet sind zeitinvariant, d.h., Land 1 und Land 2 bieten Transfers stets in Höhe von z^1 bzw. z^2 an.

Die vorstehenden Bedingungen für ein Nash-Gleichgewicht determinieren eine ganz bestimmte Aufteilung des globalen Effizienzgewinns. Dabei zeigt sich, daß dasjenige Land einen Vorteil besitzt, welches die Stackelberg-Unabhängigkeitsposition einnimmt, d.h., die Anbieterrolle innehat.[27] Dieses Land erhält c.p. einen größeren Anteil am globalen Effizienzgewinn. So muß beispielsweise $\Delta W_1(a_1^*) > \Delta W_1(a_2^*)$ gelten, damit die erste Gleichgewichtsbedingung erfüllt ist (da $0 < \delta_1 < 1$). Damit ergibt sich aus der Abgabe des Erst-Angebots ein sog. first mover advantage. Dieser Vorteil des Stackelberg-Leaders verringert sich jedoch je schneller die Verhandlungsrunden aufeinanderfolgen. Im Grenzfall, wenn keinerlei Zeitverzögerungen entstehen, verschwindet dieser Vorteil ganz. Für einen solchen Fall eines unendlich schnellen Verhandlungsverlaufs sind – wenn die Zeitpräferenzen der Länder übereinstimmen – die Ergebnisse des nichtkooperativen Rubinstein-Ansatzes mit denen der kooperativen Nash-Verhandlungslösung kompatibel. In bezug auf die Zeitpräferenz gilt, daß das Land mit der relativ höheren Zeitpräferenzrate einen geringeren Anteil am globalen Effizienzgewinn erhält. Dies ist nicht verwunderlich, bringt doch eine relativ hohe Zeitpräferenz überdurchschnittliche „Ungeduld" und damit entsprechende Kosten der Nichteinigung zum Ausdruck.

Fragt man nun nach den Gründen für die sofortige Einigung auf eine Pareto-optimale Kooperationslösung, so liegen diese in der Annahme vollständiger Information.[28] Eine solche Annahme impliziert, daß jedes Land

---

[25] vgl. Kuhl (1987), S. 88ff.
[26] In einem allgemeineren Zusammenhang siehe dazu Kreps (1990), S. 561.
[27] Die Tatsache, daß die Länder im Laufe des Verhandlungsprozesses in alternierender Weise unterschiedliche relative strategische Positionen einnehmen, stellt eine gewisse Unvollkommenheit des „Verhandlungsregimes" dar.
[28] vgl. Kuhl (1987), S. 127.

über die Schadens- und Vermeidungskostenstruktur des jeweils anderen Landes genausogut informiert ist wie über die eigenen nationalen Gegebenheiten. Damit hat jedes Land eine sichere Voraussicht auf das optimale Angebots- und Reaktionsverhalten des anderen Landes. Diesem kann dann das eigene strategische Verhalten im Verhandlungsprozeß entsprechend angepaßt und damit die Kosten einer Nichteinigung vermieden werden.

Gibt man die Annahme auf, daß jedes Land vollständige Informationen hat, so kommt man beispielsweise zum Fall einseitig asymmetrischer Informationen.[29] Es sei unterstellt, daß die Wohlfahrtsfunktion des vollinformierten Landes verschiedene Ausprägungen aufweisen kann, wobei dem schlecht informierten Land nicht bekannt ist, von welchem „Typus" das andere Land nun tatsächlich ist. Je nachdem, welchem Typ dieses Land zuzuordnen ist, muß während des Verhandlungsprozesses mit unterschiedlichen, d.h. typspezifischen, Verhaltensweisen gerechnet werden. In der Regel wird das schlechter informierte Land bestrebt sein, die tatsächlichen Gegebenheiten des anderen Landes zu erfahren. Hingegen hat das besser informierte Land Anreize, seine Verhandlungsbedingungen in einem möglichst vorteilhaften Bild darzustellen, um so in den Genuß von Wohlfahrtsvorteilen zu gelangen.

Das vollinformierte Land kann seinen Informationsvorsprung etwa dazu benutzen, seine relative Verhandlungsposition durch Untertreibung der eigenen Zeitpräferenz zu verbessern. Zum anderen kann es die nationalen Vermeidungskosten übertreiben und die nationalen Schadenskosten untertrieben darstellen. Damit ließen sich grundsätzlich realisierbare Kooperationsgewinne gegenüber dem schlechterinformierten Land verheimlichen.

Das einseitige Informationsdefizit kann mittels Informationstransfer während des Verhandlungsprozesses abgebaut werden. Ansatzpunkte dazu bietet das Angebots- und Reaktionsverhalten der Länder, welches unter bestimmten Bedingungen die Funktion eines Signals oder eines Selbstselektionsmechanismus annehmen kann. Angenommen, Land 1 ist das unvollständig informierte Land, dann kann dieses lediglich Vermutungen über den wahren Typ von Land 2 anstellen, die während des Verhandlungsprozesses laufend (d.h. nach jeder „Aktion" von Land 2) aktualisiert werden. Dabei wird perfektes Erinnerungsvermögen der Länder unterstellt.

Ein Angebot des vollinformierten Landes (Land 2) hat dann die Funktion eines Signals, mit dem es seinen Typ glaubhaft versichert, wenn sein Angebot nur für einen der in Frage kommenden Typen individuell-rational ist. Land 1, welches dieses Verhalten von Land 2 beobachtet, kann daraus einen Rückschluß auf den wahren Typ von Land 2 ziehen. Ein Angebot des unvollständig informierten Landes (Land 1) mit Selbstselektionsfunktion basiert auf demselben Grundgedanken: Es „trennt" die Typen, welche Land 2 innehaben kann, voneinander, falls es bei einem solchen Angebot nur für

---

[29] Auf den Fall beidseitig asymmetrischer Informationen soll an dieser Stelle nicht eingegangen werden.

einen Typ vorteilhaft ist, diesem Angebot zuzustimmen. In diesem Zusammenhang gilt, daß das schlechter informierte Land dem anderen Land eine Anreizprämie bieten muß, welche mindestens so hoch ist, wie der Vorteil, den dieses Land durch die unwahre Angabe der tatsächlichen Bedingungen im weiteren Verhandlungsverlauf erzielt hätte. Weiterhin ist zu bedenken, daß es durch zeitliche Verzögerungen im Verhandlungsprozeß zu einem Entgang grundsätzlich realisierbarer Effizienzgewinne kommt. Es ergibt sich damit ein Trade-off-Problem zwischen zwei verschiedenen Formen potentieller Transaktionskosten: Kosten der Nichteinigung und Kosten einer Verbesserung der strategischen Position.

Der dynamischen Informationsstruktur wird durch Anwendung des Konzepts des „teilspielperfekten Bayesschen Nash-Gleichgewichts" Rechnung getragen, indem neben der dynamischen Struktur des Verhandlungsprozesses für das schlechter informierte Land die Option einer sukzessiven Erwartungsrevision berücksichtigt wird.[30] So kann das schlecht informierte Land 1 – ausgehend von einer bestimmten a-priori-Einschätzung über den Typus von Land 2 – nach jeder Aktion des Landes 2 seine bisherige Einschätzung mittels sog. Bayesscher Regel korrigieren und entsprechende (bedingte) posteriori-Wahrscheinlichkeiten ableiten.

Es zeigt sich, daß im realisierten Gleichgewichtszustand Ineffizienzen auftreten können. In einem Fall bestehen diese darin, daß eine Pareto-optimale zwischenstaatliche Allokation der Emissionsvermeidungspflichten nicht sofort, sondern erst nach einer gewissen zeitlichen Verzögerung vereinbart wird (sog. schwache Ineffizienz). Im anderen Fall kommt es zwar ohne Zeitverzögerung zur Einigung, jedoch erfolgt diese auf eine lediglich Pareto-suboptimale Allokation nationaler Emissionen („starke Ineffizienz"), wobei in diesem Fall ein Informationstransfer überhaupt nicht stattfindet.[31] Die Ursachen „starker Ineffizienzen" sind damit fehlende Anreize zum Abbau der Informationsasymmetrie. So kann für Land 1 der Anreiz, zusätzliche Informationen zu gewinnen, dann gering sein, wenn es sich durch die Gewinnung von Zusatzinformationen lediglich geringe Zusatzgewinne erhofft. Andererseits wird Land 2 einen langwierigen Informationstransfer dann vermeiden, wenn seine potentiellen Kosten der Nichteinigung relativ hoch sind.

2 Intertemporale Entscheidungen bei dynamischen Rahmenbedingungen

In diesem Abschnitt des Kapitels sollen für die Entscheidungsfindung der Länder dynamische Rahmenbedingungen zugrundegelegt werden. Solche dynamischen Strukturen können darin zum Ausdruck kommen, daß sich in dem für die umweltpolitische Entscheidung relevanten Umweltsystem in bezug auf

---

[30] Zum Konzept des teilspielperfekten Bayesschen Nash-Gleichgewichts siehe z.B. Fudenberg und Tirole (1993), S. 321ff.
[31] Die Unterscheidung der beiden Ineffizienz-Begriffe geht auf Fudenberg und Tirole (1983) zurück.

die Schadstoffkonzentration Akkumulationserscheinungen ergeben. Insofern muß die den jeweiligen umweltpolitischen Periodenentscheidungen zugrundeliegende Schadstoffkonzentration (G) im Zeitablauf nicht notwendigerweise konstant sein.

Die für diesen Abschnitt relevanten ökologischen Zusammenhänge seien durch folgende Gleichung definiert: Die Änderung des Konzentrationsniveaus im Zeitablauf sei die Differenz zwischen globalem Schadstoffzufluß und natürlichem Schadstoffabbau. Der Schadstoffabbau sei eine lineare Funktion des jeweiligen Konzentrationsniveaus (mit der Abbaurate η).

$$\dot{G} = E(t) - \eta \cdot G(t). \quad (5.14)$$

Geht man damit – im Gegensatz zur bisherigen Modellierung – davon aus, daß die Schadenskosten nicht vom Emissionsniveau, sondern von der vorherrschenden Schadstoffkonzentration des Globalschadstoffes abhängen, dann kommt man zu einer Perioden-Wohlfahrtsfunktion des Landes i von folgendem Typ:

$$W_{it}(e_{it}, G_t) = B_{it}(Y_{it}(e_{it})) - D_{it}(G_t). \quad (5.15)$$

Der Einkommensnutzen B_{it} nehme mit Y_{it} zu und sei streng konkav, während für die vom Konzentrationsniveau abhängenden Schadenskosten Konvexität unterstellt ist.

Die intertemporale Wohlfahrt des Landes i sei dann definiert als:[32]

$$W_i = \int_0^\infty e^{-r_i t} \left[B_{it}(Y_{it}(e_{it})) - D_{it}(G_t) \right] dt, \quad (5.16)$$

wobei der Diskontfaktor $\exp(-r_i t)$ das stetige Analogon zu $\delta_i^t = (1 + r_i)^{-t}$ darstellt (mit r_i als Diskontierungsrate). Der Zeitindex t wird in den weiteren Ausführungen nur noch dann aufgeführt, wenn dies für das Verständnis notwendig sein sollte.

a) **Bedingungen für umweltpolitische Effizienz**

Möchte man eine global effiziente umweltpolitische Lösung realisieren, so sind die Emissionsniveaus (und damit die Produktionsmengen) der einzelnen Länder (über den gesamten Planungszeitraum) so festzusetzen, daß die globale, über die Zeit aggregierte Wohlfahrt maximiert wird.[33] Dies erfolgt mit Hilfe der sog. Hamilton-Funktion:[34]

$$H = \sum_{i=1}^n B_i(Y_i(e_i)) - \sum_{i=1}^n D_i(G) + \mu \cdot (E - \eta G), \quad (5.17)$$

---

[32] Vergleiche dazu die im vorigen Abschnitt zugrunde gelegte intertemporale Wohlfahrtsfunktion (5.1).
[33] Es sei eine für alle Länder einheitliche Diskontierungsrate r unterstellt.
[34] Es handelt sich hier um die Anwendung des sog. Maximumprinzips aus der Kontrolltheorie (vgl. dazu z.B. Feichtinger (1986)).

und zwar mit e_i als Kontrollvariable und G als Zustandsvariable (μ stellt die sog. Kozustandsvariable dar). Dazu die folgenden Erläuterungen: Die Zustandsvariable bringt den Zustand eines „Systems", hier des Konzentrationsniveaus G, zum Ausdruck, während die Kontrollvariable (hier die nationalen Emissionsmengen e_i) diejenige Größe ist, mit welcher die Entwicklung des Systems, also des Umweltsystems, „gesteuert" werden kann. Ausgehend von (5.17) ergeben sich die folgenden Optimierungsbedingungen:

$$\frac{\partial H}{\partial e_i} = 0 \quad \text{(für } i=1,...,n) \, , \tag{5.18}$$

$$\dot{\mu} = r\mu - \frac{\partial H}{\partial G} \, . \tag{5.19}$$

Aus Bedingung (5.18) folgt, daß für jedes Land der Grenznutzen einer zusätzlichen Emissionseinheit dem globalen Grenzschaden aus der damit induzierten Erhöhung des Konzentrationsniveaus entsprechen muß:

$$\frac{dB_i}{dY_i} \cdot \frac{dY_i}{de_i} = -\mu \, . \tag{5.20}$$

Dieser Zusammenhang kann noch auf eine andere Art und Weise ausgedrückt werden. Es ergibt sich ein einheitlicher Schattenpreis des Konzentrationsniveaus (die Kozustandsvariable μ), der negativ ist. Formt man (5.20) um, so erkennt man, daß die Grenzrate des tradeoffs zwischen Einkommenschaffung und Emissionsvermeidung (also dY_i/de_i) dem absoluten Wert dieses Schattenpreises (ausgedrückt in Einkommenseinheiten) entsprechen muß:[35]

$$\frac{dY_i}{de_i} = \frac{-\mu}{\frac{dB_i}{dY_i}} \, . \tag{5.21}$$

Bedingung (5.19) bestimmt den Pfad, der die Entwicklung des Schattenpreises des Konzentrationsniveaus (μ) beschreibt:

$$\dot{\mu} = (r+\eta) \cdot \mu + \sum_{i=1}^{n} \frac{dD_i}{dG} \, . \tag{5.22}$$

Es existiere ein optimales steady-state des Konzentrationsniveaus. Dann ergibt sich (für $\dot{\mu}=0$) ein (Steady-state-)Schattenpreis von:

$$\mu^* = -\frac{\sum_{i=1}^{n} \frac{dD_i}{dG}}{r+\eta} \, . \tag{5.23}$$

Nimmt man die Optimierungsbedingung (5.20) sowie die Bewegungsgleichung für die Zustandsvariable im Steady-state (d.h. für $\dot{G}=0$), so ergeben sich die

---
[35] vgl. Long (1992), S. 285.

optimalen Steady-state-Werte für die nationalen Emissionsmengen (e_i^*) sowie das Konzentrationsniveau (G^*). Setzt man (5.21) in (5.20), so gilt in bezug auf die optimale Festsetzung des Emissionsniveaus eines Landes i folgende Regel:

$$\frac{dB_i}{dY_i} \cdot \frac{dY_i}{de_i}(e_i^*) = \frac{\sum_{i=1}^{n} \frac{dD_i}{dG}(G^*)}{r + \eta}. \tag{5.24}$$

Es zeigt sich – wie oben bereits angedeutet – daß der einkommensinduzierte nationale Grenznutzen einer zusätzlichen Emissionseinheit dem entsprechenden Gegenwartswert des globalen Grenzschaden gleich sein muß. Dies ist die intertemporale Variante der Samuelson-Bedingung.[36] Betrachtet man die rechte Seite von (5.24), so sind die globalen Grenzschadenskosten um die beiden Größen r und η korrigiert. So reduziert die natürliche Schadstoffabbaurate η die durch gegenwärtige Emissionen verursachte zukünftige Schadstoffkonzentration. Außerdem vermindert die Diskontierungsrate r den Wert der Schadenskosten durch ein höheres Konzentrationsniveau, welches durch die gegenwärtige Emissionstätigkeit hervorgerufen wird. Je ausgeprägter die (international einheitliche) Zeitpräferenz (und damit je höher die Diskontierungsrate r) ist, um so weniger fallen die zukünftig auftretenden (Grenz-)Schadenskosten wohlfahrtsmäßig „ins Gewicht".

Soll die umweltpolitische Effizienzlösung nicht durch (direkte) Mengensteuerung, sondern durch Preissteuerung realisiert werden, so ist folgender Zusammenhang zu beachten:[37] Der optimale (Pigou-)Steuersatz τ_i muß so bemessen sein, daß er dem negativen Wert des Schattenpreises des Konzentrationsniveaus ($-\mu$) entspricht. Denn dann bildet der Steuersatz τ_i die globalen Schadenskosten ab, die daraus resultieren, daß sich das Konzentrationsniveau (durch zusätzliche Emissionen) um eine Einheit erhöht.

Damit kann man für die Prüfung und Interpretation des Stabilitätsverhaltens des ökologisch-ökonomischen Systems außer der Bewegungsgleichung des Konzentrationsniveaus (als Zustandsvariable) explizit auf die Bewegungsgleichung des Steuersatzes τ_i (statt der Kozustandsvariablen) abstellen. Aus dem entsprechenden System von Differentialgleichungen bildet man dann die zugehörige Jakobi-Matrix

$$\begin{pmatrix} \dfrac{\partial \dot{G}}{\partial G} & \dfrac{\partial \dot{G}}{\partial \tau_i} \\ \dfrac{\partial \dot{\tau}_i}{\partial G} & \dfrac{\partial \dot{\tau}_i}{\partial \tau_i} \end{pmatrix}. \tag{5.25}$$

---

[36]vgl. Long (1992), S. 285f.
[37]Zur Realisierung der umweltpolitischer Effizienzlösung mit Hilfe einer Emissionsteuer siehe van der Ploeg and de Zeeuw (1992), S. 121f. (Die dort verwendeten Funktionen sind jedoch z.T. weniger allgemein.)

120 Dimensionalebene internationaler Umweltpolitik

Es zeigt sich, daß (unter den gemachten Annahmen) das Vorzeichen der Determinante negativ ist. Damit ist die sog. Sattelpunkteigenschaft des Systems erfüllt. Diese die Stabilität des Systems betreffende Eigenschaft soll mit Hilfe der Phasendiagrammanalyse (vgl. Abbildung 11) veranschaulicht werden.[38] Dabei zeigt sich, daß das Steady-state die Sattelpunkteigenschaft erfüllt.[39]

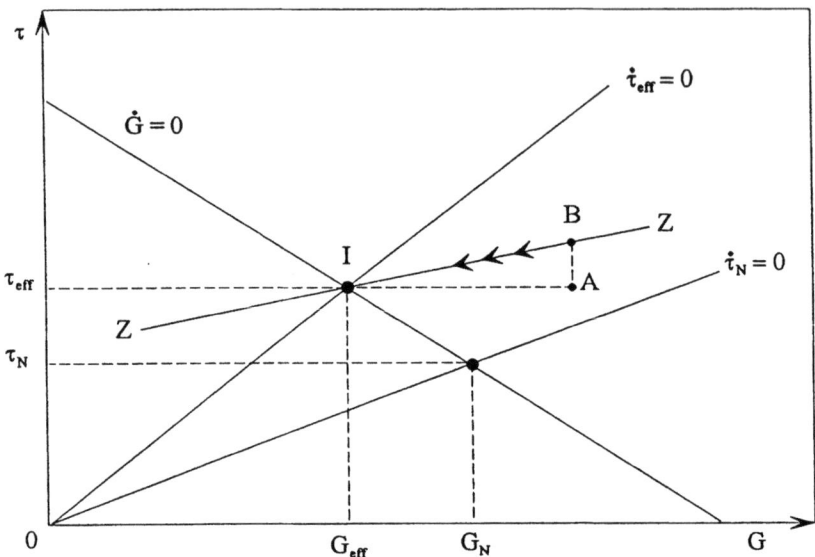

Abbildung 11: Phasendiagrammanalyse von Emissionsteuersatz und Schadstoffkonzentration: Kooperative versus nichtkooperative internationale Umweltpolitik (in Anlehnung an van der Ploeg and de Zeeuw (1992), S. 122).

Es kommt zu gleichgerichteten Entwicklungen von Konzentrationsniveau und optimalem Steuersatz: Ausgehend vom Steady-state würde eine exogene Erhöhung des Konzentrationsniveaus (Bewegung von Punkt I nach Punkt A) zu einer Anpassung des Steuersatzes nach oben führen (Bewegung von Punkt A nach Punkt B).[40] Dadurch wird die Produktion eingeschränkt, was über verminderte Emissionen zu einem Rückgang der Schadstoffkonzentration führt. Entlang des Sattelpfades ZZ nehmen Konzentrationsniveau und Steuersatz ab, bis wieder (das Steady-state) Punkt I erreicht ist (Bewegung von B nach I).

---

[38] vgl. van der Ploeg and de Zeeuw (1992), S. 122. Zur Phasendiagrammanalyse in einem allgemeineren mathematischen Kontext siehe z.B. Feichtinger und Hartl (1986), S. 88ff.

[39] Zur sog. Sattelpunkteigenschaft vergleiche etwa Feichtinger und Hartl (1986), S. 91 oder auch Kamien und Schwartz, S. 174ff.

[40] Eine exogene Erhöhung des Konzentrationsniveaus könnte sich etwa durch eine Naturkatastrophe ergeben.

b) Nichtkooperative Openloop-Ansätze

Die soeben behandelte umweltpolitische Effizienzlösung impliziert die Zuweisung spezifischer Emissionsniveaus auf die einzelnen Länder. Damit ergibt sich zwischen den Ländern ein hoher Koordinierungsbedarf bzw. die Notwendigkeit einer zentralen Steuerung der globalen Emissionstätigkeit. Man wird jedoch davon ausgehen können, daß ein so hohes Maß an zwischenstaatlicher Koordination eher unwahrscheinlich ist. Betreiben die Länder stattdessen jeweils eine isolierte, d.h. rein national ausgerichtete Umweltpolitik, so ist fraglich, inwieweit eine globale Effizienzlösung realisierbar ist. Geht man nun für die weitere Analyse von nichtkooperativem umweltpolitischen Verhalten der Länder aus, dann kommen als Analyseinstrument sog. Differentialspiele in Betracht, da diese Art von Spielen die Modellierung von Interaktionen erlaubt, die über die bloße Wiederholung des Stufenspiels hinausgeht.[41] Damit wird den Anforderungen der diesem Abschnitt zugrundegelegten dynamischen Rahmenbedingungen Rechnung getragen.

Für die Wahl ihrer umweltpolitischen Strategie stehen den Ländern mehrere Möglichkeiten offen. Diese bestimmen sich danach, welche Informationen den Ländern im Laufe des Spiels zur Verfügung stehen. An dieser Stelle soll zunächst eine sog. Openloop-Informationsstruktur unterstellt werden. In einem solchen Fall kennen die Länder lediglich den ökologischen Zustand im Ausgangszeitpunkt, also die Schadstoffkonzentration, die zu Beginn des Spiels „vorherrscht". Die Anwendung der entsprechenden Openloop-Strategien impliziert, daß die Steuerung des umweltpolitischen Instrumentariums (z.B. des Emissionssteuersatzes) nur in Abhängigkeit vom Ausgangszustand (des Konzentrationsniveaus) sowie der Zeit erfolgt.[42] Damit setzt jedes Land zu Anfang des „Spiels" die Werte seiner Steuervariable (hier: umweltpolitisches Instrumentarium) für jeden zukünftigen Zeitpunkt fest. D.h., jedes Land „verpflichtet" sich zu Beginn auf einen ganz bestimmten umweltpolitischen Kurs und dieser wird in Zukunft zu keiner Zeit revidiert.[43]

Openloop-Nash-Strategie
Legt man für das Verhalten der Länder die Nash-Annahme zugrunde, so gehen sie davon aus, daß ihre Umweltpolitik ohne Einfluß auf die Politik der jeweils anderen Länder ist. Damit soll nun der Openloop-Nash-Fall untersucht werden.[44] Land i unterstellt also, daß Land j einem gegebenen Zeitpfad $e_j(t)$ folgen wird, und zwar unabhängig davon, wie sich $e_i(t)$ entwickelt. Damit ergibt sich als Lösung des Optimierungsproblems von Land i ein Zeitpfad der nationalen Emissionen, welcher vom gegebenen Zeitpfad der Emissionen des anderen Landes und vom anfänglichen Konzentrationsniveau abhängt.

---

[41] Eines der grundlegenden Werke zur Theorie der Differentialspiele ist wohl Basar and Olsder (1982). Ausgewählte Teile dieser Theorie finden sich z.B. in Feichtinger und Hartl (1986) sowie Kamien and Schwartz (1991).
[42] vgl. Feichtinger und Hartl (1986), S. 534.
[43] vgl. Kamien and Schwartz (1991), S. 274.
[44] Die folgende Modellierung zur Openloop-Nash-Strategie geht auf Long (1992) zurück.

Ein Openloop-Nash-Gleichgewicht ist dann für den 2-Länder-Fall durch die folgende Interdependenz der nationalen Emissionspfade bestimmt:

$$e_i^N(.) = R_i\left(e_j^N(.), G_0\right), \qquad (5.26a)$$

$$e_j^N(.) = R_j\left(e_i^N(.), G_0\right). \qquad (5.26b)$$

Ein Nash-Gleichgewicht ist dadurch gekennzeichnet, daß keines der beiden Länder durch einseitiges Abweichen von dieser Strategie profitieren kann.[45]

Um die Eigenschaften des Openloop-Nash-Gleichgewichts ermitteln zu können, muß man am Kalkül der Länder ansetzen. Land i legt bei der Maximierung seiner nationalen Wohlfahrt folgende Hamilton-Funktion zugrunde:

$$H_i = B_i(Y_i(e_i)) - D_i(G) + \mu_i \cdot (E - \eta G). \qquad (5.27)$$

Als Optimalitätsbedingungen ergeben sich dann (zusätzlich zur Bewegungsgleichung für das Konzentrationsniveau):[46]

$$\frac{\partial H_i}{\partial e_i} = 0 \quad \text{bzw.} \quad \frac{dB_i}{dY_i} \cdot \frac{dY_i}{de_i} = -\mu_i, \qquad (5.28)$$

$$\dot{\mu}_i = r_i \mu_i - \frac{\partial H_i}{\partial G} \quad \text{bzw.} \quad \dot{\mu}_i = (r_i + \eta) \cdot \mu_i + \frac{dD_i}{dG}. \qquad (5.29)$$

Es zeigt sich, daß hier (im Gegensatz zum Effizienzfall) in das Kalkül jeden Landes lediglich die nationalen (und nicht die globalen) Grenzschadenskosten eingehen.[47]

Zusätzlich zu den oben angeführten Bedingungen ist die Transversalitätsbedingung

$$\lim_{t \to \infty} e^{-r_i t} \mu_i(t) \cdot G(t) = 0 \qquad (5.30)$$

zu beachten. Definiert man aus Gründen der einfacheren Schreibweise $\psi_i(e_i) = B_i(Y_i(e_i))$, so vereinfacht sich die Bedingung (5.28) zu:

$$\psi_i'(e_i) = -\mu_i. \qquad (5.31)$$

Aus den Bedingungen (5.31) und (5.29) folgt die Differentialgleichung[48]

$$\dot{e}_i = \frac{(r_i + \eta) \cdot \psi_i'(e_i) - \dfrac{dD_i}{dG}}{\psi_i''(e_i)}. \qquad (5.32)$$

Mit Differentialgleichung (5.32) ergibt sich für den 2-Länder-Fall ($i = 1, 2$) sowie unter Zugrundelegung der Bewegungsgleichung für das Konzentrationsniveau ein System von drei Differentialgleichungen in e_1, e_2 und G, welches

---

[45] vgl. Feichtinger und Hartl (1986), S. 535.
[46] Es ist nun angezeigt, die Annahme einheitlicher Diskontierungsraten aufzuheben.
[47] vgl. Hoel (1993), S. 60.
[48] vgl. Long (1992), S. 287.

zusammen mit der Anfangsbedingung $G(0) = G_0$ und der Transversalitätsbedingung (5.30) das Openloop-Nash-Gleichgewicht bestimmt.

Die Sattelpunkteigenschaft des Steady-state wird in analoger Weise wie im Fall globaler Effizienz nachgewiesen (dabei ist auf das Vorzeichen der Determinante der Jakobi-Matrix des Differentialgleichungssystems abzustellen).

Vergleicht man nun die nichtkooperative Openloop-Nash-Lösung mit der zu Beginn dieses Abschnitts abgeleiteten Effizienzlösung, so kann man folgende Feststellung treffen: Ausgehend von der bereits erwähnten Tatsache, daß im Openloop-Nash-Fall in die nationalen Kalküle nicht die globalen, sondern (nur) die nationalen Grenzschadenskosten eingehen, ergibt sich für diesen nichtkooperativen Ansatz eine ineffiziente Emissionspolitik. Möchte man explizit die Steady-state-Emissionen im Nash-Fall mit denen im Effizienzfall vergleichen, dann bietet es sich an, von identischen Ländern auszugehen.[49] Das (symmetrische) Nash-Gleichgewicht führt dann zu einem Steady-state ($\dot{G} = 0$), bei welchem $e_i = e_1 = e_2$ und $G = (2/\eta) \cdot e_i$ ist und in bezug auf die Emissionen folgendes gilt:

$$\psi_i'(e_i) = \frac{\dfrac{dD_i}{dG} \cdot \dfrac{2}{\eta} \cdot e_i}{r + \eta}. \tag{5.33}$$

Nimmt man als Referenzfall die (intertemporale) Samuelson-Bedingung der Effizienzlösung bei Ländersymmetrie, also

$$\psi_i'(e_i) = \frac{2 \cdot \dfrac{dD_i}{dG} \cdot \dfrac{2}{\eta} \cdot e_i}{r + \eta}, \tag{5.34}$$

dann ergibt sich unmittelbar die folgende Feststellung: Da mit zunehmendem nationalen Emissionsniveau ψ_1' abnimmt und D_1' zunimmt, ist explizit gezeigt, daß das Steady-state-Emissionsniveau im Openloop-Nash-Fall höher ist als im Fall globaler Effizienz.[50]

Zuletzt soll noch kurz der Openloop-Nash-Ansatz für die umweltpolitische Steuerlösung angeschnitten werden.[51] Im nichtkooperativen Nash-Fall verläuft (wegen Nichtberücksichtigung des negativen externen Effekts) der $\dot{\tau}=0$-Lokus für den (Pigou-)Steuersatz flacher als bei globaler Effizienz (siehe dazu Abbildung 11). Dies hat bei (im Vergleich zum Effizienzfall) unveränderten $\dot{G}=0$-Lokus zur Folge, daß im Steady-state des Nash-Ansatzes ein niedrigerer Steuersatz zur Anwendung kommt. Dieser Steuersatz orientiert sich lediglich an den internen Grenzschäden, was zu einem höheren als dem effizienten Konzentrationsniveau führt.

---

[49] vgl. Long (1992), S. 288.
[50] Es gehen also die globalen Grenzschadenskosten ein. Diese ergeben sich im Fall von zwei identischen Ländern als die mit dem Faktor 2 gewichteten nationalen Grenzschadenskosten.
[51] Vergleiche hierzu van der Ploeg and de Zeeuw (1992), S. 123.

Openloop-Stackelberg-Strategie
Der soeben behandelte Openloop-Nash-Fall ist u.a. dadurch gekennzeichnet, daß für die Länder angenommen wird, sie hätten ihren Emissionspfad $e_i(t)$ bereits zu Beginn des Spiels festzulegen. Ein Openloop-Nash-Gleichgewicht war definiert als ein Vektor der Zeitpfade der nationalen Emissionsmengen, für welchen gilt, daß bei gegebenem Zeitpfad des einen Landes der Zeitpfad des anderen Landes aus dessen Sicht optimal ist. Wenn jedes Land davon ausgeht, daß das jeweils andere Land nicht von dem einmal gewählten Zeitpfad abweicht, dann gibt es auch für das betreffende Land keinen Anreiz, von seinem Zeitpfad abzugehen. Folglich ist das Openloop-Nash-Gleichgewicht zeitkonsistent.[52] An dieser Stelle soll nun ein nichtkooperatives Lösungskonzept angewendet werden, welches die Möglichkeit von Zeitinkonsistenzen beinhaltet, nämlich das Openloop-Stackelberg-Konzept.[53,54]

Das Konzept des Stackelberg-Gleichgewichts beinhaltet folgendes:[55] Eines der Länder, der sog. (Stackelberg-)Leader, teilt dem anderen Land mit, welche Strategie es verfolgen wird. Dieses andere Land, der „Stackelberg-Folger" berücksichtigt diese Ankündigung bei der Maximierung seines Zielfunktionals. Die Reaktion des Folgerlandes wird vom Leader seinerseits bei der Entscheidungsfindung zugrunde gelegt.

Es sei angenommen, daß Land 1 die Rolle des Leaders einnimmt. Land 1 weiß, daß für jeden beliebigen Zeitpfad $e_1(t)$, auf den es sich verpflichtet, das Folgerland 2 die Zeitpfade $e_2(t)$ und $\mu_2(t)$ einnehmen könnte, welche sich aus den Openloop-Nash-Bedingungen für dieses Land ($i = 2$) ergeben.[56]

Verpflichtet sich das Leaderland 1 selbst auf den Nash-Pfad (=Spezialfall), so hätte dies zur Folge, daß innerhalb des Stackelberg-Konzepts ein Nash-Gleichgewicht realisiert würde. Das Leaderland kann sich jedoch (gegenüber einer Selbstbindung auf den Nash-Pfad) besserstellen, wenn es eine andere Vorgehensweise wählt. Dies soll im folgenden gezeigt werden.

Die Lösung des Stackelberg-Ansatzes erfolgt in zwei Stufen.[57] Auf der ersten Stufe wird für eine als feststehend unterstellte Strategie des Leaderlandes 1 (als in „offener Schleife" angegeben) das Entscheidungsproblem des Folgerlandes 2 gelöst. Stellt sich die insoweit abgeleitete Strategie des Folgerlandes 2 als optimal heraus, so folgt auf einer zweiten Stufe die Lösung des Strategieproblems des Leaderlandes 1. Dabei ist zu beachten, daß der Schattenpreis (Kozustandsvariable) des Folgerlandes 2 im Lösungsansatz des Leaderlandes 1 (neben G) als zusätzliche Zustandsvariable eingeht. Eine solche Einbezie-

---

[52] Auf die Tatsache, daß ein Openloop-Nash-Gleichgewicht jedoch nicht teilspielperfekt ist, wird später in Zusammenhang mit dem Feedback(Markov)-Ansatz eingegangen.
[53] Die modellmäßige Abhandlung des Openloop-Stackelberg-Konzepts basiert auf Long (1992), S. 288ff.
[54] Zum Ausnahmefall zeitkonsistenter Lösung bei Openloop-Stackelberg-Ansätzen, vgl. Feichtinger und Hartl (1986), S. 553f.
[55] vgl. Feichtinger und Hartl (1986), S. 537.
[56] vgl. Long (1992), S. 288.
[57] Aus allgemeiner mathematischer Sicht siehe Feichtinger und Hartl (1986), S. 538ff.

hung von μ_2 ist für das Leaderland 1 notwendig, um das Reaktionsverhalten des Folgerlandes 2 abschätzen zu können.

Aus der Bedingung (5.28) wissen wir, daß e_2 eine Funktion von μ_2 ist, so daß (unter Verwendung der inversen Funktion)

$$e_2 = (\psi_2')^{-1}(-\mu_2) = \nu(\mu_2) \qquad (5.35)$$

gilt.[58] Da $\psi_2'(e_2) \cdot d\mu_2 = -d\mu_2$ ist, ergibt sich

$$\frac{d\nu}{d\mu_2} = \frac{-1}{\psi_2''(e_2)} > 0. \qquad (5.36)$$

Dies impliziert, daß wenn μ_2 weniger negativ wird (also näher an Null „herankommt"), das Folgerland 2 eine höhere Emissionsrate einplanen wird. Somit kann also das Leaderland 1 indirekt die Emissionen von Folgerland 2 beeinflussen, indem es einen Zeitpfad für den Schattenpreis $\mu_2(t)$ vorschlägt. Diesen Vorschlag des Leaderlandes 1 würde Folgerland 2 akzeptieren, falls der Zeitpfad $\mu_2(t)$ mit folgendem Differentialgleichungssystem (einschließlich Transversalitätsbedingung) kompatibel ist (dabei wird in der Bewegungsgleichung des Konzentrationsniveaus die o.a. Funktion $e_2 = \nu(\mu_2)$ berücksichtigt):

$$\dot{\mu}_2 = (r_2 + \eta) \cdot \mu_2 + \frac{dD_2}{dG} \qquad (5.37)$$

$$\dot{G} = e_1(t) + \nu(\mu_2) - \eta G \qquad (5.38)$$

$$\lim_{t \to \infty} e^{-r_2 t} \mu_2(t) \cdot G(t) = 0. \qquad (5.39)$$

Falls das Leaderland 1 in der Lage ist, einen Zeitpfad $\mu_2(t)$ vorzuschlagen und den Zeitpfad $e_1(t)$ und $G(t)$ so zu planen, daß die vorgenannten Bedingungen erfüllt sind, dann ist das Optimierungsproblem des Folgerlandes 2 gelöst.

Das Problem des Leaderlandes 1 ist es dann, den optimalen Pfad $e_1(t)$ und indirekt $\mu_2(t)$ zu wählen. Damit ergibt sich – wie oben bereits angedeutet – für das Leaderland 1 ein optimales Kontrollproblem mit zwei (!) Zustandsvariablen, da (neben G) die Kozustandsvariable μ_2 des Landes 2 als zusätzliche Zustandsvariable ins Kalkül des Landes 1 eingeht.

Land 1 bestimmt $e_1(t)$, $\mu_2(t)$ und $G(t)$, indem es folgende Hamilton-Funktion zugrundelegt (wobei als Nebenbedingungen das zu berücksichtigende Differentialgleichungssystem des Landes 2 einbezogen wird):

$$H_1 = \psi_1(e_1) - D_1(G) + \mu_{1A}[e_1 + \nu(\mu_2) - \eta G] + \mu_{1B}\left[(r_2 + \eta) \cdot \mu_2 + \frac{dD_2}{dG}\right]. \qquad (5.40)$$

---

[58] Die folgenden Ausführungen basieren auf Long (1992), S. 288ff.

Als notwendige Bedingungen ergeben sich somit:[59]

$$\psi'_1(e_1) = -\mu_{1A} \tag{5.41}$$

$$\dot{G} = e_1 + \nu(\mu_2) - \eta G \tag{5.42}$$

$$\dot{\mu}_2 = (r_2 + \eta) \cdot \mu_2 + \frac{dD_2}{dG} \tag{5.43}$$

$$\dot{\mu}_{1A} = (r_1 + \eta) \cdot \mu_{1A} + \frac{dD_1}{dG} - \mu_{1B} \cdot \frac{d^2 D_2}{dG^2} \tag{5.44}$$

$$\dot{\mu}_{1B} = (r_1 - r_2 - \eta) \cdot \mu_{1B} - \mu_{1A} \cdot \frac{d\nu}{d\mu_2}. \tag{5.45}$$

Man kann zeigen, daß unter bestimmten Voraussetzungen ein eindeutiges Steady-state-Konzentrationsniveau existiert. Geht man davon aus, daß die Voraussetzungen für Existenz und Eindeutigkeit erfüllt sind, so stellt sich die Frage, ob das Steady-state-Konzentrationsniveau des Stackelberg-Falles höher ist als das im Nash-Fall.[60] Da auf der Grundlage der bisherigen relativ allgemein gehaltenen Modellformulierung eine eindeutige Antwort unmöglich erscheint, sollen für die Emissionsnutzen- bzw. Schadenskostenfunktionen folgende Spezifizierungen vorgenommen werden, wobei identische Länder unterstellt sind (bei $r_1 = r_2 = r$):[61]

$$\psi_i(e_i) = \sigma_1 e_i - \frac{1}{2} e_i^2 \tag{5.46}$$

$$D_i(G) = \frac{\sigma_2}{2} G^2. \tag{5.47}$$

Es läßt sich nachweisen, daß in diesem speziellen Fall (d.h. für die angenommene Funktionen-Spezifizierung) das Steady-state-Konzentrationsniveau im Stackelberg-Fall höher ausfällt als im Nash-Fall.[62] Außerdem gilt: Im Stackelberg-Fall ist das Emissionsniveau des Leaderlandes höher und das des Folgerlandes niedriger als im Nash-Fall.[63]

---

[59] vgl. Long (1992), S. 289.
[60] vgl. Long (1992), S. 291.
[61] Dieselbe Feststellung treffen auch Feichtinger und Hartl (1986, S. 538), die für vergleichende Aussagen zwischen Nash- und Stackelberg-Fall darauf hinweisen, daß auf den Einzelfall, d.h. das jeweils zugrundeliegende Spiel, abgestellt werden muß.
[62] vgl. Long (1992), S. 291ff.
[63] Dies muß jedoch nicht allgemein gelten. Vielmehr hängen die relativen Positionen für Leader und Nachfolger vom jeweils zugrundegelegten Spiel ab; vergleiche dazu Feichtinger und Hartl (1986), S. 538.

c) Nichtkooperative Feedback-Ansätze

Hier soll noch einmal auf den nichtkooperativen Nash-Ansatz zurückgegriffen werden; jedoch wird nun eine andere Informationsstruktur zugrundegelegt, nämlich die des Feedback. Damit kommt das Feedback-Nash-Konzept zur Anwendung. Der zuvor abgehandelte Openloop-Nash-Ansatz basierte auf der Annahme, daß die Länder an die von ihnen einmal eingeschlagene umweltpolitische Strategie für alle Zeiten gebunden sind.[64] Dagegen entspricht es eher der Realität, daß Länder ihre laufende Umweltpolitik davon abhängig machen, welche Schadstoffkonzentration zum jeweiligen Zeitpunkt vorliegt. Diese Überlegung kann dadurch umgesetzt werden, daß man statt einer Openloop-Strategie eine (Feedback- oder) Markov-Strategie zugrundelegt.[65] Im Gegensatz zu Openloop-Strategien sind Markov-Strategien teilspielperfekt.[66]

Die folgenden Ausführungen zu den Feedback-Strategien basieren insbesondere auf einem Modell von Dockner und Long.[67] Da Existenz und andere qualitative Eigenschaften von Feedback-Gleichgewichten nur für spezifische Klassen von Differentialspielen abgeleitet werden können, sollen die für den Stackelberg-Ansatz zuletzt vorgenommenen Spezifizierungen der Emissionsnutzen- und Schadenskostenfunktionen auch hier für den Feedback-Fall herangezogen werden.[68]

Damit liegt dem Optimierungskalkül eines Landes i folgende intertemporale Wohlfahrtsfunktion (sowie die Bewegungsgleichung für das Konzentrationsniveau) zugrunde:

$$W_i = \int_0^\infty e^{-rt} \left\{ \left[\sigma_1 e_i(t) - \frac{1}{2} e_i^2(t) \right] - \frac{\sigma_2}{2} G^2(t) \right\} dt \qquad (5.48)$$

$$\dot{G} = E - \eta G. \qquad (5.49)$$

Markov-perfekte Gleichgewichte sind dadurch charakterisiert, daß sie der Bellman-Gleichung genügen, d.h., es muß folgender Zusammenhang gelten:[69]

$$r \cdot V_i(G) = \max_{e_i} \left\{ \sigma_1 e_i - \frac{1}{2} e_i^2 - \frac{\sigma_2}{2} G^2 + V_i'(G) \cdot (E - \eta G) \right\}. \qquad (5.50)$$

Dabei stellt $V_i(G)$ die sog. Wertfunktion dar, welche den optimalen Wert des Zielfunktionals, bezogen auf den laufenden Zeitpunkt t, mißt.[70] Dockner

---
[64]Zur Kritik am Openloop-Nash-Konzept, vgl. Kamien and Schwartz (1991), S. 274.
[65]vgl. van der Ploeg and de Zeeuw (1992), S. 124.
[66]Zur Teilspielperfektheit von Markov-Strategien vgl. z.B. Kamien and Schwartz (1991), S. 275.
[67]vgl. Dockner and Long (1993), insbes. S. 19ff.
[68]Zur Frage, welche Klassen von Differentialspielen bei Anwendung des Feedback-Konzepts „lösbar" sind, vgl. Feichtinger and Hartl (1986), S. 537.
[69]vgl. Kamien and Schwartz (1991), S. 263.
[70]vgl. Feichtinger und Hartl (1986), S. 28.

und Long betrachten zwei Fälle von Markov-Strategien: lineare und nichtlineare Strategien.

Lineare Markov-Strategien
Lineare Markov-Strategien implizieren, daß Länder entsprechend einer Entscheidungsregel handeln, nach welcher das nationale Emissionsniveau in linearer Weise an das jeweilige Konzentrationsniveau gekoppelt wird. Für lineare Strategien spricht ihre relative Einfachheit. Zudem haben sie den Charakter sog. globaler Strategien, d.h. sie sind für jeden möglichen Wert des Konzentrationsniveaus definiert.[71]

Legt man eine quadratische Wertfunktion

$$V_i(G) = -\frac{1}{2}\kappa_1 G^2 - \kappa_2 G - \kappa_3 \qquad (5.51)$$

zugrunde (deren Parameter noch zu bestimmen sind), so führt die Maximierung der rechten Seite der o.a. Bellman-Gleichung, unter Zugrundelegung der Wertfunktion zu folgender Gleichgewichtsstrategie:[72]

$$e_i(G) = (\sigma_1 - \kappa_2) - \kappa_1 G, \qquad \text{mit} \quad \frac{de_i}{dG} = \text{const.} \qquad (5.52)$$

Setzt man die Wertfunktion bzw. deren Ableitung und die soeben hergeleitete Gleichgewichtsstrategie in die Bellman-Gleichung, dann lassen sich die Parameter der Wertfunktion berechnen. Damit sind gleichzeitig die Parameter der Gleichgewichtsstrategie $e_i(G)$ vollständig determiniert.[73]

Es zeigt sich, daß ein eindeutiges Paar linearer Markov-Strategien existiert, welches ein asymptotisch stabiles Markov-perfektes Gleichgewicht darstellt.[74] Dieses Gleichgewicht impliziert ein Steady-state-Konzentrationsniveau, das höher ist als das effiziente. Damit werden suboptimale Wohlfahrtsniveaus realisiert. Die linearen Markov-perfekten Gleichgewichtsstrategien der beiden Länder kommen durch die Entscheidungsregeln (5.52) zum Ausdruck. Diese Regeln implizieren, daß ein Anstieg des Konzentrationsniveaus einen Rückgang der optimalen Emissionsmengen (und damit der optimalen Produktionsniveaus) nach sich zieht.

Vergleicht man den linearen Markov-Fall mit dem Openloop-Fall, so sind folgende Zusammenhänge zu beachten:[75] Emittiert ein Land eine zusätzliche Schadstoffeinheit, so führt dies zu einer Erhöhung des Konzentrationsniveaus, so daß auch andere Länder davon betroffen sind. Im Rahmen der Markov-Modellierung weiß das emittierende Land, daß die anderen Länder darauf mit Maßnahmen reagieren, die ihre nationalen Emissionen mindern. Der Grenzschaden einer zusätzlichen nationalen Emissionseinheit ist hier geringer als

---
[71]vgl. Dockner and Long (1993), S. 19f.
[72]vgl. Dockner and Long (1993), S. 25.
[73]Die Größe σ_1 war als Parameter der Emissionsnutzenfunktion bereits vorgegeben.
[74]vgl. Dockner and Long (1993), S. 20.
[75]vgl. van der Ploeg and de Zeeuw (1992), S. 127.

Internationale Umweltpolitik und langfristiger Zeithorizont

im Openloop-Fall. Folglich ist im linearen Markov-Fall das Konzentrationsniveau höher als im Openloop-Fall.[76]

Nichtlineare Markov-Strategien
Dockner und Long zeigen, daß das für die Länder durch die spezifizierte intertemporale Wohlfahrtsfunktion (5.48) (und die Bewegungsgleichung für das Konzentrationsniveau (5.49)) beschriebene Optimierungsproblem auch die Anwendung nichtlinearer Markov-Strategien zuläßt.[77] Für die Länder kommen damit auch Entscheidungsregeln des folgenden Typs in Frage:

$$e_i = e_i(G), \qquad \text{mit} \quad \frac{de_i}{dG} \neq \text{const.} \tag{5.53}$$

Die vorgenannten Autoren kommen zu der Feststellung, daß für eine hinreichend niedrige Diskontrate r mit Hilfe einer nichtlinearen Entscheidungsregel die Realisierung eines (self-enforcing) Pareto-optimalen Ergebnisses grundsätzlich auch außerhalb eines kooperativen Ansatzes möglich ist.

Unabhängig von der Voraussetzung einer hinreichend niedrigen Diskontierungsrate zeichnet sich eine nicht unerhebliche Relativierung dieses Ergebnisses ab: Das Problem der Auswahl aus unendlich vielen Paaren nichtlinearer Markov-perfekter Gleichgewichte erfordert sog. „preplay communication" zwischen den Ländern.[78] Dockner und Long gehen davon aus, daß das „effizienteste" Paar aus den Gleichgewichtsstrategien ausgewählt wird. Sie räumen jedoch ein, daß bei stark asymmetrischen Ländern die Einigung auf ein Strategiepaar schwierig sein wird. Weiterhin ist zu beachten, daß die abgeleiteten nichtlinearen Strategien (im Gegensatz zu linearen Strategien) keine globalen Strategien darstellen, d.h., sie sind nicht für alle Anfangswerte des Zustandsraumes (hier: des Konzentrationsniveaus) definiert.[79]

d) Ansätze umweltpolitischer Kooperation

Die bisher angeführten Lösungskonzepte waren nichtkooperativ in dem Sinne, daß die Länder ihre umweltpolitischen Maßnahmen nicht koordiniert haben. Damit blieben die externen Wirkungen nationaler Umweltaktivitäten unberücksichtigt. Am Ende dieses Abschnitts sollen nun noch kooperative Ansätze erörtert werden.[80]

Die Analyse der umweltpolitischen Kooperationsansätze kann sich dabei auf die Abhandlung von Pareto-Lösungen im sog. Openloop-Rahmen be-

---

[76] Vergleiche in diesem Zusammenhang auch Hoel (1993), S. 64.
[77] Auf die Beschreibung des umfangreichen mathematischen Ansatzes soll hier verzichtet werden, da eine solche Darstellung keine hier unmittelbar verwertbaren Erkenntnisse vermitteln würde; insofern wird auf Dockner und Long (1993), S. 21ff. verwiesen.
[78] Statt des Ausdrucks „preplay communication" wird mitunter auch der Begriff „cheap talk" verwendet. Zu cheap-talk-Ansätzen siehe Fudenberg and Tirole (1993), S. 361f.
[79] vgl. Dockner and Long (1993), S. 19.
[80] Allgemeine mathematische Darstellungen zu den betreffenden kooperativen Ansätzen finden sich z.B. in Mehlmann (1988), S. 31ff. sowie Feichtinger und Hartl (1986), S. 541ff.

schränken, da sich das Lösungsproblem i.a. auf die Ermittlung der Optimalsteuerung mit nur einem Zielfunktional zurückführen läßt und solche Probleme bei alternativen Informationsstrukturen zu jeweils derselben Lösung führen.

Die globale Wohlfahrt sei als gewogene Summe der nationalen Wohlfahrtniveaus definiert:

$$W(e_1, ..., e_n) = \sum_{i=1}^{n} \alpha_i \cdot W_i(e_1, ..., e_n). \qquad (5.54)$$

Gilt für alle realisierbaren $(e_1, ..., e_n)$ die Beziehung

$$W(e_1^*, ..., e_n^*) \geq W(e_1, ..., e_n), \qquad (5.55)$$

dann ist das Strategie-n-Tupel $(e_1^*, ..., e_n^*)$ Pareto-optimal.

Die Pareto-Lösungen lassen sich durch Variation der zulässigen Gewichte α_i angeben. Für den Zwei-Länder-Fall kann man den gemeinsamen Zielfunktionalswert in folgender Weise schreiben:

$$W(e_1, e_2) = W_1(e_1, e_2) + \mu \cdot W_2(e_1, e_2) \qquad (5.56)$$

mit zulässigem $\mu = (1 - \alpha)/\alpha$ für $0 < \alpha < 1$. Welche der Pareto-optimalen Lösungen nun konkret ausgewählt wird, hängt vom Resultat der Verhandlungen zwischen den beiden Ländern ab, wobei das Gewicht μ die relative Verhandlungsstärke (des zweiten Landes im Vergleich zum ersten Land) mißt. Es sei nun unterstellt, daß die Länder bindende Verträge abschließen können. Das jeweilige Verhandlungsergebnis hängt dann vom Umfang der möglichen Kooperationsgewinne sowie den Drohpotentialen ab.

Es stellt sich nun die Frage, auf welchen Wert von μ sich die beiden Spieler bei einer kooperativen Lösung einigen werden. Zunächst jedoch kündigt jedes Land eine Drohstrategie (e_1^N bzw. e_2^N) an. Dies ist eine zulässig Strategie, auf die ein Land für den Fall ausweichen kann, daß über die Auswahl der Gewichtung μ keine Übereinstimmung erzielt werden kann.

Um eine Einigung zu realisieren, vereinbaren die Länder annahmegemäß die (kooperative) Nash-Verhandlungslösung zu spielen, d.h., ausgehend von der Drohung (e_1^N, e_2^N) das Produkt

$$[W_1(e_1, e_2) - W_1(e_1^N, e_2^N)] \cdot [W_2(e_1, e_2) - W_2(e_1^N, e_2^N)] \qquad (5.57)$$

zu maximieren. Sei (e_1^C, e_2^C) das ausgehandelte Strategiepaar, dann gilt die folgende Überlegung: Sowohl (e_1^C, e_2^C) als auch die entsprechenden (Pareto-optimalen) nationalen Wohlfahrtsniveaus $W_i(e_1^C, e_2^C)$ (für $i = 1, 2$) hängen von der Wahl der Drohstrategie ab. Damit besteht für die Länder ein Anreiz, die von ihnen am Verhandlungsbeginn jeweils anzukündigende Drohstrategie optimal festzusetzen. Durch geeignete Auswahl einer Drohstrategie kann ein Land also seine Verhandlungsposition verbessern.

In der Regel werden bindende Verträge zwischen Ländern wegen fehlender Durchsetzungsmöglichkeiten nicht ohne weiteres möglich sein. Ein Ausweg aus diesem Problem könnte eventuell die Anwendung von Trigger-Strategien sein. Dann wäre die Realisierung kooperativen outcomes im nichtkooperativen Rahmen möglich.[81] So könnten evtl. Nash-Feedback-Strategien als unablässige Bestrafung herangezogen werden, um dauerhafte Kooperation zu sichern.[82]

Dabei sind aber die folgenden Zusammenhänge zu beachten: Im vorliegenden Rahmen (d.h. bei dynamische Rahmenbedingungen) verändert sich der Zustand im Zeitablauf, und zwar als eine Funktion der (umweltpolitischen) Steuerungen der Länder und des Zustands (des Konzentrationsniveaus) selber.[83] Damit könnte es vorkommen, daß die umweltpolitische Kooperation im Verlauf des Spiels zusammenbricht. Um also eine Kooperationslösung (als teilspielperfektes Gleichgewicht) über den gesamten Spielverlauf sicherzustellen, müßte diese Lösung den Ländern höhere Wohlfahrtsniveaus gewährleisten als sämtliche (Zeit,Zustand)-Paare unter dem Feedback-Gleichgewicht, welches als „Sicherheitsniveau" für den Fall von Nichtkooperation angesehen wird. Dies ist das Zeitinkonsistenz-Problem. Bei Differentialspielen entstehen Probleme, weil die Pareto-Dominanz einer kooperativen Politik vom Wert der Zustandsvariable (zu jedem Zeitpunkt) abhängt und dieser Wert sich entlang des Zeitpfades typischerweise ändert. Der Forderung, individuelle Rationalität auch unter diesen komplexen Rahmenbedingungen entlang des gesamten Zeitpfades sicherzustellen, kann jedoch durch Anwendung des Konzepts der sog. „agreeable" Pareto-optimalen Politik entsprochen werden.

Es tritt aber noch ein weiteres Problem auf, das die Anwendung von Differentialspielen in Analogie zu wiederholten Spielen (und damit zu Ansätzen unter stationären Rahmenbedingungen) in Frage stellt. Bei wiederholten Spielen implizieren Trigger-Strategien die Bestrafung in der Periode unmittelbar nach dem Abweichen vom Kooperationspfad. Bei Differentialspielen jedoch, wie bei jedem kontinuierlichen Zeitspiel, bedeutet dies, daß die Abweichung nur eine unendlich kurze Zeitperiode dauert. Um dieses Problem zu vermeiden, könnte man den Zeithorizont in Intervalle beliebiger Länge aufteilen. Dies ist das Konzept der sog. δ-Strategien.[84] Man unterteilt den Zeithorizont (t_0 bis ∞) in Teilintervalle der Länge δ. Jedes Land wählt eine „stückweise Openloop-Strategie", welche in jedem zeitlichen Teilintervall mit der Pareto-optimalen Feedback-Strategie übereinstimmt. Damit lassen sich Trigger-Strategien einführen, so daß die stückweise Openloop-Strategie dem Pfad des Pareto-optimalen Feedback-Ansatzes entspricht (solange kein Land abweicht). Wenn aber eine Abweichung erfolgt, dann kann ein Land dies

---

[81] vgl. Cesar (1994), S. 142ff.
[82] Vergleiche dazu die Ausführungen zur Trigger-Strategie im ersten Abschnitt.
[83] Für den Fall stationärer Rahmenbedingungen, wie sie im vorigen Abschnitt zugrunde gelegt wurden, sind solche Zustandsänderungen dagegen per Defintion ausgeschlossen.
[84] vgl. Cesar (1994), S. 145f.

132   *Dimensionalebene internationaler Umweltpolitik*

nur bei der nächsten „Überprüfung"der Zustandsvariable erkennen, indem es feststellt, daß die Zustandsvariable nicht mit dem Pareto-optimalen Niveau übereinstimmt. Als Vergeltung erfolgt der (dauerhafte) Übergang zur nichtkooperativen Nash-Strategie. Indem man zuläßt, daß die Periodenlänge δ gegen Null geht, ist intuitiv klar, daß sich im Falle einer „agreeable" Pareto-optimalen Politik abweichendes Verhalten nicht auszahlt. Damit kann man folgendes Fazit ziehen: Diese Trigger-Strategien (als unendliche Abfolge der δ-Strategien) definieren, zusammen mit „agreeable" Strategien, ein Pareto-optimales teilspielperfektes Gleichgewicht des umweltpolitischen Differentialspieles.

Will man darüber hinaus die strenge Anforderung der Neuverhandlungsstabilität in die Differentialspiele intergrieren, dann ergeben sich dieselben Probleme wie bei der o.a. Aufstellung der Trigger-Strategien, nämlich daß die Strategien zustandsabhängig sind und daß die unendliche „Kürze" der Zeiträume logische Probleme für die Idee des Abweichens vom Kooperationspfad aufwirft. Trotzdem lassen sich gewisse Ansätze zur Lösung dieser Probleme erkennen, so daß die Existenz von neuverhandlungsstabilen Strategien grundsätzlich auch bei Differentialspielen möglich ist.[85]

3 Zusammenfassung

Das fünfte Kapitel steht unter der Überschrift „Umweltpolitik und langfristiger Zeithorizont". Dabei wird im Gegensatz zur bisherigen Analyse unterstellt, daß die notwendigen Umweltschutzmaßnahmen nicht den Charakter einer einmaligen Investition haben, sondern sukzessiver Natur sind. Dies erfordert die explizite Einbeziehung intertemporaler Zusammenhänge. Dabei lassen sich zwei alternative Rahmenbedingungen unterscheiden. Bei einem Ansatz wird davon ausgegangen, daß sich die Länder bei ihren umweltpolitischen Entscheidungen Rahmenbedingungen gegenübersehen, die zeitlich invariant sind (sog. stationäre Rahmenbedingungen). Beim anderen Ansatz ist der für die Länder relevante Entscheidungsrahmen dagegen im Zeitablauf potentiellen Änderungen unterworfen („dynamische Rahmenbedingungen").

Im ersten Abschnitt des Kapitels wurden stationäre Rahmenbedingungen zugrunde gelegt. Da zur Sicherstellung eines nachhaltigen umweltpolitischen Erfolges die ständige Durchführung geeigneter Umweltschutzmaßnahmen im internationalen Kontext notwendig ist, stellt sich für ein Land immer wieder die Frage, ob es sich an den aus globaler Sicht „angezeigten" umweltpolitischen Maßnahmen beteiligen soll. Die sog. stationären Rahmenbedingungen kommen dadurch zum Ausdruck, daß der funktionale Zusammenhang zwischen den Handlungen eines Landes (Kooperation bzw. Nichtkooperation) und der realisierbaren nationalen Periodenwohlfahrt im Zeitablauf unverändert bleibt. Eine solche Situation wird spieltheoretisch in der Weise interpretiert, daß dasselbe (Stufen-)Spiel stets neu durchgespielt wird. Das

---
[85] Einen gewissen Überblick dazu bietet Cesar (1994), S. 150ff.

Gesamtspiel besteht dann aus der über mehrere Perioden hinweg praktizierten Wiederholung des Stufenspiels.

Es wird zunächst angenommen, daß die Länder in jeder Periode gleichzeitig handeln, ohne die umweltpolitischen Absichten der jeweils anderen Länder zu kennen. Sie können jedoch ihre jeweilige Periodenentscheidung über umweltpolitische Kooperation oder Nichtkooperation davon abhängig machen, wie sich die anderen Länder im bisherigen „Spielverlauf" verhalten haben. Die von einem Land in einer bestimmten Periode getroffene Entscheidung hat nicht nur kurzfristige Wirkung, sondern ist auch im langfristigen Kontext insofern von Bedeutung, als die jeweils anderen Länder die bisherigen Entscheidungen dieses Landes nach Beobachtung der entsprechenden Handlungen mit in ihr Periodenkalkül einbeziehen. Es kann deshalb aus der Sicht des betreffenden Landes rational sein, auf kurzfristige Vorteile durch umweltpolitisches Freifahrerverhalten zu verzichten, wenn ein solches unkooperatives Verhalten Vergeltungsmaßnahmen der anderen Länder nach sich zieht und diese Länder dem Abweichlerland in der Folgeperiode Wohlfahrtsverluste „zufügen".

Um dem langfristigen Zeithorizont Rechnung zu tragen, wird unterstellt, daß die Länder jeweils eine intertemporale Wohlfahrtsfunktion zugrunde legen. Die intertemporale Wohlfahrt eines Landes ergibt sich als Summe der gewichteten nationalen Periodenwohlfahrtniveaus. Die Gewichtung erfolgt mit dem durch den Zeitexponenten modifizierten Diskontfaktor. Ist die Zeitpräferenz eines Landes stark ausgeprägt, so ist der Diskontfaktor nahe Null. Im Grenzfall mit einem Diskontfaktor von eins wäre es für das Land gleichgültig, zu welchem Zeitpunkt bestimmte Periodenwohlfahrtniveaus „anfallen". Für die Analyse wurde grundsätzlich ein Diskontfaktor zwischen Null und eins unterstellt.

Wenn die Länder einen Planungszeitraum mit konkreter Endperiode zugrunde legen („endlicher Zeithorizont"), läßt sich die umweltpolitische Situation als endlich wiederholtes Spiel beschreiben. Da von der Realisierbarkeit zwischenstaatlich verbindlicher Abmachungen (d.h. Umweltabkommen mit exogener Durchsetzungsfähigkeit) abstrahiert wurde, kam die Anwendung der Mehrperiodenstrategie des „tit-for-tat" in Betracht. Ein Land, welches diese Strategie anwendet, verhält sich zunächst einmal kooperativ, d.h., tätigt die für die betreffende Periode (vertraglich) vorgesehene Umweltinvestition. Falls sich die anderen Länder ebenso verhalten, wird man auch in der Folgeperiode kooperativ „spielen". Halten sich aber nicht alle Länder an die Vereinbarung, dann erfolgt in der Folgeperiode eine „Bestrafung" durch eigene Nichtkooperation (d.h. Kürzung der eigenen Umweltschutzinvestitionen) mit entsprechender negativer ökologischer Rückwirkung auf die Abweichungsländer. Sollten die ausgescherten Länder daraufhin (wieder) kooperieren, so wird man selbst wieder zu kooperativem Verhalten zurückkehren. Die bei Anwendung dieser Strategie vermutete Tendenz zu umweltpolitischer Kooperation läßt sich durch die spieltheoretische Analyse nicht bestätigen. Vielmehr kann man durch sog. Backward Induction zeigen, daß sich die Länder in diesem

Fall von Anfang an unkooperativ verhalten. Gleichwohl werden Ansätze vorgestellt, die umweltpoltische Kooperation auch bei endlichem Zeithorizont erklärbar machen.

Liegt im Gegensatz zum bisher unterstellten Fall für den Planungshorizont keine konkrete Endperiode vor, so läßt sich die umweltpolitische Konstellation, in der sich die Länder befinden, als „unendlich wiederholtes Spiel" (sog. Superspiel) charakterisieren. Für den Fall, daß eines der Länder aus der Vereinbarung ausschert, um sich durch Wegfall von Vermeidungskosten einen Vorteil zu verschaffen, reagieren die Länder in diesem Rahmen mit folgender Vergeltungsstrategie: Von der auf die Abweichung folgenden Periode an werden diese stets nur noch die geringeren Vermeidungsmaßnahmen gemäß der nichtkooperativen Nash-Gleichgewichtsstrategie durchführen. Damit wird dem Abweichlerland die (langfristige) Realisierung der Freifahrerposition verwehrt.

Für ein Land ist es dann rational, sich stets an das Umweltabkommen zu halten und nicht abzuweichen, wenn die angedrohten Wohlfahrtsverluste der Vergeltungsstrategie höher sind als der durch Nichteinhaltung des Abkommens erzielbare einmalige Wohlfahrtsgewinn. Die beschriebene Vergeltungsstrategie wird „Trigger-Strategie" genannt, weil das abweichende Verhalten eines Landes bei den restlichen Ländern einen schlagartigen Wechsel von kooperativem zu nichtkooperativem Verhalten „auslöst". Es wurde dann gezeigt, daß die Wirksamkeit einer solchen Vergeltungsstrategie davon abhängt, wie stark die einzelnen Länder die nationale Wohlfahrt späterer Perioden abdiskontieren. Ist der Diskontierungsfaktor nicht hinreichend hoch, d.h. spielen die Wohlfahrtniveaus späterer Perioden eine eher untergeordnete Rolle, dann nimmt die Effektivität der Vergeltungsdrohung ab. In diesem Fall ist Kooperation nicht mehr sichergestellt.

Es ist jedoch zu bedenken, daß selbst bei hinreichend hohem Diskontierungsfaktor Umstände auftreten können, die vertragswidriges Verhalten begünstigen. So ist zu beachten, daß die Länder, welche sich kooperativ verhalten haben („Restländer") mit dem Auslösen der Vergeltungsmaßnahmen gegenüber dem Abweichlerland nicht nur diesem Schaden zufügen, sondern auch selbst Wohlfahrtsverluste erleiden. Denn die Vergeltung besteht darin, daß die Restländer als Strafmaßnahme ihre Emissionen auf das nichtkooperative Niveau erhöhen. Gerade dieser Anreiz, nach vertragwidrigem Verhalten eines Landes das Umweltabkommen neu auszuhandeln (sog. fehlende Neuverhandlungsstabilität) untergräbt die Glaubwürdigkeit der Vergeltungsdrohung. Gleichwohl lassen sich bei Anwendung dieser oder modifizierter Strategien Tendenzen zu umweltpolitischer Kooperation ausmachen.

Bei den bisher erwähnten Langfristanalysen wurde stets davon ausgegangen, daß die Länder ihre umweltpolitischen Periodenentscheidungen simultan treffen. Erfolgen die Entscheidungen aber jeweils nacheinander, dann kann man die umweltpolitischen Verhandlungen als alternierenden Angebots- und Reaktionsprozeß modellieren (hier: Zwei-Länder-Fall). Initiiert z.B. Land 1 die umweltpolitischen Verhandlungen, dann gibt dieses zu Beginn der ersten

Periode ein Angebot (Vorschlag zu einer Umweltvereinbarung mit Seitenzahlungsoption) ab. Land 2 muß dann entscheiden, ob es das Angebot von Land 1 annimmt oder ablehnt. Akzeptiert es das Angebot, so kommt auf dessen Grundlage zwischen den Ländern mit sofortiger Wirkung ein Umweltabkommen zustande. In diesem Fall ist der Verhandlungsprozeß beendet. Lehnt Land 2 dagegen das Angebot von Land 1 ab, so werden die Verhandlungen fortgeführt, und zwar dadurch, daß in der Folgeperiode Land 2 ein Gegenangebot abgibt. Auf dieses Angebot des Landes 2 muß nun seinerseits Land 1 durch Annahme bzw. Ablehnung reagieren. Dieser alternierende Prozeß von Angebot und Reaktion kann beliebig lange fortgesetzt werden. Man kann zeigen, daß bei Vorliegen vollständiger Information eine sofortige Einigung auf eine Pareto-optimales globales Emissionsniveau erreicht wird. Besteht jedoch zwischen den Ländern eine einseitige Informationsasymmetrie, dann kommt man zu einem anderen Ergebnis. Es wurde unterstellt, daß die Wohlfahrtsfunktion (also Vermeidungs- bzw. Schadenskosten) des vollinformierten Landes verschiedenen Ausprägungen aufweisen kann, wobei dem schlechter informierten Land nicht bekannt ist, von welchem „Typ" das anderen Land nun tatsächlich ist. Das einseitige Informationsdefizit kann mittels Informationstransfer während des Verhandlungsprozesses abgebaut werden. Ansatzpunkte dazu bietet das Angebots- und Reaktionsverhalten der Länder, welches unter bestimmten Bedingungen die Funktion eines Signals oder eines Selbstselektionsmechanismus annehmen kann. Dadurch kann das schlechterinformierte Land seine Einschätzung über den Typ des anderen Landes ständig „perfektionieren". In diesem Zusammenhang wurde konstatiert, daß das schlechter informierte Land dem anderen Land eine Anreizprämie bieten muß, welche mindestens so hoch ist, wie der Vorteil, den dieses Land durch die unwahre Angabe der tatsächlichen Bedingungen im weiteren Verhandlungsverlauf erzielt hätte. Weiterhin ist zu bedenken, daß es durch zeitliche Verzögerungen im Verhandlungsprozeß zu einem Entgang grundsätzlich realisierbarer (Perioden-)Kooperationsgewinne kommt. Es ergibt sich damit ein Trade-off-Problem zwischen zwei verschiedenen Formen potentieller Transaktionskosten: Kosten der Nichteinigung und Kosten einer Verbesserung der strategischen Position. Mit Hilfe des Konzepts des „teilspielperfekten Bayes-Nash-Gleichgewichts" wurden folgende Ineffizienzen konstatiert. In einem Fall kommt eine Pareto-optimale Lösung erst nach einer gewissen zeitlichen Verzögerung zustande (sog. schwache Ineffizienz). Im anderen Fall kommt zwar ohne Zeitverzögerung eine Umweltvereinbarung zustande, die Regelung beinhaltet jedoch ein suboptimales Emissionsniveau („starke Ineffizienz"), wobei in diesem Fall ein Informationstransfer überhaupt nicht stattfindet.

Im zweiten Abschnitt des Kapitels werden sog. dynamische Rahmenbedingungen zugrundegelegt, welche die Möglichkeit der Akkumulation von Schadstoffen erfassen sollen. Die Veränderung des Konzentrationsniveaus eines Schadstoffs wurde als Differenz zwischen Schadstoffzufluß (Emission) und natürlichem Schadstoffabbau definiert, wobei der Schadstoffabbau als lineare Funktion des jeweiligen Konzentrationsniveaus modelliert wurde. Als

Bestimmungsgröße der Schadenskosten wurde nun nicht mehr das globale Emissionsniveau herangezogen, sondern die durch diese Emissionsmenge determinierte Schadstoffkonzentration. Gleichzeitig erfolgt der Übergang von der diskreten zur stetigen intertemporalen Wohlfahrtsfunktion.

Zunächst wurden auf der Grundlage eines kontrolltheoretischen Ansatzes die Bedingungen für eine globale umweltpolitische Effizienzlösung abgeleitet. Diese intertemporale Variante der Samuelson-Bedingung fordert die Gleichheit von nationalen Grenzemissionsnutzen und „korrigierten" globalen Grenzschadenskosten. Die Korrektur erfolgt durch die Größen r und η. So reduziert die natürliche Schadstoffabbaurate η die durch gegenwärtige Emissionen verursachte zukünftige Schadstoffkonzentration. Des weiteren vermindert die Diskontierungsrate r den Wert der Schadenskosten durch ein höheres Konzentrationsniveau, welches durch die gegenwärtige Emissionstätigkeit hervorgerufen wird. Das Stabilitätsverhalten des ökologisch-ökonomischen Systems im Effizienzfall wurde für die steuerpolitische Lösung aufgezeigt.

Nimmt man an, daß die Realität den hohen Koordinierungsanforderungen der Effizienzlösung nicht genügt und die Länder ihre nationalen umweltpolitischen Maßnahmen nicht untereinander abstimmen, dann wird damit der Übergang zu spieltheoretischen Ansätzen vollzogen. Aufgrund der unterstellten dynamischen Rahmenbedingungen wurde auf sog. Differentialspiele zurückgegriffen. Dabei wurde zunächst von einer Openloop-Informationsstruktur ausgegangen. In einem solchen Fall kennen die Länder lediglich den ökologischen Zustand im Ausgangszeitpunkt, also die Schadstoffkonzentration, die zu Beginn des Spiels „vorherrscht". Die Anwendung der Openloop-Strategie impliziert, daß die Steuerung des umweltpolitischen Instrumentariums (z.B. des Emissionsteuersatzes) nur in Abhängigkeit vom Ausgangszustand (des Konzentrationsniveaus) sowie der Zeit erfolgt. Damit setzt jedes Land zu Anfang des „Spiels" die Werte seiner umweltpolitischen Kontrollvariablen für jeden zukünftigen Zeitpunkt fest, d.h., jedes Land „verpflichtet" sich zu Beginn auf einen ganz bestimmten umweltpolitischen Kurs und dieser wird in Zukunft zu keiner Zeit revidiert.

Legt man zunächst die Nash-Annahme zugrunde, so gehen die Länder davon aus, daß ihre Umweltpolitik ohne Einfluß auf die Politik der jeweils anderen Länder ist (Openloop-Nash-Fall). Es zeigt sich, daß die Vernachlässigung externer Grenzschadenskosten zu einem Emissionsniveau führt, welches höher als das effiziente ist. Dies impliziert einen zu niedrigen Emissionsteuersatz und eine zu hohe Schadstoffkonzentration. Als zweites Konzept innerhalb des Openloop-Rahmens wurde der Stackelberg-Ansatz erörtert: Eines der Länder, der sog. Stackelberg-Leader teilt dem anderen Land mit, welche umweltpolitische Strategie es verfolgen wird. Dieses andere Land, der „Stackelberg-Folger", berücksichtigt diese Ankündigung bei der Maximierung seines Zielfunktionals. Die Reaktion des Folgerlandes wird vom Leader seinerseits bei der Entscheidungsfindung zugrunde gelegt. Zur Beantwortung der Frage, ob das Steady-state-Konzentrationsniveau im Stackelberg-Fall höher ist also im Nash-Fall, mußte eine Spezifizierung der nationalen

Emissionsnutzen- und Schadenskostenfunktionen vorgenommen werden. Die auf dieser Grundlage abgeleiteten (nicht allgemeingültigen) Ergebnisse wiesen für den Stackelberg-Fall ein höheres Konzentrationsniveau nach. Der Vergleich der nationalen Emissionsmengen führte dazu, daß das Emissionsniveau des Leaderlandes höher und das des Folgerlandes niedriger ist als im Nash-Fall.

Das Openloop-Konzept impliziert, daß die Länder an die von ihnen einmal eingeschlagene umweltpolitische Strategie für alle Zeiten gebunden sind. Dagegen entspricht es eher der Realität, daß Länder ihre laufende Umweltpolitik davon abhängig machen, welches Konzentrationsniveau zum jeweiligen Zeitpunkt vorliegt. Diese Überlegung führt zur Anwendung des sog. Feedback- (oder Markov-)Konzepts, welches im Gegensatz zum Openloop-Ansatz teilspielperfekt ist. Zunächst wurden lineare Markov-Strategien untersucht, d.h., umweltpolitische Entscheidungsregeln, nach welchen die Emissionsmenge eines Landes in linearer Weise an das jeweilige Konzentrationsniveau gekoppelt ist. Auch für diesen Fall wurde eine ineffiziente umweltpolitische Lösung nachgewiesen. Zum Vergleich mit dem Openloop-Konzept wurde von folgender Überlegung ausgegangen: Emittiert ein Land eine zusätzliche Schadstoffeinheit, so führt dies zu einer Erhöhung des Konzentrationsniveaus, so daß auch andere Länder davon betroffen sind. Im Rahmen der Markov-Modellierung weiß das emittierende Land, daß die anderen Länder darauf mit Emissionsvermeidung reagieren. D.h., der Grenzschaden einer zusätzlichen nationalen Emissionseinheit ist hier geringer als im Openloop-Fall. Folglich ist im linearen Markov-Fall das Konzentrationsniveau höher als im Openloop-Ansatz. Es wurden dann noch nichtlineare Markov-Strategien untersucht. Die dabei abgeleiteten Ergebnisse gelten jedoch nur unter sehr restriktiven Bedingungen.

Abschließend folgte eine Erörterung kooperativer umweltpolitischer Ansätze. Dabei wurde zunächst eine Nash-Verhandlungslösung vorgestellt, die zwischenstaatlich unterschiedliche Verhandlungsstärken abbilden kann. Da dieses Konzept die Möglichkeit bindender Verträge voraussetzt, wurde auf Ansätze übergegangen, welche die Realisierung kooperativer outcomes im nichtkooperativen Rahmen ermöglichen sollen. Dabei zeigte sich, daß die Übertragung von Trigger-Strategien (aus dem Konzept sog. wiederholter (Stufen-)Spiele) auf die Theorie der Differentialspiele nicht ohne weiteres möglich ist. Es wurden jedoch Ansätze diskutiert, in welcher Weise dieses Konzept modifiziert werden kann, um es auch bei dynamischen Rahmenbedingungen anwenden zu können.

Kapitel 6: Internationale Umweltpolitik und einseitige Selbstbindung

In diesem Kapitel sollen Phänomene behandelt werden, bei welchen einzelne Länder aufgrund eigener Entscheidungen ihre umweltpolitischen Handlungsmöglichkeiten einschränken. Man kann insofern von „Selbstbindung" dieser Länder sprechen.[1] In unserem Zusammenhang sollen zwei Formen von Selbstbindung unterschieden werden. Zunächst einmal werden verschiedene Fälle abgehandelt, in denen sich ein Land selbst verpflichtet, über den „allgemein üblichen" Rahmen hinaus, global wirksame Vermeidungsmaßnahmen durchzuführen. Da eine solche Politik bei den anderen Ländern zu positiven externen Effekten führt, kann man die entsprechenden Maßnahmen unter dem Begriff „altruistische Selbstbindung" subsumieren. Der dazu entgegengesetzte Fall sog. egoistischer Selbstbindung soll solche Sachverhalte zum Ausdruck bringen, bei denen sich Länder mit Hilfe irgendwelcher egoistisch motivierter Maßnahmen in die Lage versetzen, sich einer (angemessenen) Mitwirkung bei der Lösung globaler Umweltprobleme leichter entziehen zu können.

1 Altruistische Selbstbindung

Es sei angenommen, daß sich ein Land einseitig dazu verpflichtet, über den „üblichen" Rahmen hinaus umweltpolitische Maßnahmen durchzuführen, welche auch positive externe Effekte für andere Staaten haben. Damit liegt „altruistische Selbstbindung" vor.[2] Die nachstehende Analyse beschränkt sich aus Vereinfachungsgründen auf den Zwei-Länder-Fall.

a) Selbstbindung unter nichtkooperativen Rahmenbedingungen

Zunächst sei als Analyserahmen angenommen, daß die beiden Länder in keinerlei Verhandlungen über eine gemeinsame Umweltpolitik treten, so daß eine völlig unkoordinierte Situation vorliegt („nichtkooperative Rahmenbedingungen"). Es wird unterstellt, daß jedes Land das Vermeidungsniveau des jeweils anderen Landes als gegeben annimmt (Nash-Verhalten).

Die altruistische Selbstbindung soll in diesem Rahmen dadurch zum Ausdruck kommen, daß das eine Land (nämlich Land 1) eine höhere Vermeidungsmenge realisiert, als nach seiner „echten" Wohlfahrtsfunktion $B_1(Q) - C_1(q_1)$ national optimal wäre. Diese „übermäßige" Vermeidung resultiert aus

---

[1] Solche Verhaltensweisen wurden (wenngleich außerhalb des umweltökonomischen Kontextes) bereits von Schelling (1963) erörtert. Vergleiche insbesondere S. 22-28.

[2] Die Abhandlung des Falls „altruistische Selbstbindung" basiert auf ausgewählten Teilen von Hoel (1991b).

der Verwendung der Wohlfahrtsfunktion $B_1(Q) - C_1(q_1) + hQ$ (mit $h>0$).[3,4]
Für Land 1 bzw. Land 2 sind also die folgenden Optimierungsbedingungen relevant:[5]

$$B'_1(Q) + h = C'_1(q_1), \qquad (6.1)$$

$$B'_2(Q) = C'_2(q_2). \qquad (6.2)$$

Die Optimalitätsbedingungen (6.1) und (6.2) determinieren implizit die Reaktionsfunktionen der beiden Länder, $R_1(q_2)$ bzw. $R_2(q_1)$. Durch implizite Differentiation lassen sich dann die Steigungen der Reaktionskurven berechnen:

$$R'_1(q_2) = \frac{-B''_1(Q)}{B''_1(Q) - C''_1(q_1)}, \qquad (6.3)$$

$$R'_2(q_1) = \frac{-B''_2(Q)}{B''_2(Q) - C''_2(q_2)}. \qquad (6.4)$$

Dabei gilt $0<-R'_i(q_j)<1$ (für $i,j=1,2$ und $i\neq j$). Die Steigung der Reaktionskurven bleibt von der Durchführung der zugrundegelegten einseitigen Maßnahmen unberührt: Es kommt im Fall von Land 1 lediglich zu einer Parallelverschiebung von $R_1(q_2)$.

Zieht man die Bedingung (6.1) heran, so erkennt man, daß die Reaktionskurve von Land 1 für den Fall einseitiger Maßnahmen $R^*_1(q_2)$ im Vergleich zum Fall ohne einseitige Maßnahmen $R_1(q_2)$ weiter rechts liegt (vgl. Abbildung 12). Damit ist der Schnittpunkt mit der Reaktionskurve des zweiten Landes $R_2(q_1)$, D^*, rechts unterhalb vom Schnittpunkt im Fall ohne einseitige Maßnahmen (D). Land 2 vermeidet also weniger Emissionen als im Falle, wenn Land 1 keine einseitigen Zusatzvermeidungsmaßnahmen ergreift. Dies liegt daran, daß die zusätzlichen Vermeidungsaktivitäten des Landes 1 den Grenzvermeidungsnutzen von Land 2 absenken. Eine solche Reaktion ist Reflex der Annahme, daß mit zunehmender globaler Vermeidungsmenge der Grenzvermeidungsnutzen eines Landes zurückgeht. Dies veranlaßt Land 2, seine umweltpolitischen Maßnahmen den neuen Gegebenheiten anzupassen, d.h., sein Vermeidungsniveau zu senken. Hätte man aber für Land 2 konstante Grenzvermeidungsnutzen und damit eine zur q_1-Achse parallel verlaufende Reaktionskurve $R_2(q_1)$ unterstellt, dann hätte Land 2 auf die Zusatzvermeidung von Land 1 überhaupt nicht reagiert.[6]

Da aber gemäß (6.4) $-R'_2(q_1)\in(0,1)$ ist, kann man folgende Feststellung treffen: Unter Zugrundelegung der „üblichen" Kurvenverläufe ist das globale Vermeidungsniveau im Falle der Durchführung einseitiger Maßnahmen

---

[3] Hoel geht nicht darauf ein, woraus sich ein solches Verhalten ergeben könnte.
[4] Zu den analytischen Zusammenhängen zwischen dem vorliegenden umweltökonomischen Ansatz (als Anwendungsfall der Theorie der öffentlichen Güter) und der Oligopoltheorie (Duopolfall), vgl. Buchholz (1991), insbesondere S. 348.
[5] Gleichung (6.1) zeigt eine Parallelverschiebung des Grenzvermeidungsnutzens um h.
[6] Die Annahme $B''_2>0$ (und $C''_2>B''_2$) hätte dagegen einen Rückgang der nationalen Emissionsmengen beider Länder zur Folge.

höher, als wenn auf solche Aktivitäten verzichtet wird. Der durch die einseitigen Maßnahmen bewirkte Anstieg der globalen Vermeidungsmenge fällt jedoch geringer aus als die Erhöhung des Vermeidungsniveaus des Selbstbindungslandes. Je niedriger $C_2''(q_2)$ ist, um so näher kommt $-R_2'(q_1)$ an den Wert eins heran; d.h. je geringer der Anstieg der Grenzvermeidungskosten des Landes 2 ist, um so stärker ist die konterkarierende Reaktion von Land 2. Im Grenzfall konstanter Grenzvermeidungskosten des Landes 2 ($C_2''=0$, jedoch bei $C_1''>0$) sind einseitige Maßnahmen von Land 1 aus globaler Sicht völlig wirkungslos, da die Mehrvermeidung von Land 1 durch eine gleichhohe Minderwermeidung von Land 2 voll kompensiert wird. Dies ist unmittelbar ersichtlich, wenn man $C_2''=0$ in (6.4) einsetzt und die entsprechende Steigung der Reaktionskurve $R_2(q_1)$ in Abbildung 12 heranzieht.

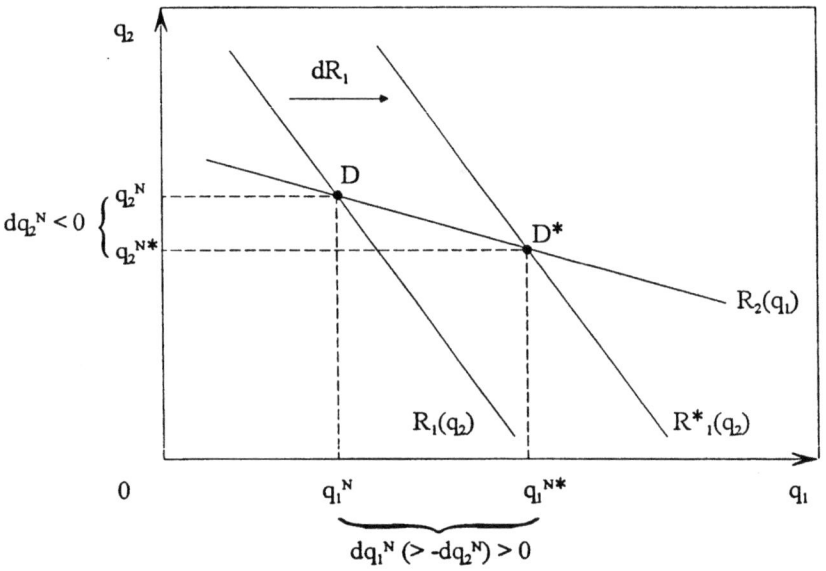

Abbildung 12: Re-Allokation nationaler Vermeidungsaktivität durch einseitige altruistische Selbstbindung im nichtkooperativen Rahmen.

Nachdem die Wirkung einseitiger Maßnahmen auf das globale Vermeidungsniveau bestimmt ist, sollen die damit zusammenhängenden globalen Wohlfahrtseffekte ermittelt werden. Diese lassen sich dadurch berechnen, daß man die globale Wohlfahrtsfunktion $W=B_1(Q) + B_2(Q) - C_1(q_1) - C_2(q_2)$ nach h differenziert (wobei $h=0$ den Fall ohne und $h>0$ den Fall mit einseitigen Maßnahmen darstellt). Dann erhält man

$$\frac{dW}{dh} = [(B_1' - C_1') + B_2'] \cdot \frac{dq_1}{dh} + [(B_2' - C_2') + B_1'] \cdot \frac{dq_2}{dh} \quad \text{bzw.} \quad (6.5)$$

$$\frac{dW}{dh} = \left\{ (B_1' - C_1') + B_2' + [B_1' + (B_2' - C_2')] \cdot \frac{dq_2}{dq_1} \right\} \cdot \frac{dq_1}{dh}. \quad (6.6)$$

Verwendet man zudem die nationalen Optimierungskalküle (6.1) und (6.2), so vereinfacht sich (6.6) zu:

$$\frac{dW}{dh} = \left\{ -h + B'_2 + B'_1 \cdot \frac{dq_2}{dq_1} \right\} \cdot \frac{dq_1}{dh} . \qquad (6.7)$$

Zwar ist dq_1/dh positiv, jedoch ist das Vorzeichen des Terms in der geschweiften Klammer nicht eindeutig, da der erste und der letzte Ausdruck in der geschweiften Klammer negativ, der mittlere jedoch positiv ist. Damit aber ist das Vorzeichen von (6.7) zunächst einmal unbestimmt. Geht man jedoch von dem hier eigentlich zugrundegelegten Fall aus, daß einseitige Maßnahmen zum ersten Mal ergriffen werden sollen (d.h. der Anfangswert für h gleich Null ist), so führt das Ergreifen einseitiger Maßnahmen dann eindeutig zu einer globalen Wohlfahrtserhöhung ($dW/dh>0$), wenn für den (durch die Annahme $h=0$) modifizierten Term in der geschweiften Klammer in (6.7) folgende Bedingung erfüllt ist:

$$\left\{ B'_2 + B'_1 \cdot \frac{dq_2}{dq_1} \right\} > 0 . \qquad (6.8)$$

Da nach der Steigungsfunktion (6.4) $-dq_2/dq_1<1$ ist, setzt die Realisierbarkeit einer entsprechenden Wohlfahrtssteigerung $B'_1 \leq B'_2$ voraus. Wenn also das Selbstbindungsland einen niedrigeren Grenzvermeidungsnutzen hat als das andere Land, dann erhöht sich bei einer einmaligen Durchführung „leichtdosierter" einseitiger Umweltschutzmaßnahmen des Selbstbindungslandes das globale Wohlfahrtsniveau. Dieses Ergebnis läßt sich noch auf andere Weise interpretieren: Da wir zuletzt als Ausgangspunkt $h=0$ unterstellt haben, gilt die Optimalitätsbedingung $B'_i=C'_i$ (für $i=1,2$). Damit kann man als Voraussetzung für die Gültigkeit von (6.8) auch $C'_1 \leq C'_2$ schreiben.

Ausgehend von einer Situation, in der keines der Länder einseitige Maßnahmen durchführte ($h=0$), erhöht sich die globale Wohlfahrt also dann, wenn das Land mit den geringeren Grenzvermeidungskosten (bzw. Grenzvermeidungsnutzen) sein Verhalten leicht in Richtung einer „Vorreiterrolle" verändert, indem es ein höheres Vermeidungsniveau wählt, als bei Zugrundelegung seiner wirklichen Wohlfahrtsfunktion angezeigt wäre.[7]

Zuletzt sollte noch folgendes angemerkt werden: Die Resultate in diesem Teil des Abschnitts sind formell für eine ganz bestimmte Modifikation der Wohlfahrtsfunktion von Land 1 abgeleitet worden (nämlich für die additive Ergänzung der echten Wohlfahrtsfunktion um den Term hQ). Es läßt sich jedoch zeigen, daß für jede beliebige Modifikation der Wohlfahrtsfunktion von Land 1, die zu einer entsprechenden Rechtsverschiebung seiner Reaktionskurve führt, dieselben Schlußfolgerungen gelten.[8]

---

[7] vgl. Hoel (1991b), S. 60.
[8] vgl. Hoel (1991b), S. 60.

b) Selbstbindung unter kooperativen Rahmenbedingungen

Nachdem bisher die Wirkung von Vorreiterverhalten im rein nichtkooperativen Rahmen untersucht wurde, soll nun auf eine Verhandlungssituation („kooperative Rahmenbedingungen") abgestellt werden.[9,10]

ba) Szenario 1: Selbstbindung auf einseitige Maßnahmen für den Nichteinigungsfall

Die Vorreiterrolle bzw. die einseitige Maßnahme soll zunächst darin zum Ausdruck kommen, daß Land 1 erklärt, im Falle des Scheiterns von Verhandlungen eine Vermeidungsmenge realisieren zu wollen, die höher ist, als nach seiner echten Wohlfahrtfunktion optimal wäre (Ankündigung einseitiger Maßnahmen für den Nichteinigungsfall). Also würde Land 1 für den Fall, daß eine umweltpolitische Einigung nicht erreicht wird, seine Vermeidungsmenge gemäß der Optimierungsbedingung (6.1) festsetzen.

Eine solche Verhaltensweise bewirkt eine Verschiebung des Drohpunktes von D nach D^*, sofern Land 2 gemäß der durch (6.1) implizit gegebenen Reaktionsfunktion antwortet. Dies führt dazu, daß das nichtkooperative Wohlfahrtsniveau von Land 1 (relativ zum Fall ohne Selbstbindung) abnimmt, während die des Landes 2 zunimmt (d.h. D_1 sinkt und D_2 steigt). In Abbildung 13 kommt dies dadurch zum Ausdruck, daß der Drohpunkt im Selbstbindungsfalle (D^*) nordwestlich vom „üblichen" Drohpunkt D liegt. Dadurch verschiebt sich die Nash-Verhandlungslösung von Punkt N nach N^*.[11] Die „neue" Nash-Verhandlungslösung in Punkt N^* ist durch den folgenden Ansatz determiniert:[12]

$$\max_{q_1, q_2} \{ \log[B_1(Q) - C_1(q_1) - D_1^*] + \log[B_2(Q) - C_2(q_2) - D_2^*] \} . \quad (6.9)$$

Dieses Optimierungskalkül ergibt sich auf der Grundlage einer positiven affinen Transformation des sog. Nash-Produktes. Die vorstehend angeführte Form des Nash-Verhandlungsansatzes wird deshalb verwendet, weil diese für den hier verfolgten Zweck gegenüber der üblichen „Darstellungsform" geeigneter ist.[13] Die Bewegung von N nach N^* entspricht in Abbildung 2 (des zweiten Kapitels) einer Bewegung auf der AB-Kurve in südöstlicher Richtung (d.h. q_1 steigt und q_2 sinkt).

Welche Wirkung hat nun ein solches Vorreiterverhalten auf die globale Vermeidungsmenge? Oder, abgestellt auf die mathematischen Zusam-

---
[9] Als Analyserahmen wird die Nash-Verhandlungslösung zugrundegelegt; vgl. hierzu z.B. Friedman (1986), S. 154ff. Siehe dazu auch die Ausführungen im zweiten Kapitel.
[10] Dieser Teil des Abschnitts „Altruistische Selbstbindung" basiert auf Hoel (1991b), S. 62ff.
[11] Zum Zusammenhang zwischen dem Nash-Ergebnis und Drohpunkt, siehe Holler und Illing (1993), S. 197.
[12] Zu „Symmetrien vs. Asymmetrien" bei der Nash-Verhandlungslösung, vgl. Binmore, Rubinstein and Wolinsky (1986), S. 186.
[13] Vergleiche dazu die entsprechende Vorgehensweise im zweiten Kapitel mit den Ansätzen (2.11) und (2.12).

menhänge: Welche Konsequenzen hat eine solche Verschiebung des Drohpunktes für das nach der Nash-Verhandlungslösung determinierte globale Vermeidungsniveau? Dies hängt davon ab, wie sich die globale Vermeidungs-

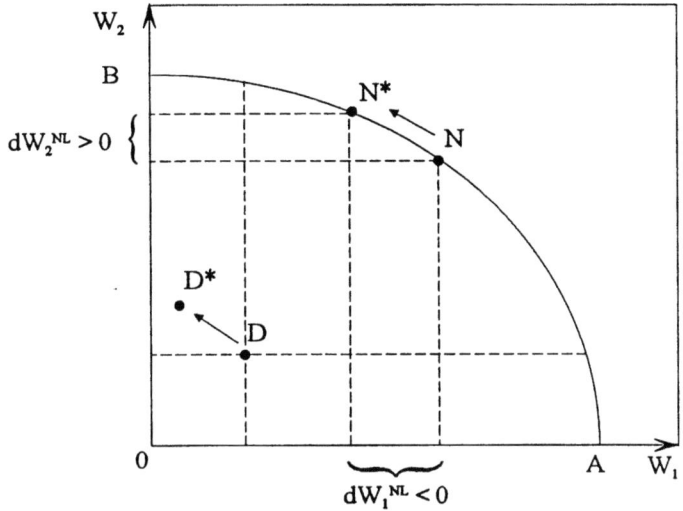

Abbildung 13: Zwischenstaatliche Wohlfahrtsumverteilung durch Selbstbindung auf einseitige Umweltschutzmaßnahmen für den Nichteinigungsfall (in Anlehnung an Hoel (1991b), S. 62).

menge ändert, wenn man sich in Abbildung 2 (des zweiten Kapitels) entlang der AB-Kontraktkurve bewegt. Ausgehend von der Effizienzbedingung

$$B_1'(Q) \cdot C_2'(q_2) + B_2'(Q) \cdot C_1'(q_1) - C'(q_1) - C_2'(q_2) = 0 \qquad (6.10)$$

erhält man durch implizite Differentiation:[14]

$$-\frac{dq_2}{dq_1} = \frac{(C_2' - B_2') \cdot C_1'' + H}{(C_1' - B_1') \cdot C_2'' + H} \quad \text{mit} \quad H := -B_1'' C_2' - B_2'' C_1' > 0. \qquad (6.11)$$

Da von positiven Grenzvermeidungsnutzen ($B_i'>0$) ausgegangen wird und die durch die Nash-Verhandlungslösung determinierten nationalen Verhandlungsgewinne nichtnegativ sind ($B_i - C_i - D_i \geq 0$), folgt aus den Optimierungsbedingungen des Nash-Verhandlungsansatzes (6.9), also

$$\frac{B_1' - C_1'}{B_1 - C_1 - D_1} + \frac{B_2'}{B_2 - C_2 - D_2} = 0 \qquad (6.12)$$

---

[14] Die Effizienzbedingung ergibt sich aus dem Ansatz: $\max_{q_1,q_2}\{B_1(Q) - C_1(q_1)\}$ unter der Nebenbedingung $B_2(Q) - C_2(q_2) = $ const.

$$\frac{B_1'}{B_1 - C_1 - D_1} + \frac{B_2' - C_2'}{B_2 - C_2 - D_2} = 0, \qquad (6.13)$$

daß in der Nash-Verhandlungslösung die nationalen Grenzvermeidungskosten die nationalen Grenzvermeidungsnutzen übersteigen (d.h. $C_i' - B_i' > 0$). Damit aber gilt nach (6.11):

$$-\frac{dq_2}{dq_1} < 1, \quad \text{falls} \quad \frac{C_1' - B_1'}{C_1''} > \frac{C_2' - B_2'}{C_2''}. \qquad (6.14)$$

Die durch die „neue" Nash-Verhandlunglösung festgelegte (konterkarierende) Mindervermeidung von Land 2 ist also nur dann geringer als die Mehrvermeidung des Selbstbindungslandes 1, wenn die vorstehende Ungleichungsbedingung erfüllt ist. Das impliziert, daß bei Erfüllung dieser Ungleichungsbedingung das Selbstbindungsverhalten von Land 1 zu einer Erhöhung der globalen Vermeidungsmenge führt. Demgegenüber steht der Fall $-dq_2/dq_1 > 1$ für einen Rückgang des globalen Vermeidungsniveaus.[15]

1. Fall: Symmetrische Länder
Geht man zunächst von dem Fall aus, daß die Länder identische Kosten- und Nutzenfunktionen haben, so gilt: Bei Ländersymmetrie ist für den Fall ohne Selbstbindung der Drohpunkt durch $q_1 = q_2$ gekennzeichnet. Damit ergibt sich aus (6.11) $-dq_2/dq_1 = 1$ (da Nutzen- und Kostenfunktionen gleich sind). Gilt jedoch bei Ländersymmetrie für den Drohpunkt $q_1 > q_2$ (wie dies beim Drohpunkt im Selbstbindungsfall ist), dann folgt $(C_1' - B_1') > (C_2' - B_2')$. Dies führt zu $-dq_2/dq_1 < 1$ (für $q_1 > q_2$), d.h. zu einer Erhöhung der globalen Vermeidungsmenge, sofern C_i''' nicht positiv und hinreichend groß ist. Wenn dagegen C_i''' ausreichend groß ist, erhält man $-dq_2/dq_1 > 1$ (für $q_1 > q_2$) und damit einen Rückgang des globalen Vermeidungsniveaus.

2. Fall: Asymmetrische Länder
Auch bei Länderasymmetrien sind beide Fälle möglich. Aus (6.14) folgt, daß man immer dann einen Rückgang des globalen Vermeidungsniveaus durch das Selbstbindungsverhalten haben wird, wenn die Relation C_1''/C_2'' hinreichend groß ist. Dies läßt sich wie folgt begründen: Die Selbstbindung von Land 1 schwächt dessen Verhandlungsposition, so daß die Wohlfahrt von Land 1 sinkt und die von Land 2 steigt (bezogen auf den Fall ohne Selbstbindung). Diese Wohlfahrtsumverteilung folgt aus der Umschichtung der Vermeidungspflichten von Land 2 auf Land 1. Wenn C_1'' groß ist, dann kommt die entsprechende Wohlfahrtsminderung des Selbstbindungslandes 1 durch relativ geringe Mehrvermeidung zustande. Und wenn C_2'' niedrig ist, erfordert die entsprechende Wohlfahrtssteigerung von Land 2 eine relativ starke Mindervermeidung. Damit ergibt sich durch die Selbstbindung per Saldo ein Rückgang der globalen Vermeidungsmenge. Im zweiten Fall dagegen,

---

[15] Bei $-dq_2/dq_1 = 1$ bliebe die globale Vermeidungsmenge konstant. Es gäbe lediglich eine Umschichtung der nationalen Vermeidungsmengen hin zum Selbstbindungsland.

wenn C_1''/C_2'' hinreichend gering ist, führt Selbstbindungsverhalten zu einer Erhöhung der globalen Vermeidung.

3. Fall: Sonderkonstellation der Länder
Für den Fall, daß Land 2 konstante Grenzvermeidungskosten hat ($C_2''=0$ bei $C_1''>0$), wurde im Rahmen der Analyse der (altruistischen) „Selbstbindung im nichtkooperativen Spiel" abgeleitet, daß eine im nichtkooperativen Umfeld determinierte globale Vermeidungsmenge vom Verhalten des Landes 1 unabhängig ist.[16] Bei dem hier vorliegenden kooperativen Ansatz führt dagegen gemäß (6.11) das Selbstbindungsverhalten von Land 1 zu einem Rückgang der globalen Vermeidungsmenge (da in diesem Fall $-dq_2/dq_1>1$ ist).

Fazit: Wir haben also gesehen, daß die Beantwortung der Frage, ob einseitige Maßnahmen die globale Vermeidungsmenge erhöhen oder absenken, von den jeweils vorgegebenen Funktionsverläufen abhängt.

Schließlich soll noch die Wirkung einseitiger Maßnahmen auf die globale Wohlfahrt untersucht werden (d.h., wir analysieren die Effekte einer Bewegung von N nach N^* in Abbildung 13): Irgendwo entlang der AB-Kurve wird die globale Wohlfahrt maximal. Dieser Punkt wird durch die Pareto-Bedingung

$$B_1' + B_2' = C_1' = C_2' \tag{6.15}$$

bestimmt und dort hat die Steigung einen Wert von minus eins ($dW_1 = -dW_2$). Im allgemeinen Fall kann dieser (das globale Wohlfahrtsmaximum repräsentierende) Punkt links oder rechts von N liegen. Liegt dieser Punkt rechts von N, dann folgt aus der Krümmung der AB-Kurve, daß die globale Wohlfahrt zurückgeht, falls wir von N nach N^* gehen. Wenn der Punkt jedoch links von N liegt, wird eine Bewegung links von N nach N^* die globale Wohlfahrt erhöhen.

Damit gilt etwa bei Ländersymmetrie das Folgende: Selbst für den Fall, daß unter diesen Bedingungen eine Erhöhung der globalen Vermeidungsmenge erreicht wird, führt dies nicht zu einer Erhöhung, sondern zu einem Rückgang der globalen Wohlfahrt, und zwar deshalb, weil bei fehlender Länderasymmetrie der Punkt N das globale Wohlfahrtsmaximum repräsentiert.

Innerhalb des bisherigen Rahmens (also Selbstbindung auf einseitige Maßnahmen für den Nichteinigungsfall) soll nun noch der Spezialfall „Begrenzung möglicher Nash-Verhandlungslösungen auf Fälle einheitlicher Vermeidungspflichten" ($q_1=q_2=q$) untersucht werden.[17]

---

[16] Da die Mehrvermeidung des Selbstbindungslandes stets durch eine entsprechende Mindervermeidung des anderen Landes voll kompensiert wird.

[17] Der Fall einheitlicher Vermeidungspflichten $q_1=q_2(=q)$ stellt einen Sonderfall des Regimes „Positiv korrelierter Vermeidungspflichten", d.h. $q_1=f(q_2)$ mit $f'>0$, dar. Für diesen allgemeineren Fall ergeben sich ähnliche Schlußfolgerungen.

Ein Land bestimmt den von ihm präferierten (zwischenstaatlich einheitlichen) q-Wert durch folgenden Ansatz:

$$\max_q B_i(2q) - C_i(q). \quad (6.16)$$

Damit ergibt sich als Bedingung für die Bestimmung der aus nationaler Sicht jeweils präferierten (einheitlichen) Vermeidungsmenge q:

$$2B_i'(2q) = C_i'(q) \quad (i = 1, 2). \quad (6.17)$$

Für den Fall, daß beide Länder identische B_i- und C_i-Funktionen haben, werden sie auch denselben q-Wert präferieren. Liegen jedoch verschiedene B_i- und/oder C_i-Funktionen vor, werden sich die von den einzelnen Ländern präferierten q-Werte regelmäßig unterscheiden. Es sei angenommen, daß Land 1 eine höhere einheitliche Vermeidungspflicht (q_x) präferiert als Land 2 (q_y): $q_x > q_y$. Diesem Sachverhalt liegen die jeweiligen nationalen Optimierungskalküle in bezug auf eine einheitliche Vermeidungsmenge q zugrunde:

$$2B_1'(2q_x) = C_1'(q_x) \quad (6.18a)$$

$$2B_2'(2q_y) = C_2'(q_y). \quad (6.18b)$$

Der Sachverhalt ist in Abbildung 14 veranschaulicht.[18] Die Kurve OYX zeigt, wie sich die Wohlfahrt jeden Landes ändert, wenn die Vermeidungspflicht q ansteigt, zunächst von 0 bis q_y und dann weiter bis q_x. (Die zugehörigen Punkte X und Y markieren das jeweilige Wohlfahrtsmaximum von Land 1 bzw. Land 2).

In bezug auf die Nash-Verhandlungslösung gelten nun folgende Überlegungen: Der Drohpunkt im Fall ohne Selbstbindung ist durch D gegeben, welcher bei Länderasymmetrie i.d.R. keine einheitliche Vermeidungsmenge $q_1 = q_2$ repräsentiert.[19] Die von den Ländern für eine Kooperationslösung präferierten Punkte sind X bzw. Y. Verhandlungsgegenstand ist die Frage, welcher Punkt auf dem XY-Kurventeil realisiert werden soll, d.h. die Frage, welches Niveau die einheitliche Vermeidungspflicht haben soll. Der Punkt N in Abbildung 14 ist die Nash-Verhandlungslösung auf der Basis des Drohpunktes D.

Wenn sich nun durch die Selbstbindung der Drohpunkt von D nach D^* verschiebt, ändert sich die Nash-Verhandlungslösung von N nach N^*, weil jetzt

$$\max_q \{ \log[B_1(2q) - C_1(q) - D_1^*] + \log[B_2(2q) - C_2(q) - D_2^*]\} \quad (6.19)$$

---

[18] Eine vergleichbare graphische Darstellung für den Fall ohne Selbstbindung findet sich bei Barrett (1992a).

[19] Dabei ist der Fall zu beachten, daß sich mehrere gleichzeitig auftretende Aspekte von Länderasymmetrien (wie Vermeidungsnutzen und Vermeidungskosten) gegenseitig kompensieren können und so zu denselben nichtkooperativen nationalen Vermeidungsmengen führen.

Internationale Umweltpolitik und einseitige Selbstbindung 147

gilt. Dies aber impliziert einen Rückgang der einheitlichen Vermeidungsmenge q (gegenüber dem Fall ohne Selbstbindung).[20]

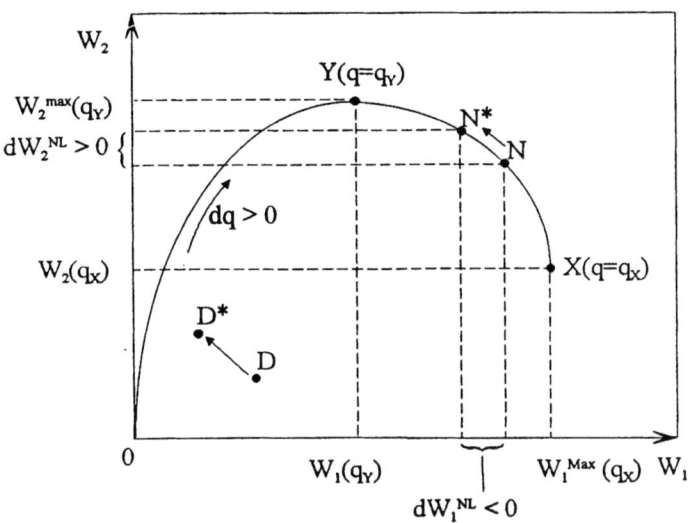

Abbildung 14: Zwischenstaatliche Wohlfahrtsrelationen bei einheitlicher Vermeidungspflicht: Die Relevanz einseitiger altruistischer Selbstbindung.

Fazit: Werden Verhandlungen über das Niveau einheitlicher nationaler Vermeidungspflichten geführt, so bewirkt die Selbstbindung eines Landes (auf einseitige Maßnahmen für den Nichteinigungsfall) einen Rückgang der globalen Vermeidungsmenge im Vergleich zum Fall ohne eine solche Selbstbindung.

bb) Szenario 2: Selbstbindung auf einseitige Vertragsübererfüllung
Die bisher behandelten Fälle von Selbstbindung bezogen sich auf die (tatsächliche bzw. potentielle) Nichteinigung. Nun soll der Fall untersucht werden, daß sich ein Land dazu verpflichtet, die Abkommensverpflichtungen überzuerfüllen („Selbstbindung auf einseitige Vertragsübererfüllung"). Wir gehen dabei von einem Abkommen über einheitliche nationale Vermeidungsmengen ($q_1 = q_2 = q$) aus.[21]

Land 1 beabsichtige für den Einigungsfall, das Abkommen in der Weise überzuerfüllen, daß es eine Vermeidungsmenge von $q + k$ realisiert.[22] Land 2 antizipiert das entsprechende Verhalten von Land 1. Gegenstand der Ver-

---

[20] Denn eine Bewegung auf der Kurve von N nach N^* impliziert einen Rückgang von q (Vergleiche dazu die oben angeführten Ausführungen zur OYX-Kurve).
[21] vgl. Hoel (1991b), S. 65f.
[22] Die vorgesehene Mehrvermeidungsmenge k ist damit von der Höhe der vereinbarten (einheitlichen) Vermeidungspflicht q unabhängig.

handlungen ist also die einheitliche Vermeidungspflicht q, wobei beide wissen, daß bei Verhandlungserfolg Land 2 die Menge q vermeidet, während Land 1 die Menge $q + k$ realisiert.

Die Bestimmung der einheitlichen Vermeidungspflichten q ergibt sich durch den folgenden Ansatz zur Nash-Verhandlungslösung:[23]

$$\max_q \{ \log [B_1(2q+k) - C_1(q+k) - D_1] \\ + \log [B_2(2q+k) - C_2(q+k) - D_2] \} . \quad (6.20)$$

Nimmt man eine Variablensubstitution vor, dann folgt

$$\max_Z \{ \log [B_1(Z) - C_1\left(\tfrac{Z+k}{2}\right) - D_1] \\ + \log [B_2(Z) - C_2\left(\tfrac{Z-k}{2}\right) - D_2] \} \quad (6.21)$$

mit $Z:=2q+k$ als der globalen Vermeidungsmenge. Die Bedingung erster Ordnung für den Optimierungsansatz (6.21) ist damit:

$$\frac{B_1'(Z) - \tfrac{1}{2}\cdot C_1'\left(\dfrac{Z+k}{2}\right)}{B_1(Z) - C_1\left(\dfrac{Z+k}{2}\right) - D_1} + \frac{B_2'(Z) - \tfrac{1}{2}\cdot C_2'\left(\dfrac{Z-k}{2}\right)}{B_2(Z) - C_2\left(\dfrac{Z-k}{2}\right) - D_2} = 0 . \quad (6.22)$$

Aus den Bedingungen zweiter Ordnung lassen sich die nachstehenden Zusammenhänge ableiten:[24] Die globale Vermeidungsmenge Z muß sich in die gleiche Richtung ändern wie die linke Seite von (6.22), wenn sich die vorgesehene Mehrvermeidungsmenge k erhöht. Ein Anstieg von k bewirkt eine Erhöhung C_1 und C_1' und eine Absenkung von C_2 und C_2'. Die beiden Nenner in (6.22) sind positiv.[25] Unterstellt man, daß Land 1 einen höheren q-Präferenzwert hat als Land 2, d.h. daß für den ausgehandelten q-Wert $B_1' > C_1'/2$ und $B_2' < C_2'/2$ gelten würde, dann ist der erste Zähler von (6.22) positiv, der zweite negativ. Die durch einen Anstieg von k verursachte Reduktion von C_2 und C_2' erhöht den zweiten Term der linken Seite von (6.22) dadurch, daß dessen negativer Wert dem Betrage nach abnimmt. Der Anstieg von C_1 erhöht den ersten Term der linken Seite von (6.22). Dagegen bewirkt der Anstieg von C_1' einen Rückgang dieses Terms. Damit ist die Gesamtwirkung zunächst einmal unbestimmt. Stellt man jedoch auf den letzten der „Restwirkung" entgegengesetzten Effekt ab, so kann man im Hinblick auf den konstatierten Anstieg von C_1' auf dessen zugehörige „Änderungsgröße" C_1'' Bezug nehmen. Und zwar gilt: Wenn C_1'' nicht zu groß ist, dann werden

---
[23] Es ist zu beachten, daß Vermeidungspflicht und tatsächlich realisierte Vermeidungsmenge beim Selbstbindungsland auseinanderfallen.
[24] vgl. Hoel (1991b), S. 66.
[25] Vergleiche die Nichtnegativitätsbedingung für die nationalen Verhandlungsgewinne bei der Nash-Verhandlungslösung.

die drei positiven Effekte auf der linken Seite von (6.22) den einen negativen Effekt dominieren, was $dZ/dk>0$ implizieren würde.

Man kann also das folgende Fazit ziehen: Unter bestimmten Annahmen kann eine angekündigte Vertragsübererfüllung zu einer Erhöhung der globalen Vermeidungsmenge führen.[26]

2 Egoistische Selbstbindung

Nachdem diverse Fälle altruistischer Selbstverpflichtung erörtert wurden, soll hier auf eine alternative Form selbstbindenden Verhaltens eingegangen werden: die egoistische Selbstbindung. Der Terminus „egoistisch" soll zum Ausdruck bringen, daß damit Maßnahmen gemeint sind, die auf rein nationale Ziele ausgerichtet sind, im internationalen Kontext also den Charakter egoistischen Verhaltens haben.[27]

Der Ansatz basiert auf der Annahme, daß die Wahl der Umwelttechnologie und die Festsetzung konkreter Emissionsvermeidungsniveaus nicht simultan erfolgt.[28] Die beteiligten Länder legen auf der ersten Stufe eines 2-Stufen-Spiels irreversibel die Technologie für die auf einer zweiten Stufe möglicherweise durchzuführenden Vermeidungsmaßnahmen fest, wobei sie Anreizen einer egoistischen Selbstbindung unterliegen. Eine solche Fixierung der Vermeidungstechnologie und damit der Vermeidungs(stück)kosten könnte auch in Zusammenhang mit der nationalen Festlegung auf ein bestimmtes umweltpolitisches Instrumentarium (z.B. Auflagen- versus Zertifikatelösung) und den damit zusammenhängenden unterschiedlichen volkswirtschaftlichen Vermeidungskosten stehen.

Es wird von folgender Grundstruktur eines 2-Stufen-Spiels ausgegangen:[29]
(a) Auf der ersten Stufe wählt jedes Land seine Vermeidungstechnologie. Damit werden die bei Durchführung nationaler Vermeidungsmaßnahmen anfallenden zukünftigen Vermeidungsstückkosten festgelegt. Dies impliziert die Festlegung auf einen bestimmten Investitionspfad, der für einen längeren Zeitraum insofern Selbstbindungscharakter hat, als ein Abweichen von diesem nicht zumutbar erscheint.[30] Die von den Ländern getroffene Wahl der Vermeidungstechnologie und damit der Vermeidungsstückkosten sei „public knowledge".
(b) Auf der Stufe zwei ergeben sich für die Länder die Alternativen Nichtkooperation bzw. Kooperation. Für den Fall nichtkooperativen Verhaltens lassen sich dann die jeweiligen nationalen Vermeidungsmaßnahmen als ein

---

[26] Es ist dabei unterstellt, daß C_1'' nicht allzu hoch ist.
[27] Die Tatsache, daß die Einschränkung der eigenen Handlungsmöglichkeiten durch Selbstbindung auch nationale Vorteile bringen kann, wird auch „Commitment-Paradoxon von Schelling" (1963, S. 22ff) genannt; vergleiche hierzu Althammer und Buchholz (1993), S. 298.
[28] Das hier beschriebene Szenario einer egoistischen Selbstbindung basiert auf Darstellungen in Buchholz und Konrad (1992) sowie Konrad (1993), S. 161ff.
[29] Vergleiche hierzu Buchholz und Konrad (1992), S. 3.
[30] vgl. Konrad (1993), S. 163.

Fall der „freiwilligen Bereitstellung eines (internationalen) öffentlichen Gutes" interpretieren.[31] Damit bietet sich eine Modellierung an, welche sich an der Theorie der privaten Bereitstellung öffentlicher Güter orientiert.[32] Kommt es dagegen zu umweltpolitischer Kooperation, so soll diese eine Einigung auf eine Nash-Verhandlungslösung (unter Einbeziehung von Seitenzahlungen) implizieren.

Unabhängig davon, welches Verhaltensmuster auf Stufe 2 gewählt wird, gilt folgendes: Die konkrete Auswahl der Vermeidungstechnologie wird in jedem Fall die nationalen Wohlfahrtniveaus des Gesamtspiels beeinflussen. Damit besteht für die Länder ein Anreiz, sich auf Stufe eins strategisch zu verhalten.

Es wird von (identischen) nationalen Wohlfahrtsfunktionen des Typs

$$W_i(X_i, Q) \qquad (6.23)$$

ausgegangen.[33] Die Wohlfahrt sei positiv abhängig vom Konsum privater Güter (X_i) und von der globalen Vermeidungsmenge Q.[34] Weiterhin gelte der folgende Zusammenhang:

$$Y_i = X_i + c_i \cdot q_i. \qquad (6.24)$$

Das exogene Outputniveau (Y_i) kann für den privaten Konsum (X_i) oder für Zwecke der Emissionsvermeidung verwendet werden. Die Grenzvermeidungskosten (c_i) seien konstant.[35]

Mit der Auswahl der Vermeidungstechnologie sollen annahmegemäß keine direkten Kosten verbunden sein. In der Realität dagegen mag der Fall nicht unplausibel sein, daß niedrige Grenzvermeidungskosten (c_i) mit hohen Fixkosten der „Installation" einhergehen. Solche Fixkosten haben in bezug auf die spätere Festlegung der nationalen Vermeidungsmenge jedoch den Charakter von sunk costs. Eine entsprechende Einbeziehung der Fixkosten würde die grundsätzlichen Modellergebnisse nicht ändern. In diesem Zusammenhang wäre folgendes zu bedenken: Sind Fixkosten und Grenzkosten der Vermeidung negativ korreliert, so könnte dies ein Erklärung dafür sein, daß ein Land nicht die minimalen Grenzvermeidungskosten (c_{min}) wählt. Im vorliegenden Fall interessiert jedoch gerade das Motiv, $c_i > c_{min}$ zu wählen, obgleich im Falle einer Entscheidung für c_{min} *keine* Nachteile von der Fixkostenseite entstehen.

---

[31] Eine grundlegende Darstellung der Theorie der privaten Bereitstellung öffentlicher Güter findet sich bei Bergstrom, Blume and Varian (1986).
[32] Dieser unmittelbare Bezug ergibt sich deshalb, weil in diesem Abschnitt von konstanten Grenzvermeidungskosten ausgegangen wird.
[33] Der Index i bei W_i wird trotz Identitätsannahme beibehalten, da W für globales Wohlfahrtsniveau steht.
[34] Die Wohlfahrtsfunktion sei strikt konkav.
[35] D.h. der Output Y_i ist damit unabhängig sowohl vom nationalen Emissionsniveau als auch von der nationalen Vermeidungstechnologie.

Im folgenden soll die Relevanz der Selbstbindung für den outcome gezeigt werden. Es wird sich herausstellen, daß sowohl die nichtkooperative als auch die effiziente Vermeidungsmenge von den gewählten Vermeidungsstückkosten (c_i), d.h. von der Selbstbindungsvariable, abhängen.[36]

Für die Herleitung der nichtkooperativen Vermeidungsmenge (im Sinne von Nash) ergibt sich bei exogenen Vermeidungsstückkosten der folgende Ansatz:

$$\max_{q_i} W_i(Y_i - c_i q_i, q_i + q_j). \qquad (6.25)$$

Daraus resultiert als Bedingung erster Ordnung für die Festsetzung der optimalen nationalen Vermeidungsmenge

$$\frac{\partial W_i}{\partial X_i} \cdot \frac{\partial X_i}{\partial q_i} + \frac{\partial W_i}{\partial Q} \cdot \frac{\partial Q}{\partial q_i} = 0, \qquad (6.26)$$

bzw. in anderer Schreibweise

$$c_i \cdot \frac{\partial W_i}{\partial X_i} = \frac{\partial W_i}{\partial Q} \quad \text{für } (i = 1, 2). \qquad (6.27)$$

Die Nash-Bedingung (6.27) zeigt die Abhängigkeit der nichtkooperativen Vermeidungsmenge von der Selbstbindungsvariable c_i. Die Bedingung besagt, daß ein Land (welches im Gleichgewicht ein positives Vermeidungsniveau realisiert) aus einer zusätzlichen Einheit der Grundausstattung (Y_i) in beiden Verwendungen, d.h. für Zwecke der Emissionsvermeidung oder für Zwecke des Konsums privater Güter, denselben Grenznutzen haben soll.

Es läßt sich zeigen, daß auch die effiziente (und damit eine „kooperativ" determinierte) Vermeidungsmenge von der Selbstbindungsvariable abhängt. Im Symmetriefall mit $c_i = c$ wäre folgende Effizienzbedingung zugrunde zu legen:

$$c \cdot \frac{\partial W_i}{\partial X_i} = n \cdot \frac{\partial W_i}{\partial Q}, \qquad (6.28)$$

mit n als Anzahl der identischen Länder. Die Effizienzbedingung (6.28) fordert: Die Kosten einer zusätzlichen Vermeidungseinheit müssen den globalen Nutzen dieser zusätzlichen Einheit entsprechen. Dies impliziert die wohlbekannte Feststellung, daß nichtkooperatives (Nash-)Verhalten zu einer suboptimalen Lösung führt. Der an dieser Stelle interessierende Sachverhalt ist jedoch folgender:[37] Aus wohlfahrtstheoretischen Gründen (genauer aus Effizienzgründen) wäre die Anwendung der billigsten Vermeidungstechnologie (also $c_{\min}$) optimal, sofern man – wie hier – von Fixkosten für die Etablierung einer bestimmten Vermeidungstechnologie abstrahiert. Es stellt sich nun die Frage, unter welchen Bedingungen die Länder sich für den Einsatz der nichtbilligsten, d.h. nichteffizienten, Vermeidungstechnologie entscheiden. Oder anders ausgedrückt: Unter welchen Bedingungen ergeben sich strategische Anreize zur Wahl einer nichteffizienten Vermeidungstechnik?

---

[36] Dies impliziert auch eine Abhängigkeit der „kooperativen" Vermeidungsmenge von der Selbstbindungsvariablen.
[37] vgl. Konrad (1993), S. 167.

a) Selbstbindung unter nichtkooperativen Rahmenbedingungen

Antizipieren die Länder, daß sich auf der zweiten Stufe des Spiels nichtkooperatives Verhalten einstellen wird, so erscheint die Anwendung des Konzepts des teilspielperfekten Nash-Gleichgewichts angemessen zu sein.[38] Ein solches (nichtkooperatives) Gleichgewicht ist definiert als Vektor nationaler Vermeidungsstückkosten $(c_1, ..., c_n)$, so daß für gegebene Vermeidungsstückkosten der anderen Länder (c_{-i}) die Wahl der eigenen c_i die Wohlfahrt des Landes i maximiert (und dies für alle i gilt).

Bei der Festlegung seiner c_i geht Land i von folgender Überlegung aus: Eine Erhöhung der eigenen Vermeidungsstückkosten hat für das Land zwei Effekte: (a) Für jede Vermeidungseinheit hat Land i nun höhere Vermeidungsstückkosten zu tragen. Damit wird es tendenziell sein nationales Vermeidungsniveau senken. (b) Die anderen Länder beobachten (auf Stufe zwei), daß Land i sich für eine Technologie entschieden hat, die hohe Vermeidungsstückkosten impliziert. Diese Länder gehen damit davon aus, daß Land i im Vergleich zum Fall der Anwendung „billigerer" Vermeidungstechnik ein niedrigeres Vermeidungsniveau realisieren wird. Auf der Basis dieses verminderten Vermeidungsniveaus des Landes i ist es für die anderen Länder dann optimal, ihre nationalen Vermeidungspläne nach oben zu korrigieren.

Es läßt sich zeigen, daß ausgehend von identischen Vermeidungstechnologien $(c_i = c)$ eine einseitige nationale Veränderung der Vermeidungstückkosten zu folgenden Ergebnissen führt:[39]

$$\frac{dq_i}{dc_i} < 0, \quad \frac{dq_j}{dc_i} > 0, \quad \frac{dQ}{dc_i} < 0. \qquad (6.29)$$

Erhöht also Land i seine Vermeidungsstückkosten c_i, dann geht dessen Vermeidungsmenge zurück, während das Vermeidungsniveau der übrigen Länder ansteigt. Per Saldo läßt sich ein Rückgang der globalen Vermeidungsmenge feststellen.

Auf der Grundlage der hier abgeleiteten Ergebnisse läßt sich nun zeigen, unter welchen Bedingungen die jeweilige Entscheidung für die (effizienten) Minimum-Vermeidungsstückkosten durch alle Länder kein gleichgewichtiger Zustand ist, d.h., wann es Anreize zur Abweichung von der effizienten Vermeidungstechnologie gibt. Ein solcher Fall (eines nichtgleichgewichtigen Effizienzzustandes) liegt bereits dann vor, wenn es bei gegebener Entscheidung aller anderen Länder für die minimalen Vermeidungsstückkosten für Land i optimal ist, die Technologie mit den nichtminimalen Vermeidungsstückkosten zu wählen. Man kann zeigen, daß für eine nationale Abweichung von den minimalen Vermeidungsstückkosten folgende Bedingung hinreichend ist (sog. Abweichungsbedingung):[40]

$$q_i(c_{\min}) < c_{\min} \cdot \frac{dq_{-i}}{dc_i}. \qquad (6.30)$$

---
[38] Vergleiche zu diesem Teil Konrad (1993), S. 168ff.
[39] vgl. Konrad (1993), S. 168f.
[40] Vergleiche dazu die verbalen Ausführungen der beiden Effekte von dc_i auf Land i.

Die linke Seite dieser Ungleichung repräsentiert den Grenznachteil, den Land i ausgehend von c_{min} durch eine marginale Erhöhung seiner Vermeidungsstückkosten hätte. Dieser Nachteil bestünde darin, daß Land i im Nash-Gleichgewicht der zweiten Stufe für jede Vermeidungseinheit (gegenüber der Referenzsituation) relativ höhere Stückkosten zu zahlen hätte. Die rechte Seite dieser Ungleichung dokumentiert den nationalen Grenzvorteil einer entsprechenden Erhöhung der Vermeidungsstückkosten. Dieser Vorteil resultiert aus der Tatsache, daß die von anderen Ländern durchgeführte Emissionsreduktion im Gleichgewicht nun relativ größer ausfallen (als in der Referenzsituation). Im gleichgewichtigen Nash-Zustand bewertet Land i die bei den anderen Länder induzierten zusätzlichen Vermeidungseinheiten mit einer Preiskomponente, welche den eigenen Kosten der Emissionsreduktion entspricht.[41]

Soweit ergeben sich die folgenden Feststellungen:[42] Bei Antizipation eines nichtkooperativen Nash-Spiels gibt es einen Anreiz zur Wahl der nicht kostengünstigsten Vermeidungstechnologie. Dies bedeutet jedoch nicht notwendigerweise, daß alle Länder von c_{min} abweichen. Andererseits wird bei genügend großer Zahl von Ländern der Effizienzfall sicherlich kein Gleichgewichtszustand sein. Der Frage, welches (teilspielperfekte Nash-) Gleichgewicht sich einspielt, bleibt letztendlich unbeantwortet.[43] Es ist jedoch darauf zu verweisen, daß die hier vorgestellte Modellierung lediglich das Ziel verfolgte, die Existenz eines strategischen Anreizeffekts zur Wahl nichtminimaler nationaler Vermeidungsstückkosten nachzuweisen.

b) Selbstbindung unter kooperativen Rahmenbedingungen

Im Gegensatz zum soeben behandelten Fall antizipieren die Länder jetzt für die zweite Stufe des Spiels eine Einigung über die effiziente Höhe und Allokation der globalen Vermeidungsmenge, und zwar auf der Basis einer Nash-Verhandlungslösung mit Seitenzahlungen.[44] Aus Gründen der Verwendbarkeit des Standardkonzepts der Nash-Verhandlungslösung erfolgt eine Beschränkung auf den Zwei-Länder-Fall.[45]

Die „Nash-Verhandlungslösung mit Seitenzahlungen" führt auf der Grundlage des gegebenen Vektors der nationalen Vermeidungsstückkosten zu einer effizienten Allokation der Vermeidungspflichten. Dies impliziert, daß bei

---

[41] vgl. Konrad (1993), S. 169f. (Man kann zeigen, daß bei hinreichend hoher Länderzahl diese Abweichungsbedingung stets erfüllt ist.)
[42] vgl. Konrad (1993), S. 171.
[43] Gleichwohl kann man folgende Überlegungen anstellen (vgl. Konrad (1993), S. 171): Eine gleichzeitige Wahl der teuersten Vermeidungstechnologie durch alle Länder scheint plausibel, wenn die Spanne zwischen minimalen und maximalen Vermeidungsstückkosten relativ klein ist. Ein Beispiel für ein Gleichgewicht in gemischten Strategien könnte die Situation sein, daß einige Länder $c_{max}=\infty$ wählen und keine Vermeidung betreiben, während andere Länder c_{min} wählen.
[44] vgl. Konrad (1993), S. 171ff.
[45] Damit ist das Problem möglicher Koalitionsbildung ausgeklammert.

zwischenstaatlichen Vermeidungskostendifferenzen das Land mit den niedrigsten Stückkosten die gesamte Vermeidung vorzunehmen hat, dafür vom anderen Land jedoch gewisse Ausgleichszahlungen erhält. Das heißt aber, daß die Wohlfahrtsmöglichkeitenkurve lediglich von den niedrigeren Vermeidungsstückkosten der beiden Länder, also $\min(c_1, c_2)$, abhängt.

Es sei angenommen, Land 1 habe die höheren Vermeidungstückkosten ($c_1 > c_2$). In einer Nash-Verhandlungslösung mit Seitenzahlungen ergeben sich die nationalen Vermeidungsmengen q_1 und q_2 (mit $q_1 + q_2 = Q$) und die Seitenzahlung z als Ergebnis des folgenden Ansatzes (d.h. bei vorgegebenem Wohlfahrtsniveau von Land 1):[46]

$$\max_{Q,z} W_2(Y - c_2 Q + z, Q)$$
$$\text{s.t.:} \quad \overline{W}_1 - W_1(Y - z, Q) = 0. \tag{6.31}$$

Es wird davon ausgegangen, daß die anfängliche Emissionsmenge des Landes mit den niedrigeren Vermeidungsstückkosten so hoch ist, daß es überhaupt in der Lage ist, die global notwendigen effizienten Vermeidungsmaßnahmen allein, d.h. auf ausschließlich nationaler Ebene, durchzuführen.[47]

Stellt man nun auf die Wohlfahrtsmöglichkeitenkurve als geometrischen Ort aller Pareto-effizienten Wohlfahrtskonstellationen (W_1, W_2) für einen gegebenen c-Vektor ab, so impliziert eine Erhöhung von $\min(c_1, c_2)$ zweierlei (vgl. Abbildung 15):[48] Zum einen verlagert sich die Wohlfahrtsmöglichkeitenkurve $W_2(W_1)$ zum Koordinatenursprung hin (AB zu $A'B'$), weil bei Realisierung derselben globalen Vermeidungsniveaus die Menge des zwischenstaatlich verteilungsfähigen Gutes kleiner geworden ist.[49] Darüber hinaus hat ein Anstieg von $\min(c_1, c_2)$ noch einen anderen Einfluß auf die Nash-Verhandlungslösung, nämlich den, daß eine solche Änderung der Vermeidungsstückkosten den Drohpunkt des Spiels (definiert als nichtkooperatives Nash-Gleichgewicht) verändert.

Man kann zeigen, daß $c_1 = c_2 = c_{\min} > 0$ niemals ein teilspielperfektes Gleichgewicht ist, wenn die Länder für Stufe zwei die oben unterstellte kooperative Lösung antizipieren. Der Beweis soll hier nur skizziert werden.[50] Die Nash-Verhandlungslösung ergibt sich als Lösung des folgenden Ansatzes:

$$\max \; [W_2(W_1) - W_2^N] \cdot [W_1 - W_1^N] \,. \tag{6.32}$$

---

[46] Es wird unterstellt, daß ausschließlich das „kosteneffizientere" Land Emissionsvermeidung betreibt.

[47] Wäre das Land mit den niedrigeren Vermeidungsstückkosten nicht in der Lage, die global notwendige Vermeidungsleistung allein auf nationaler Ebene durchzuführen (Potentialinsuffizienz), so würde die Wohlfahrtsmöglichkeitenkurve von den Vermeidungskosten beider Länder abhängen. (Dasselbe würde sich für den regelmäßig unterstellten Fall *ansteigender* Grenzvermeidungskosten ergeben).

[48] vgl. Buchholz und Konrad (1992), S. 13f.

[49] Eine isolierte Erhöhung von c_i verändert $W_2(W_1)$ dann nicht, wenn sich $\min(c_1, c_2)$ nicht ändert.

[50] Eine ausführliche mathematische Darstellung findet sich bei Konrad (1993), S. 173ff.

Dies impliziert für den Fall $c_1 = c_2$ die „Tangentialeigenschaft" (und damit unter Einbeziehung der Drohpunkte W_i^N) $-dW_2/dW_1 = 1$.[51] Es läßt sich nun zeigen, daß eine einseitige Erhöhung der nationalen Vermeidungsstückkosten ($dc_1 > 0$) (bei unveränderter Wohlfahrtsmöglichkeitskurve) zu einer Änderung der Drohpunkte, nämlich zu $(dW_1^N - dW_2^N) > 0$ führt, mit der Folge, daß sich für das Verhandlungsgleichgewicht $dW_1 > 0$ und $dW_2 < 0$ ergibt.[52] Damit ist dokumentiert, daß eine einseitige Erhöhung von c_i (über eine Änderung der Drohpunkte) zu einer Verbesserung der Wohlfahrtsposition des Landes i im Verhandlungsgleichgewicht führt. Es gibt also einen Anreiz zur einseitigen Erhöhung der Vermeidungsstückkosten.[53]

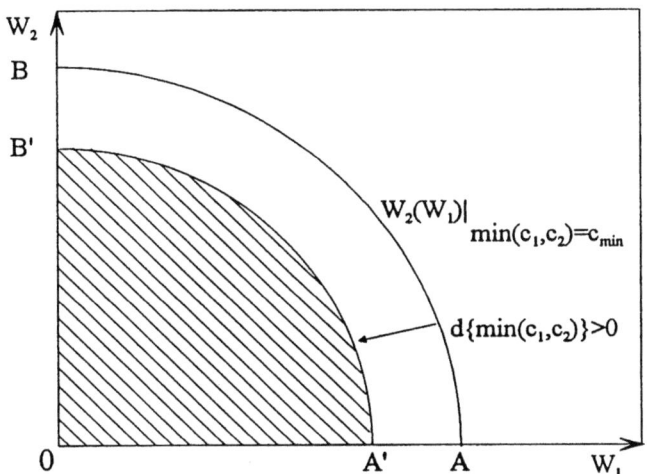

Abbildung 15: Internationale Umweltprobleme und egoistische Selbstbindung: Relevanz für die Realisierbarkeit zwischenstaatlicher Wohlfahrtsrelationen (Quelle: Buchholz and Konrad (1992), S. 13).

Dieses Ergebnis soll nun durch Abbildung 16 graphisch veranschaulicht werden. Die Abbildung zeigt die Wohlfahrtsmöglichkeitskurve für gegebene $c_1 = c_2$.

Der Drohpunkt (Punkt D) repräsentiert den Fall, daß die Länder $c_1 = c_2$ wählen und in der zweiten Stufe eine nichtkooperative Lösung erreicht wird. Auf Stufe eins wählt Land 1 (für exogenes c_2) seine Vermeidungsstückkosten c_1. Wie oben erläutert, kann ein Land durch die Wahl seiner Vermei-

---

[51] Vergleiche aus allgemeiner spieltheoretischer Sicht z.B. Holler und Illing (1993), S. 197.

[52] Es ist folgender Unterschied zu beachten: Vorher wurde der Fall $d[\min(c_1, c_2)] > 0$ analysiert, hier dagegen der Fall $dc_1 > 0$.

[53] In diesem Zusammenhang ist zu bedenken, daß ausgehend von $c_1 = c_2$ eine einseitige Erhöhung von c_i zwar die Drohpunkte verändert, nicht jedoch die Wohlfahrtsmöglichkeitskurve, da sich ja hier $\min(c_1, c_2)$ nicht ändert.

dungsstückkosten die Lage des Drohpunktes beeinflussen. Ausgehend vom Symmetriefall ist Land 1 in der Lage, durch eine Erhöhung von c_1 den Drohpunkt in eine der Pfeilrichtungen zu verschieben (damit gilt $c_1 > c_2$).[54]

Die Symmetrielösung sei auch Ausgangspunkt für den kooperativen Nash-Verhandlungsansatz (nämlich auf der Grundlage des Falles $c_1 = c_2$). Dabei ist zu beachten, daß jede Veränderung des Drohpunktes in eine der Pfeilrichtungen eine Verlagerung der Nash-Verhandlungslösung auf der Wohlfahrtsmöglichkeitenkurve (von Punkt N) in Richtung Punkt N^* zur Folge hat. Eine solche Veränderung führt – wie oben algebraisch angedeutet – zu einer Wohlfahrtssteigerung des Landes 1 (zu Lasten des Landes 2). Ausgehend vom symmetrischen Fall $c_1 = c_2$ besteht eine entsprechende Anreizwirkung natürlich auch für Land 2. Damit aber kann $c_1 = c_2$ kein teilspielperfektes Gleichgewicht für das kooperative Spiel sein.

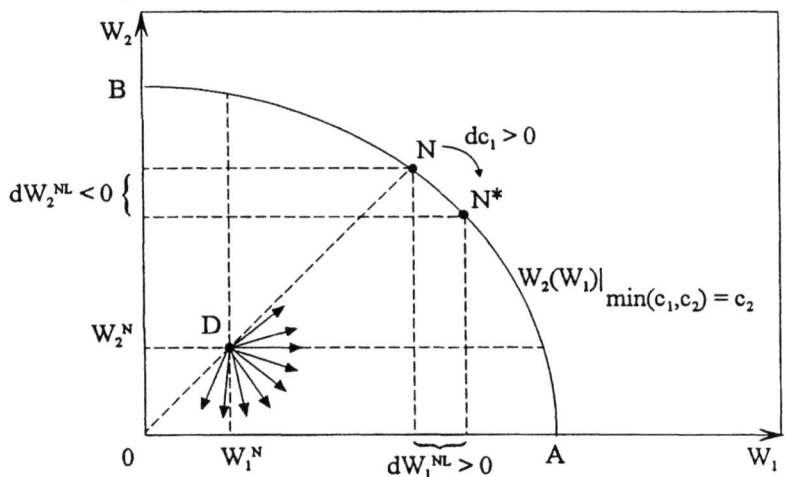

Abbildung 16: Anreiz zu egoistischer Selbstbindung bei internationaler Umweltkooperation (in Anlehnung an Buchholz and Konrad (1992), S. 15).

Es zeigt sich, daß der strategische Anreizeffekt im Rahmen des zweistufigen kooperativen Spiels im Vergleich zum nichtkooperativen Ansatz noch ausgeprägter ist. So kommt bei hinreichend geringer Länderzahl oder hinreichend geringem c_{min} der Anreizmechanismus im Rahmen des nichtkooperativen Spiels (entsprechend der für diesen Fall abgeleiteten „Abweichungsbedingung") erst gar nicht zum Tragen, während entsprechende Anreizeffekte für den Fall zukünftiger Kooperation unabhängig von einer solchen Bedingung stets auftreten.[55]

---

[54] Die vom Drohpunkt D ausgehenden Pfeile erfassen alle Fälle, bei denen sich die nichtkooperative Wohlfahrtsposition des (egoistischen) Selbstbindungslandes 1 relativ zur nichtkooperativen Wohlfahrtsposition von Land 2 verbessert.

[55] vgl. Konrad (1993), S. 176.

Das Fazit dieser Überlegungen ist: Länder unterliegen selbst dann dem strategischen Selbstbindungsanreiz, eine Technologie mit höheren Vermeidungsstückkosten zu wählen, wenn eine Vermeidungstechnologie mit niedrigeren Stückkosten ohne entsprechende Fixkosten verfügbar ist. Die Fixierung auf eine Technologie mit hohen Vermeidungsstückkosten hat den Charakter einer egoistischen Selbstbindung. Denn dann, wenn das Land erst einmal an die kostenintensive Vermeidungstechnologie „gebunden" ist (bzw. sich gebunden hat), kann dieses glaubhaft versichern, daß es Vermeidungsmaßnahmen nicht im großen Umfang durchführen wird. Dies führt dazu, daß im Rahmen nichtkooperativen Verhaltens die anderen Länder die relativ geringere Vermeidungsaktivität dieses Landes in gewissem Umfang durch verstärkte eigene Bemühungen ausgleichen. Weiterhin zeigt sich selbst für den Fall, daß die Länder kooperatives Verhalten antizipieren, ein Selbstbindungsanreiz hin zu hohen Vermeidungsstückkosten besteht, und zwar deshalb, weil durch eine geeignete Technologiewahl die Nichteinigungskonstellation (als Drohpunkt für die Verhandlungen) in der für das Land günstigen Weise beeinflußt werden kann.[56] In diesem Zusammenhang ist aber zu beachten, daß das Land, das sich nicht egoistisch verhalten hat, einer Kooperationslösung auf dieser Grundlage nicht ohne weiteres zustimmen wird, da der entsprechenden Drohpunktverschiebung eine gezielte egoistische Maßnahme des anderen Landes zugrunde lag. Dieses Land wird also möglicherweise eine Kooperationslösung auf der Basis der „alten" (nicht durch Selbstbindung beeinflußten) Nutzen-/Kosten-Verhältnisse fordern. Ansonsten bestünde ein gewisser Anreiz für einen zwischenstaatlichen „Selbstbindungswettlauf" wie er auch für den nichtkooperativen Rahmen denkbar ist.

3 Zusammenfassung

Es wurde analysiert, welche Auswirkungen es auf die internationale Umweltpolitik hat, wenn sich ein Land einseitig seine umweltpolitischen Handlungsmöglichkeiten einschränkt (sog. Selbstbindung). Je nach Zielsetzung dieser Optionsbeschränkung wurde altruistische und egoistische Selbstbindung unterschieden.

Die altruistische Selbstbindung kommt dadurch zum Ausdruck, daß sich ein Land einseitig dazu verpflichtet, über den „üblichen" Rahmen hinaus nationale Vermeidungsmaßnahmen durchzuführen. Eine solche Verhaltensweise wurde damit begründet, daß das betreffende Land eine nationale Wohlfahrtsfunktion heranzieht, die eine höhere Vermeidungsnutzenkomponente als dessen „echte" Wohlfahrtsfunktion aufweist. Zunächst wurde von einer völlig unkoordinierten Situation ausgegangen („nichtkooperative Rahmenbedingungen"). Die einseitige Selbstbindung des einen Landes auf eine „übermäßige" nationale Vermeidungsmenge führt dazu, daß die globale Vermeidungsmenge ansteigt, jedoch um einen geringeren Betrag als die Zusatzvermeidung des

---
[56] vgl. Buchholz und Konrad (1992), S. 17.

Selbstbindungslandes. Dies erklärt sich folgendermaßen: Die zusätzliche Vermeidungsaktivität des Selbstbindungslandes führt zu einem Rückgang des Grenzvermeidungsnutzen der anderen Länder, was diese Länder zu einer Absenkung ihrer nationalen Vermeidungsniveaus veranlaßt. Die globale Wohlfahrt erhöht sich bei altruistischer Selbstbindung im vorgenannten Sinne nur dann, wenn im Zwei-Länder-Fall die Selbstbindung durch das Land mit den niedrigeren Grenzvermeidungsnutzen (bzw. -kosten) vorgenommen wird und die Verhaltensänderung in Richtung „Vorreiterrolle" nur gemäßigt ausfällt.

Das nächste Szenario war in den Kontext umweltpolitischer Verhandlungen eingebettet (sog. kooperative Rahmenbedingungen). Das altruistische Selbstbindungsland erklärt, im Falle des Scheiterns der Verhandlungen eine gegenüber dem status-quo erhöhte Vermeidungsmenge realisieren zu wollen. Dies impliziert eine Verschiebung des sog. Drohpunktes. Eine solche altruistische Selbstverpflichtung führt, je nach konkret zugrundegelegter Nutzen-/Kosten-Konstellation dazu, daß die durch Verhandlungen kooperativ determinierte globale Vermeidungsmenge (im Vergleich zum Fall ohne Selbstbindungserklärung) höher oder niedriger ausfällt. Selbst für den Fall, daß sich die globale Vermeidungsmenge erhöhen sollte, ist damit noch nicht sichergestellt, daß auch die globale Wohlfahrt ansteigt.

Eine andere Form altruistischer Selbstbindung kam dadurch zum Ausdruck, daß ein Land ankündigt, die durch ein Umweltabkommen vereinbarte Vermeidungspflicht übererfüllen zu wollen. Auch in diesem Fall ergibt sich keineswegs zwingend eine Erhöhung der globalen Vermeidungsmenge. Insgesamt konnte festgestellt werden, daß eine altruistisch motivierte Selbstbindung nicht notwendigerweise eine globale Wohlfahrtserhöhung nach sich zieht.

Die Analyse der egoistischen Selbstbindung bewegte sich in einem umweltpolitischen Rahmen, bei welchem die Wahl der Vermeidungstechnologie und die Festsetzung der konkreten Vermeidungsmenge nicht simultan erfolgen. Auf der ersten Stufe (des Zwei-Stufen-Spiels) wählt jedes Land seine Vermeidungstechnologie und damit die zukünftigen nationalen Vermeidungsstückkosten. Dies impliziert die Festlegung auf einen langfristigen Investitionspfad, so daß diese Fixierung Selbstbindungscharakter hat. Auf der zweiten Stufe ergeben sich dann die Alternativen umweltpolitische Kooperation und Nichtkooperation. Unabhängig davon, welche Lösung auf der zweiten Stufe realisiert wird, gelten die folgenden Überlegungen: Die konkrete Auswahl der Vermeidungstechnologie wird in jedem Fall die nationalen Wohlfahrtsniveaus des Gesamtspiels beeinflussen; damit gibt es für die Länder einen Anreiz, sich auf Stufe eins strategisch zu verhalten.

Antizipieren die Länder für die zweite Stufe eine nichtkooperative Lösung, dann ergeben sich die nachfolgend angeführten Zusammenhänge: Eine nationale Selbstbindung auf eine kostenungünstigere (als die verfügbare) Vermeidungstechnologie führt zunächst einmal zu einer Erhöhung der nationalen Vermeidungsstückkosten, was tendenziell zu einer Minderung der nationalen

Vermeidung führt. Andererseits beobachten die anderen Länder, daß das Land, welches ein egoistisch motiviertes Selbstbindungsverhalten praktiziert, ein niedrigeres Vermeidungsniveau realisiert (als im Fall ohne eine solche Verhaltensweise), was diese Länder dazu veranlaßt, ihre Vermeidungspläne nach oben zu korrigieren. Per Saldo läßt sich aber ein Rückgang der globalen Vermeidungsmenge nachweisen.

Unterstellen die Länder jedoch für die zweite Stufe des Spiels eine Einigung auf die effiziente Höhe und Verteilung der globalen Emissionsvermeidung, dann läßt sich folgendes ableiten: Bei zwischenstaatlichen Differenzen der (konstanten) Vermeidungsstückkosten ist es effizient, die globalen Vermeidungsaktivitäten (gegen die Gewährung entsprechender Ausgleichzahlungen) ausschließlich vom Land mit den niedrigsten Vermeidungskosten durchführen zu lassen. Es läßt sich hier (wie auch beim nichtkooperativen Rahmen) zeigen, daß die Länder einem strategischen Anreiz zur egoistischen Selbstbindung unterliegen, eine Technologie mit höheren Vermeidungsstückkosten zu wählen. Dies gilt selbst dann, wenn eine Vermeidungstechnologie mit niedrigeren Stückkosten ohne Zusatzkosten (entsprechende Fixkosten) verfügbar ist.

Kapitel 7: Internationale Umweltpolitik und zwischenstaatliche Koalitionsbildung

Bei der bisherigen Analyse wurde zum Teil von lediglich zwei Ländern bzw. Ländergruppen ausgegangen. Stellt man nun in diesem Kapitel auf den Fall ab, daß sich die von der internationalen Umweltproblematik betroffenen Länder nicht in angemessener Weise als zwei Länder (besser: Ländergruppen) auffassen lassen, dann ergeben sich daraus für eine umweltpolitische Kooperation möglicherweise weitere Probleme. In dieser Situation erscheint die Freifahrerproblematik noch gravierender als im Zwei-Länder(gruppen)-Fall, da ein potentieller Freifahrer eher damit rechnen kann, daß sich andere Länder bereit erklären, (einseitig) Vermeidungsmaßnahmen zu ergreifen bzw. eine Umweltkoalition zu bilden.

Länder werden sich dann zu einer Umweltkoalition zusammenschließen, wenn sie sich auf diese Weise gegenüber dem Fall ohne Koalition verbessern. Geht man davon aus, daß sich ein Teil der Länder zu einer Umweltkoalition zusammengefunden hat, so könnte dann aber das folgende Problem auftreten: Es ist aus der Sicht eines einzelnen Landes möglicherweise rational, aus der Koalition auszutreten, sofern die (potentiellen) Restmitglieder über keinen glaubwürdigen Sanktionsmechanismus verfügen. Eine Umweltkoalition könnte also instabil sein. Es stellt sich deshalb die Frage, unter welchen Voraussetzungen eine stabile Umweltkoalition zustande kommt.

Unabhängig vom umweltpolitischen Kontext ist eine Koalition dann stabil, wenn für kein Koalitionsmitglied ein Anreiz besteht, die Koalition zu verlassen und für kein Nichtmitglied ein Anreiz besteht, der Koalition beizutreten. Stellt man auf die (in dieser Arbeit grundsätzlich unterstellte) Zielsetzung nationaler Wohlfahrtsmaximierung ab, so ist die Stabilität einer Koalition dann gegeben, wenn die Wohlfahrt eines Koalitionsmitglieds durch einen Austritt und die eines Nichtmitglieds durch einen Beitritt sinken würde.

Der Rückgang der Wohlfahrt eines austretenden Landes könnte sich dadurch ergeben, daß die Restmitglieder durch geeignete Sanktionsmechanismen in der Lage sind, einem potentiell austretenden Land hinreichend Schaden zuzufügen (Fall „Fortbestand der Koalition"). Ein weiterer relevanter Fall wäre der, daß mit dem Austritt des Landes die Koalition als ganzes zusammenbrechen würde, so daß durch Wegfall jeglicher externen Zusatzvermeidung die erhoffte Freifahrerposition nicht realisiert werden könnte: Stattdessen ergäbe sich eine Minderung der nationalen Wohlfahrt auf das Niveau bei allgemeiner Nichtkooperation (Fall „Zusammenbruch der Koalition").

Eine beitrittsbedingte Wohlfahrtsminderung für ein bisher außenstehendes Land könnte dadurch zustandekommen, daß die mit dem Beitritt zur Umweltkoalition verbundenen (erhöhten) Vermeidungsaufwendungen nicht hinreichend durch Gegenleistungen der bisherigen Mitglieder, etwa in Form von Transferzahlungen und/oder erhöhter externer Vermeidungsleistungen, honoriert (kompensiert) werden.

Für die Überlegungen zur Profitabilität und Stabilität von Umweltkoalitionen sollen zwei Kriterien herangezogen werden. Grundvoraussetzung für die Teilnahme eines Landes an einer Koalition ist, daß sich dieses Land durch die Mitgliedschaft in einer solchen Koalition gegenüber dem Fall allgemeiner Nichtkooperation besserstellt. Diese Voraussetzung wird im folgenden als das „schwache Kriterium" für die Bereitschaft zur Koalitionsteilnahme bezeichnet. Diese Bedingung kann jedoch nur eine Mindestvoraussetzung sein. Denn selbst bei Erfüllung des schwachen Kriteriums besteht immer der Anreiz, selbst nicht zu kooperieren, in der Erwartung, daß andere Länder eine Umweltkoalition bilden werden. Damit wird ein wesentlich anspruchsvolleres Kriterium relevant. Ein Land würde danach einer Umweltkoalition nur dann beitreten, wenn die Koalitionsteilnahme ein höheres Wohlfahrtsniveau impliziert, als die Realisierung der Freifahrerposition gegenüber einer Koalition aus allen anderen Ländern (sog. starkes Kriterium in bezug auf die Bereitschaft zum Koalitionsbeitritt).

1 Zustandekommen von Koalitionen

a) Konstitutive Unsicherheiten als Beitrittsmotiv

Zunächst soll unmittelbar auf das Problem des Zustandekommes von Koalitionen eingegangen werden. Als ein mögliches Motiv, sich einer Umweltkoalition anzuschließen, könnte die Unsicherheit über deren Zustandekommen sein, wobei davon ausgegangen wird, daß die Wahrscheinlichkeit der Realisierung einer solchen Ländergemeinschaft durch die eigene Teilnahme (bzw. Teilnahmebereitschaft) erhöht wird. Eine solche Überlegung liegt dem nachstehend erläuterten Ansatz von Black, Levi und de Meza zugrunde.[1]

Jedes Land realisiere aus der Durchführung von Vermeidungsmaßnahmen einen Grenznutzen, der für alternative globale Vermeidungsniveaus konstant sein soll. Der jeweilige nationale Grenzvermeidungsnutzen b_i sei nur dem entsprechenden Land selbst bekannt. Über die konkrete Höhe des Grenzvermeidungsnutzens der anderen Länder habe es keine vollständige Information. Es weiß lediglich, daß die (konstanten) Grenznutzenwerte aller Länder aus derselben Verteilung $f(b)$ gezogen werden, die allen Ländern bekannt ist.

Beteiligt sich ein Land an einer Umweltkoalition, so hat es Vermeidungskosten in Höhe von c zu tragen. Diese seien für alle Koalitionsmitglieder gleich hoch und würden ein bestimmtes nationales Vermeidungsniveau implizieren.

Nimmt man m als die Anzahl der potentiellen Koalitionsmitglieder unter Vernachlässigung von Land i, dann ergibt sich in bezug auf die Wohlfahrt

---
[1] vgl. Black, Levi and de Meza (1990), S. 5ff.

des Landes i im Falle der Mitgliedschaft folgender Zusammenhang:

$$W_i^T = (m+1) \cdot b_i - c. \qquad (7.1)$$

Dagegen gilt für den Fall, daß sich Land i nicht an der Koalition beteiligt und damit gegenüber allen anderen Ländern die Freifahrerposition einnimmt:

$$W_i^F = m \cdot b_i. \qquad (7.2)$$

Ein Land i wird damit einer solchen Umweltkoalition grundsätzlich dann nicht beitreten, wenn die nachstehende Ungleichung erfüllt ist (Nichtteilnahmebedingung):[2]

$$(m+1) \cdot b_i - c < mb_i \quad \text{bzw.} \quad b_i < c. \qquad (7.3)$$

Wenn der nationale Grenznutzen der Vermeidung geringer ist als die für das Land anfallenden Grenzkosten wird sich Land i der Umweltkoalition nicht anschließen. Da diese Bedingung für alle Länder gilt, wird bei einer solchen Konstellation keinerlei Vermeidungsaktivität durchgeführt.

Es sei unterstellt, daß ein internationales Umweltabkommen nur dann in Kraft tritt, wenn sich von den n Ländern wenigstens ein bestimmtes Minimum zur Koalitionsteilnahme und damit zu nationalen Vermeidungsausgaben in Höhe von c bereit erklärt. D.h., eine abschließende Koalitionsverpflichtung für ein dem Grunde nach teilnahmebereites Land ergibt sich erst dann, wenn sich noch genügend andere Länder zur Teilnahme bereiterklärt haben. Die Erklärung der einzelnen Länder darüber, ob sie an einer solchen bedingten Koalition teilnehmen wollen oder nicht, erfolgt ohne Kenntnis der entsprechenden Entscheidungen der anderen Länder. Wird die geforderte Mindestteilnahmezahl nicht errreicht, so werden die Verhandlungen abgebrochen und annahmegemäß nie wieder aufgenommen.

Man kann nun zeigen, daß es für jede beliebige Konstellation von Länderanzahl, Kosten- und Nutzenparametern sowie geforderter Mindestteilnehmerzahl einen ganz bestimmten (kritischen) Wert k gibt, für welchen gilt:[3] Alle Länder, deren Grenzvermeidungsnutzen höher ist als k, werden einer Koalitionslösung zustimmen, alle anderen Länder werden ablehnen. Dieser Ansatz stellt auf jeden Fall sicher, daß für jede beliebige Mindestteilnehmerzahl eine positive Wahrscheinlichkeit für das Zustandekommen einer Umweltkoalition vorliegt.[4] Damit ergäbe sich für eine „koordinierende Stelle" die Aufgabe, aus diversen Vorschlägen den optimalen Wert für die Mindesteilnehmerzahl zu ermitteln.

---

[2] Vergleiche die Ausführungen, die in Zusammenhang mit dem sog. starken Kriterium für die Bereitschaft zur Koalitionsteilnahme gemacht wurden.
[3] vgl. Bauer (1993), S. 169 sowie Black, Levi and de Meza (1990).
[4] Bei vollkommener Information würden alle Länder das Abkommen unterzeichnen. Ein solches Abkommen wäre jedoch nicht (ex-post) „self-enforcing". Vergleiche dazu Barrett (1992b), S. 3.

Sofern die Mindestteilnehmerzahl nicht erreicht wird, hätte dies zur Folge, daß eine kooperative Lösung für immer ausgeschlossen wäre. Es erscheint aber nicht plausibel, daß einmal gescheiterte Verhandlungen nie wieder aufgenommen werden, obwohl sich die Verhandlungspartner durch ein Abkommen verbessern könnten. Wenn diese Drohung (d.h. die systemimmanente Drohung des Ausschlusses jeglicher zukünftiger Verhandlungen) aber nicht glaubwürdig ist, dann ändert sich die optimale Strategie der verhandelnden Länder, und es könnte sein, daß ein Land nicht zustimmt, obwohl es aus dem vorgeschlagenen Abkommen einen positiven Nettonutzen ziehen würde.[5,6]

Bauer schlägt folgenden Ausweg vor: Man könnte in die Modellierung Verzögerungskosten integrieren, welche für die einzelnen Länder unterschiedlich hoch sind. Solche Kosten würden z.B. dann auftreten, wenn sich der relevante Schadstoff zwischen zwei Verhandlungsrunden akkumuliert und dies bei den einzelnen Ländern zu unterschiedlichen Grenzschadenskosten führen würde. Für den Fall der Nichtteilnahme eines Landes ergäbe sich für dieses einerseits die Chance, daß eine Umweltkoalition auch ohne seine Mitwirkung zustandekommt (Freifahrerposition) und andererseits das Risiko, daß bei Nichtzustandekommen eines Abkommens seine Schadenskosten zunehmen.[7]

b) **Externe Zusatzvermeidung als Beitrittsmotiv**

Zum Themenkomplex „Zustandekommen von Koalitionen" gehört auch eine Modellierung von Barrett, in der er die Existenz gleichgewichtiger Koalitionsgrößen nachweist. Dabei wird von folgender Konzeption ausgegangen:[8] Ein Anteil α von insgesamt n (symmetrischen) Ländern bildet eine Umweltkoalition mit der Zielsetzung der Realisierung koalitionsinterner Vermeidungseffizienz. Die Koalition verhält sich wie ein Stackelberg-Leader, sie wählt also ihr kollektives Vermeidungsniveau in Kenntnis der Strategie der Nichtmitglieder. Die $(1 - \alpha)n$ außenstehenden Länder verhalten sich nichtkooperativ im Sinne von Nash.

Das Motiv, sich einer Koalition anzuschließen, besteht darin, daß die bisherigen Mitglieder bei der Wahl der kollektiven Vermeidungsmenge die nationalen Nutzen-/Kosten-Verhältnisse des (potentiellen) Neumitglieds mit in ihr Kalkül einbeziehen, was diese (solange eine gewisse Koalitionsgröße noch nicht überschritten ist) zur Mehrvermeidung veranlaßt. Bei einem Koalitionsaustritt droht dagegen Vergeltung in Form verminderter Vermeidungsmaßnahmen der Residualkoalition.

---

[5]vgl. Barrett (1992a), S. 32.
[6]Weiterhin zu kritisieren ist das Folgende (vergleiche dazu Barrett (1992a), S. 32): Falls die Mindestteilnehmerzahl erreicht wird, und damit eine Umweltkoalition entsteht, so besteht keine Möglichkeit, irgendwelche Neuverhandlungen über die Koalitionsverpflichtung zu führen. Zwar wäre eine entsprechende Selbstbindung im Interesse eines wirksamen Umweltschutzes, es dürften jedoch Zweifel an der Glaubwürdigkeit einer solchen Selbstbeschränkung bestehen.
[7]vgl. Bauer (1993), S. 169.
[8]vgl. Barrett (1992a), S. 28ff.

Mit Hilfe eines Algorithmus läßt sich der Länderanteil α^* berechnen, bei welchem Koalitionsstabilität erreicht ist.[9,10] Es zeigt sich jedoch, daß die umweltpolitische Wirksamkeit einer solchen stabilen Umweltkoalition relativ gering ist.[11] Bauer begründet dies damit, daß im Barrett-Modell ein Land durch seinen Beitritt lediglich das Vermeidungsniveau der anderen Mitglieder beeinflussen kann, nicht aber deren Anzahl.[12,13] In einem weiteren Modell (mit alternativen Strukturen für Nutzen- und Kostenfunktionen) zeigt Barrett, daß eine umfassende „self-enforcing" Umweltkoalition nur dann existiert, wenn die Wohlfahrtsdifferenz zwischen dem nichtkooperativen und kooperativen Fall gering ist.[14] Fällt diese Differenz allerdings größer aus, dann kann nur die Existenz relativ kleiner („self-enforcing") Umweltkoalitionen nachgewiesen werden.[15] Wenn man aber plausiblerweise einen eher hohen potentiellen Kooperationsgewinn unterstellen darf, stellt sich die Frage, ob die dargestellten Umweltkoalitionen nicht durch irgendwelche Änderungen in den Rahmenbedingungen erweiterungsfähig sind.

2 Erweiterung von Koalitionen

a) Erweiterungschancen einer nichtgebunden Basiskoalition

Dieser Frage einer möglichen Koalitionserweiterung gehen Carraro und Siniscalco nach.[16] Sie beziehen im Gegensatz zu den bisher abgehandelten „Koalitionsmodellen" explizit die Möglichkeit der Gewährung von Seitenzahlungen in die Modellierung ein.

Ausgehend von einer stabilen Koalition von Ländern, die nicht auf einer bindenden Koalitionsvereinbarung basiert, prüfen Carraro und Siniscalco die Möglichkeit einer Koalitionserweiterung. Sie unterstellen, daß die bisherige Umweltkoalition potentielle Neumitglieder durch die Gewährung von Transfers gewinnen will. Um eine solche Koalition sinnvollerweise um ein Land zu erweitern, müßte der Vorteil, den die bisherigen Mitglieder durch den Bei-

---

[9] Der Algorithmus wird in Barrett (1992a, S. 30f) anhand eines Beispiels erläutert.
[10] Barrett weist nach, daß eine stabile Koalition stets existiert (und zwar unabhängig von der konkreten Länderzahl und den marginalen Nutzen- und Kostenkonstellationen).
[11] Simulationen für alternative Länderzahlen und Nutzen-/Kosten-Konstellationen finden sich in Barrett (1991b).
[12] vgl. Bauer (1993), S. 167f.
[13] In der Konzeption von Black, Levi and de Meza (1990) ist dagegen unterstellt, daß durch den (bedingten) Beitritt die Wahrscheinlichkeit für das Zustandekommen der Koalition beeinflußt werden kann.
[14] vgl. Barrett (1992b), S. 3ff. Dem Modell liegen jedoch eine Reihe restriktiver Annahmen zugrunde, so z.B. auch die Annahme symmetrischer Länder.
[15] Zu ähnlichen Ergebnissen kommt Barrett auch bei einer Modellierung der Problematik als unendlich wiederholtes Spiel (vgl. Barrett (1992b), S. 10ff). Barrett integriert dabei die Forderung nach (schwacher) Neuverhandlungsstabilität; damit erklärt sich die Abweichung zum Folk-Theorem, nach welchem eine kooperative Lösung für jede beliebige Länderzahl dann möglich wäre, wenn die Diskontrate hinreichend gering ist.
[16] vgl. Carraro and Siniscalco (1991b).

tritt erzielen, höher sein, als der Verlust, den das Beitrittsland durch den Beitritt erleidet. Für den Fall, daß diese Bedingung erfüllt sein sollte, wäre die „Selbstfinanzierung einer Koalitionserweiterung" denkbar. Es stellt sich die Frage, ob eine solchermaßen erweiterte Koalition stabil ist. In bezug auf das Neumitglied gilt folgendes: Es wird nicht aus der Koalition ausscheren, wenn die eingegangene Transferzahlung höher ist als der beitrittsinduzierte Bruttoverlust (d.h. „vor" Transferempfang). Es läßt sich jedoch zeigen, daß die Gewährung eines Transfers in der für einen Beitritt notwendigen Höhe für die bisherigen Mitglieder zur Folge hat, daß diese einen Anreiz zum Koalitionsaustritt haben.[17] Damit ist eine unter solchen Rahmenbedingungen erweiterte Koalition instabil. Ausgehend von einer stabilen nichtgebundenen Koalition sind Transferzahlungen der Koalition an Neumitglieder also kein geeignetes Mittel für eine Koalitionserweiterung.

b) Erweiterungschancen einer gebundenen Basiskoalition

Geht man jedoch im folgenden von einer gebundenen, d.h. sich selbst verpflichtenden Koalition aus, so liegen die Dinge anders.[18,19] Man kann zeigen, daß es eine maximale Anzahl von Ländern gibt, die durch Transfers dazugewonnen werden kann.[20] Dieser Feststellung liegt folgende Überlegung zugrunde: Die Basiskoalition kann die durch den Beitritt weiterer Länder induzierten Vorteile zur Finanzierung der notwendigen Seitenzahlungen verwenden. Damit sich diese Transfers „selbstfinanzieren", muß der durch den Beitritt erzielte Bruttogewinn der Koalition größer sein, als der (als monetäre Größe ausgedrückte) Austrittsanreiz der Neumitglieder. Außerdem muß der Transfer, den die Altmitglieder maximal zu zahlen bereit sind, höher sein als der beitrittsinduzierte Bruttoverlust der Neumitglieder („vor" Transferempfang). Dann haben die Neumitglieder keinen Anreiz, aus der Koalition auszutreten, da sie sich durch ihre Teilnahme gegenüber Nichtkooperation besserstellen. Die Altmitglieder profitieren ebenfalls von der Koalitonserweiterung.[21]

Carraro und Siniscalco untersuchen noch einen anderen Aspekt.[22] Auch Nichtmitglieder profitieren von der Ausweitung einer Umweltkoalition. Den aus verminderten Emissionsschäden resultierenden Gewinn könnten nichtbeitrittswillige Nichtmitglieder dazu verwenden, durch die Gewährung von Seitenzahlungen beitrittswillige Nichtmitglieder zum Koalitionsbeitritt zu be-

---
[17] Vergleiche in diesem Zusammenhang auch Barrett (1992b), S. 6f.
[18] Carraro and Siniscalco (1991b) legen die Nash-Verhandlungslösung zugrunde.
[19] Ausgehend von der Basiskoalition gilt diese Selbstverpflichtung für Koalitionsmitglieder unabhängig davon, wie stark sich diese Koalition erweitert.
[20] vgl. Carraro and Siniscalco (1991b), S. 11f.
[21] Carraro and Siniscalco (1991b, S. 12ff) berechnen schließlich noch den Mindestanteil der sich selbstverpflichtenden Basiskoalitionsländer an der Gesamtzahl der Länder, der notwendig ist, um mittels Transfergewährung eine vollkooperative Lösung zu erreichen.
[22] vgl. Carraro and Siniscalco (1991b) S. 14ff.

wegen. Geht man davon aus, daß sich Nichtmitglieder (der erstgenannten Gruppe) darauf einigen, (zusätzliche) Umweltkooperation zu fördern, so kann man vom Fall einer „outside supported coalition" sprechen. Auch für diesen Fall läßt sich eine maximale Neumitgliederzahl ermitteln.

Die in dem ersten Modellteil von Carraro/Siniscalco allgemein abgeleiteten Ergebnisse werden in einem zweiten Teil anhand konkreter Emissionsnutzen- und Schadenskostenfunktionen auf ihre Anwendbarkeit hin überprüft. Es zeigt sich, daß (unter alternativen Annahmen) stabile Koalitionen existieren, deren Umfang jedoch gering ist.[23] Die nachgewiesenen Ergebnisse einer Koalitionserweiterung durch Transfergewährung an Neumitglieder sind ebenfalls nicht sehr ermutigend. Im Gegensatz dazu kann der Ansatz einer „outsided supported coalition" zu einer deutlichen Erweiterung der Umweltkoalition führen. Der letztgenannte Erweiterungsansatz erscheint jedoch unrealistisch. Es ist wenig plausibel, daß Nichtmitgliedsländer Transfers für eine Koalitionserweiterung zahlen, wenn diese eine „reine" Freifahrerposition einnehmen könnten. Eine Umweltkoalition größeren Umfangs kann (in der Vorgehensweise von Carraro/Siniscalco) nur dann realisiert werden, wenn von gewissen Anreizen zum Freifahrerverhalten abstrahiert wird, und zwar durch die Selbstbindung der Koalitionsmitglieder sowie durch Transfergewährung von nichtbeitrittswilligen Nichtmitglieder an beitrittswillige Länder.[24]

3 Zusammenschlüsse von Koalitionen

In den bisher behandelten Modellen zur Koalitionsproblematik wurde regelmäßig vom Fall symmetrischer Länder ausgegangen.[25] Dabei ergaben sich im Hinblick auf den möglichen Umfang von Umweltkoalitionen wenig ermutigende Ergebnisse. Im folgenden sollen deshalb gewisse zwischen den Ländern bestehende Asymmetrien eingeführt werden. Von der Möglichkeit der Gewährung von Seitenzahlungen wird dagegen abstrahiert.

a) Rangkonzeption und kleine Koalitionen

Das folgende Modell stammt von Bauer und behandelt neben dem Zustandekommen umweltpolitischer (Basis-)Koalitionen auch die Frage möglicher Zusammenschlüsse solcher Gebilde.[26] Neben der üblichen Annahme steigender Grenzvermeidungskosten wird jedoch unterstellt, daß sich der Grenznutzen mit Variation der globalen Vermeidungsmenge nicht ändert. Die Wohlfahrts-

---

[23] Im Hinblick auf die Separabilität der Schadenskostenfunktionen werden zwei Fälle unterschieden.

[24] Eine solche Selbstbindung widerspricht natürlich den Anforderungen des „self-enforcing".

[25] Nicht so beim Modell von Black, Levi and de Meza (1990). (Dieses wurde jedoch aus anderen Gründen „verworfen".)

[26] vgl. Bauer (1993), S. 170ff.

funktion des Landes i sei damit in folgender Weise spezifiziert:[27]

$$W_i = B_i(Q) - C_i(q_i) = iQ - \frac{q_i^2}{i}. \quad (7.4)$$

Dies impliziert eine Art zwischenstaatliche Größendifferenzierung, und zwar in der Weise, daß Land 1 (mit $i=1$) das kleinste Land und Land n (mit $i=n$) das größte Land darstellen soll. Dabei wird von Vermeidungsnutzen ausgegangen, die mit der Ländergröße proportional ansteigen, während bei den Vermeidungskosten für die größeren Länder relative Kostenvorteile unterstellt werden.

In bezug auf die Bildung von Umweltkoalitionen sollen folgende Annahmen gelten: Die Wohlfahrtsfunktionen aller Länder seien bekannt. Einigt sich eine Gruppe von Ländern auf eine Umweltkoalition, so erfolgt die koalitionsinterne Vermeidungsallokation in der Weise, daß die Koalitionswohlfahrt maximiert wird (koalitionsinternes Effizienzregime).[28] Für die Nichtmitglieder sei unterstellt, daß sie sich weiterhin völlig unkooperativ verhalten. Damit lassen sich zunächst einmal Vermeidungsmengen und Wohlfahrtsniveaus für die beiden Extremfälle „allgemeine Nichtkooperation" und „Vollkooperation" berechnen.[29] Es zeigt sich das wenig überraschende Ergebnis, daß die Wohlfahrt jeden Landes im Falle der Vollkooperation höher ist als im Zustand allgemeiner Nichtkooperation. Damit wäre das „schwache Kriterium" erfüllt. Dies reicht jedoch für die Bildung einer Umweltkoalition noch nicht aus. Zusätzlich müßte auch das „starke Kriterium" erfüllt sein. Im folgenden soll daher untersucht werden, welche Koalitionsgrößen und -formen nicht nur lohnend, sondern auch stabil sind.

Zunächst wird die Möglichkeit der Bildung einer Zweierkoalition untersucht werden. Schließt sich Land i mit Land $i + z$ zusammen, so gilt für die beiden Länder in bezug auf die Vermeidungsallokation das „koalitionsinterne Effizienzregime" (bei angenommener Nichtreaktion der restlichen Länder).[30] Da für die koalitionsinterne Zuweisung nationaler Vermeidungspflichten also lediglich Effizienzüberlegungen herangezogen werden und von der Möglichkeit der Gewährung zwischenstaatlicher Transferzahlungen abgesehen wird, kann nicht von vornherein gesagt werden, ob sich Land i durch Mitgliedschaft in einer Zweierkoalition gegenüber allgemeiner Nichtkooperation besserstellt.

---

[27] Eine andere Länderdifferenzierung nimmt z.B. Hoel (1992c) vor, indem er lediglich die Schadenskostenfunktionen differenziert.

[28] An dieser Stelle ist noch einmal das Folgende zu betonen: Hier sollen Möglichkeiten aufgezeigt werden, Koalitionen ohne die Gewährung von Seitenzahlungen zu bilden.

[29] Es zeigt sich bereits an dieser Stelle (bei Berechnung des Vollkooperation-Falles), daß durch die Art der Spezifizierung der Wohlfahrtsfunktion die Anwendung der Summenformel für endliche arithmetische Reihen möglich wird. So läßt sich der Term $\sum_i^n iQ$ (für den globalen Vermeidungsnutzen) als $(n^2 + n)Q/2$ schreiben.

[30] Das „Stillhalten" der anderen Länder ist Reflex der Annahme konstanter Grenzvermeidungsnutzen. (Bei fallenden Grenzvermeidungsnutzen würden die anderen Länder mit einer Minderung ihrer Vermeidungsaktivitäten reagieren).

Es läßt sich zeigen, daß die Wohlfahrtsdifferenz für Land i bei Teilnahme versus Nichtteilnahme durch folgenden Ausdruck erfaßt wird:

$$\Delta W_i = \frac{i}{4}(i^2 - z^2). \qquad (7.5)$$

Der Klammerausdruck determiniert die nachstehend erläuterten Szenarien: Eine Zweierkoalition bietet für ein Land i nur dann einen Vorteil, wenn $i>z$ ist. Für $i=z$ ergibt sich beim Wohlfahrtsniveau gegenüber dem Fall allgemeiner Nichtkooperation kein Unterschied. Dagegen hätte ein Koalitionsbeitritt bei $i<z$ sogar eine Verschlechtung der nationalen Wohlfahrtsposition zur Folge.[31]

Die Vorteilhaftigkeit der Teilnahme an einer Zweierkoalition setzt also voraus, daß die Indexzahl des betreffenden Landes höher ist als die Rangdifferenz zum möglichen Partnerland (d.h. $i>z$). Diese Bedingung ist für Länder mit höherer Indexzahl stets erfüllt, d.h., die Kooperation mit einem kleineren Land lohnt sich immer. Für ein kleines Land ist dies jedoch nicht zwingend, denn hier kann die Rangdifferenz (z) größer sein als der eigene Index (i).

Der aus einer Zweierkoalition resultierende Vorteil nimmt mit zunehmender Rangdifferenz ab (und zwar ganz gleich, ob nun eine Koalition mit einem Land $i+z$ oder eine mit Land $i-z$ betrachtet wird), denn für die Änderung der Wohlfahrtsdifferenz gilt

$$\frac{d(\Delta W_i)}{dz} = -\frac{iz}{2}. \qquad (7.6)$$

Damit läßt sich der nachfolgende Zusammenhang ableiten: Alle Länder präferieren eine Zweierkoalition mit dem nächstkleineren oder -größeren Land gegenüber allen anderen Zweierkoalitionen. (Mit Ausnahme von Land 1 verbessert sich jedes Land durch eine solche Zweierkoalition gegenüber dem Zustand allgemeiner Nichtkooperation.) Es besteht also kein Anreiz, aus einer solchen Zweierkoalition mit einem Rangnachbarn zugunsten von Nichtkooperation oder einer anderen Zweierkoalition auszuscheren.

Es könnte jedoch ein Anreiz zur Bildung einer Dreierkoalition bestehen. Es läßt sich nun aber zeigen, daß es für ein Land nie vorteilhaft sein kann, eine Dreierkoalition mit zwei größeren Ländern einzugehen.[32] Diese Behauptung läßt sich folgendermaßen begründen: Auch wenn das Wohlfahrtsniveau des kleinsten Mitgliedslandes i in einer 3er-Koalition höher ist als im Falle allgemeiner Nichtkooperation (vgl. schwaches Kriterium), so ist die Wohlfahrt doch nicht so hoch wie die, die es sich durch ein Ausscheren aus einer solchen Koalition sichern kann. D.h., für das kleinste der drei Länder bestünde der

---

[31] Die „Verschlechterungsbedingung" $i<z$ läßt sich in $2i<i+z$ umschreiben, d.h., eine Verschlechterung durch Koalitionsbeitritt würde sich dann ergeben, wenn das Doppelte des Indexes von Land i unter dem Index des anderen Landes liegen würde.
[32] vgl. Bauer (1993), S. 176f.

Anreiz, die Freifahrerposition gegenüber der (verbleibenden) Zweierkoalition der größeren Länder einzunehmen (vgl. starkes Kriterium).

Nimmt man einen differentiellen Wohlfahrtsvergleich vor, so läßt sich der Vorteil berechnen, den ein kleines Land i daraus zieht, einer Zweierkoalition der größeren Länder $i+z$ und $i+m$ nicht beizutreten. Dieser Vorteil entspricht dem Vorteil des kleinen Landes, aus einer Dreierkoalition mit zwei größeren Ländern auszutreten (sofern die beiden größeren Länder eine Zweierkoalition aufrechterhalten).

Ebenso läßt sich für jedes der beiden größeren Länder der jeweilige Vorteil aus einer Dreierkoalition gegenüber einer Zweierkoalition dieser Länder berechnen. Eine Dreierkoalition ist für das größte Land stets vorteilhaft (denn die dazu notwendige Bedingung $m>z$ erfüllt es immer). Für das mittlere Land gilt dies nur bei $m>(z/2)$. Eine solche Bedingung ist strenger als die an eine vorteilhafte Zweierkoalition mit einem größeren Land. Dies ergibt sich aus folgendem Grund: Land $i+m$ muß näher an $i+z$ liegen als die Mitte zwischen i und z. Folglich kann die Differenz zwischen m und z gar nicht größer sein, als der Index $i+m$. Das heißt aber, daß bei Austritt des kleinen Landes keine Gefahr besteht, daß die beiden größeren Länder zur Nichtkooperation übergehen. Vielmehr werden diese eine Zweierkoalition bilden.

Das kleinste Land einer potentiellen Dreierkoalition unterliegt dem Anreiz, sich als Freifahrer gegenüber einer Zweierkoalition der verbleibenden zwei größeren Länder zu verhalten. Dreierkoalitionen sind also grundsätzlich nicht stabil.

Es ist jedoch noch zu prüfen, ob Anreize zur Bildung umfassenderer Koalitionen bestehen. Land i prüft gemäß dem starken Kriterium die Mitgliedschaft in einer Koalition aus $n-1$ Mitgliedern (bei einer Ländergesamtzahl von N, mit $N \geq (n-1)$). Jedes dieser Länder hat einen Index $i+z_j$ (wobei z_j positiv oder negativ sein kann, aber für die einzelnen Länder unterschiedlich sein muß). Die Summe der Rangdifferenzen sei k ($=\sum z_j$).

Es zeigt sich, daß das Wohlfahrtsdifferential in bezug auf den Beitritt in eine $(n-1)$-Koalition (zur Realisierung einer n-Koalition)

$$\Delta W_i = i \left[i^2 \left(n - \frac{3}{4} - \frac{n^2}{4} \right) + ik \left(1 - \frac{n}{2} \right) - \frac{k^2}{4} \right] \quad (7.7)$$

ist.[33] Dieser Term kann nur für größere Länder positiv sein, d.h., für diese Länder könnte sich ein Beitritt lohnen. Für das kleinste Land einer Koalition kann dieser Ausdruck jedoch niemals positiv sein, sofern man von $n>2$ ausgeht (d.h. dem Fall eines potentiellen Beitritts in eine Koalition, die dem Umfang nach „mindestens" eine Dreierkoalition werden soll). Denn für $n>2$ wäre das Wohlfahrtsdifferential nur bei $k<0$ positiv.[34] Jedes Land, das kleiner ist als der Durchschnitt der Koalitionsmitglieder (für welches also $k>0$ gilt) hat damit den Anreiz, aus einer Koalition mit mehr als zwei Ländern

---
[33] vgl. Bauer (1993), S. 177.
[34] D.h., für den Fall, daß die Summe der Rangdifferenzen negativ ist.

auszutreten. Da aber in jedem Fall zumindest ein Land kleiner ist als der Koalitionsdurchschnitt, fehlt für ein solches Land der entsprechende Koalitionsanreiz. Damit ist gezeigt, daß Koalitionen mit mehr als zwei Mitgliedern nie stabil sein können.

Aus diesen Erkenntnissen lassen sich nun Schlüsse auf mögliche Koalitionsstrukturen ziehen. Zunächst ist festzustellen, daß bei Vorhandensein von mindestens vier Ländern nicht nur eine, sondern mehrere Zweierkoalitionen existieren. Dies folgt daraus, daß es für ein Land bei Beachtung der Rangdifferenzrestriktion vorteilhaft ist, mit einem noch ungebundenen Land eine Zweierkoalition einzugehen. Die Präferenzen für bestimmte Koalitionsstrukturen sind bei großen und kleinen Ländern jedoch unterschiedlich. So kann es für ein großes Land durchaus vorteilhaft sein, eine Koalition mit einem kleinen Land einzugehen. Dagegen hat ein kleines Land eine strikte Präferenz für eine Koalition mit einem ähnlich kleinen Land.

Die durch Zweierkoalitionen realisierbare globale Vermeidungsmenge ist dann am höchsten, wenn sich jeweils Rangnachbarn zu Koalitionen zusammenschließen. Weicht die Struktur der Zweierkoalitionen von diesem „Nachbarschaftskonzept" ab, so ergibt sich ein geringeres globales Vermeidungsniveau. Dies führt dann zu geringeren Vermeidungsnutzen für alle Länder. Diesen Nutzeneinbußen können zwar entsprechende Einsparungen bei den nationalen Vermeidungskosten gegenüberstehen, welche per Saldo Wohlfahrtssteigerungen implizieren; dies gilt aber nicht für die jeweils kleineren Partner alternativer Zweierkoalitionen.

Allgemein ist festzustellen, daß jede Koalitionsstruktur, die nicht nach dem „Nachbarschaftskonzept" angelegt ist, aus dem folgenden Grund instabil sein wird. Zwei kleine Länder, die bisher Koalitionen mit größeren Länder gebildet haben, können sich durch Etablierung einer gemeinsamen Koalition in jedem Fall verbessern (denn ein großes Land kann dem kleineren Land im Vergleich zu dessen Rangnachbar kein „konkurrenzfähiges" Angebot machen). Liegt eine ungerade Länderzahl vor, so würde jedes Land die Situation vorziehen, daß es bei Etablierung der Zweierkoalitionen durch alle anderen Länder die Freifahrerposition einnehmen kann. Für eine solche Stellung kommt unmittelbar Land 1 in Betracht, da dieses glaubhaft versichern kann, sich durch Koalitionsteilnahme gegenüber Nichtkooperation nicht verbessern zu können.[35] Eine stabile Lösung wäre dann, daß Land 1 die Freifahrerposition innehat, während alle übrigen Länder jeweils mit ihrem Rangnachbar eine Zweierkoalition bilden.

b) Sukzessivzusammenschluß zu größeren Koalitionen

Die „Nachbarschaftslösung" mit Zweierkoalitionen ist jedoch nicht notwendigerweise der Endpunkt des „Koalitionsspiels", denn es besteht die Möglichkeit, daß sich die betreffenden Koalitionen nun ihrerseits so verhalten wie die

---

[35] Vergleiche die entsprechenden Ausführungen zur Zweierkoalition.

einzelnen Länder in der vorherigen Analyse. Man kann nun zeigen, daß es
Anreize gibt, Zweierkoalitionen auf Viererkoalitionen zu erweitern.

Diese Behauptung steht in scheinbarem Widerspruch zu den oben abgeleiteten Ergebnissen, wonach jede Koalition, die aus mehr als zwei Ländern besteht, instabil ist. Der Grund für die unterschiedlichen Schlußfolgerungen liegt darin, daß sich im zuvor analysierten Fall einzelne Länder einer Koalition anschließen wollen, während im nun betrachteten Fall Paare von Ländern eine Koalition bilden wollen. Es sind also die beiden folgenden Fälle zu unterscheiden: Koalitionsbeitritt eines einzelnen Landes (Fall 1) und Koalitionsbeitritt einer Koalition (Fall 2):[36]

Fall 1: Ein Land, welches einer bisherigen Zweier- oder Dreierkoalition beitreten möchte, hätte (zusätzliche) Vermeidungskosten zu tragen und würde durch höhere Vermeidungsleistungen der anderen Mitglieder belohnt. Wie oben gezeigt wurde, ist dieser Anreiz für ein Land, das größenmäßig unter dem Koalitionsdurchschnitt liegt, nicht ausreichend. Falls dieses negative Anreizmoment nicht für dieses Land selber zutrifft, dann ist es doch für mindestens eines der anderen Länder relevant, mit der Folge, daß das betreffende Land aus der Koalition ausscheren wird.

Fall 2: Ein Abkommen mit zwei Länderpaaren hat den zusätzlichen Nutzen, daß der bisherige Partner des Landes ebenfalls dieser größeren Koalition beitreten möchte. Dieses Partnerland erhöht nun ebenfalls seine Vermeidungsaktivität und induziert zusätzliche Vermeidung der beiden anderen Länder, wobei die für jedes Land anfallenden zusätzlichen Vermeidungskosten geringer sind als beim „Einstieg" eines einzelnen Landes in eine Dreierkoalition.

Es wäre nun denkbar, daß sich Viererkoalitionen zu Achterkoalitionen zusammenschließen würden. Dann müßte sich die Wohlfahrt sämtlicher Mitglieder der Viererkoalitionen verbessern. Betrachtet man jeweils eine Koalition K_i als einen Spieler, so läßt sich die Vorteilhaftigkeitsbedingung für Zweierkoalitionen analog anwenden. Eine solche Koalitionserweiterung ist damit dann vorteilhaft, wenn die Summe der Indizes der ranghöheren Koalition nicht das Doppelte der Summe der Indizes der rangniedrigeren Koalition überschreitet.[37] Die Stabilität einer solchen Achterkoalition ist jedoch nicht zwingend gegeben, denn es besteht (ab einer bestimmten Mindestgröße der beteiligten Länder) nun die Möglichkeit des Ausscherens eines Landes, ohne daß die Koalition zusammenbricht. Aus einer instabilen Achterkoalition könnte damit eine stabile Siebenerkoalition hervorgehen.

Insgesamt läßt sich folgende Tendenz ausmachen:[38] Bestehende Koalitionen unterliegen dem Anreiz, sich zusammenzuschließen. Ab einer bestimmten Mindestgröße der beteiligten Länder können einzelne Länder aus den jeweils

---

[36] In diesem Zusammenhang ist daran zu erinnern, daß das Ziel einer Umweltkoalition in der Maximierung der Koalitionswohlfahrt besteht.
[37] Vergleiche dazu die Bemerkungen, die in Zusammenhang mit der Vorteilhaftigkeit bzw. Nachteiligkeit eines Beitritts in eine Zweierkoalition angeführt sind.
[38] vgl. Bauer (1993), S. 184.

erweiterten Koalitionen austreten, ohne daß damit der Bestand der Restkoalition in Frage gestellt wäre. Je umfangreicher die Koalition und je größer die Mitgliedsländer sind, desto mehr Länder können ausscheren, ohne das Fortbestehen der Restkoalition zu gefährden. Damit erweitern sich die Koalitionen von Stufe zu Stufe, wobei die Vergrößerung jeweils geringer als eine Verdopplung ausfällt. Endpunkt könnte eine relativ große Koalition sein, die jedoch nicht alle Länder umfaßt.

Die Relevanz der abgeleiteten Ergebnisse hängt natürlich von den der Modellierung zugrunde gelegten Annahmen ab. So ist etwa die Annahme konstanter Grenzvermeidungsnutzen problematisch.[39] Diese impliziert, daß das optimale Vermeidungsniveau der Nichtmitglieder von der globalen Vermeidungsmenge unabhängig ist und nichtkooperative Länder auf die Bildung einer Umweltkoalition durch andere Länder überhaupt nicht reagieren. Wäre man stattdessen von fallenden Grenzvermeidungsnutzen ausgegangen, hätten die Nichtmitglieder ihre nationalen Emissionsmengen nach oben angepaßt. Zudem wäre bereits bei geringeren Vermeidungsmengen der Nettonutzen weiterer Vermeidungsmaßnahmen auf Null zurückgegangen, was den Umfang realisierbarer Umweltkoalitionen sicherlich hätte sinken lassen.

Die modellierte Länderdifferenzierung in Form einer festen Struktur von Größenunterschieden ist zwar nicht sehr allgemein gehalten, stellt aber in jedem Fall eine Bereicherung der Koalitionsmodelle dar. Insbesondere auch deshalb, weil die Möglichkeit umfangreicher Koalitionsbildung aufgezeigt wurde, ohne daß von vornherein zwischenstaatliche Transferzahlungen integriert sein müssen.

4 Koalitionsbildung unter speziellen Rahmenbedingungen

Eine Gruppe von Ländern habe sich verbindlich auf ein umweltpolitisch abgestimmtes Verhalten verständigt, so daß diese Gruppe im folgenden wie ein einziges Land behandelt werden soll (sog. „gebundene" Basiskoalition).[40] Diese Ländergruppe wird vereinfacht mit Land A bezeichnet. Die in diesem Abschnitt zugrunde gelegten speziellen Rahmenbedingungen kommen u.a. darin zum Ausdruck, daß Land A nicht in der Lage ist, das globale Emissionsniveau in ausreichendem Maße zu beeinflussen, um durch einseitige Maßnahmen einen Vermeidungsnutzen realisieren zu können („Potentialinsuffizienz"). Eine solche Situation impliziert, daß Land A auf die umweltpolitische Mitwirkung der Länder aus der B-Gruppe angewiesen ist. Diese Länder haben jedoch annahmegemäß das Problem, daß sie grundsätzlich überhaupt keinen Vermeidungsnutzen erzielen können, z.B. weil die Umweltschäden vernachlässigbar

---

[39] Bauer (1993, S. 185) hält diese Annahme zumindest für gewisse Intervalle für gerechtfertigt, nämlich bei denjenigen Emissionsmengen, die „hinreichend gering sind, um Katastrophen mit weitgehender Sicherheit auszuschließen".

[40] Zur Unterscheidung zwischen gebundener und nichtgebundener Basiskoaliton vergleiche Abschnitt 2 dieses Kapitels.

gering sind.[41] Insofern muß Land A der B-Gruppe einen besonderen Anreiz zur umweltpolitischen Kooperation bieten. Dazu kommt ein Transferangebot und/oder eine Sanktionsdrohung des Landes A in Frage.[42]

a) Kooperationsbedingungen der Ländergruppen

Es seien folgende Annahmen getroffen: Die Ländergruppe B besteht aus einer Gruppe B^- nichtkooperativer und einer Gruppe B^+ kooperativer Länder. Die absolute Größe der Gruppen A, B, B^- und B^+ wird durch ihre jeweiligen Sozialproduktsgrößen (Y_A, Y_B, Y_{B^-}, Y_B^+) gemessen. k steht für den Kooperationsanteil $k = Y_B^+/Y_B$ ($0 \leq k \leq 1$) und mißt damit den relativen Anteil der B^+-Länder an der B-Gruppe (Vollkooperation impliziert $k=1$). Die Ländergruppe B besteht aus willkürlich vielen identischen Ländern b_i der Größe Y_{bi} ($\sum_i Y_{bi} = Y_B$). Land b der Größe Y_b ist ein repräsentatives Mitglied der Gruppe B. Dieses Land tritt in einen umweltpolitischen Dialog mit Land A ein und entscheidet, ob es kooperiert oder nicht. Es gelten folgende Zusammenhänge:

$$\begin{pmatrix} kB_A - C_A - kZ - S_A^+ \,;\, (z_b - c_b)Y_b - s_b^+ & kB_A - C_A - kZ - S_A^+ \,;\, s_b^- \\ 0 \,;\, -c_b Y_b & 0 \,;\, 0 \end{pmatrix}. \quad (7.8)$$

Bei kooperativem Verhalten hat Land A eine Wohlfahrtsfunktion von $kB_A - C_A - kZ - S_A^+$. Diese ist unabhängig davon, ob Land b (als repräsentatives Mitglied der Gruppe B) kooperativ oder nichtkooperativ spielt. Die Wohlfahrtsfunktion enthält damit auch sog. Sanktionsdurchsetzungskosten (S_A^+).[43] Bei Existenz einer B^--Gruppe stellt sich zudem ein Rückgang des Vermeidungsnutzens ein, gleichzeitig mindert sich aber auch die Transferlast (kB_A bzw. kZ). Insgesamt bleibt festzuhalten, daß die Wohlfahrtsfunktion des Landes A bei kooperativem Verhalten unabhängig von der speziellen Strategie irgendeines b_i ist. Das Wohlfahrtsniveau ist jedoch eine Funktion von k. Damit hängt W_A vom Kooperationsanteil ab.

Für die Wohlfahrt der anderen Ländergruppe gelten folgende Determinanten: Die Wohlfahrt eines Landes b ist bei kooperativem Verhalten $(z_b - c_b)Y_b - s_b^+$, bei nichtkooperativem Verhalten dagegen $-s_b$. Wenn sich das repräsentative Land b kooperativ verhält, realisiert es einen Transferzugang

---

[41] Man könnte statt von einem Vermeidungsnutzen von Null auch davon ausgehen, daß die Länder der B-Gruppe zwar einen positiven Vermeidungsnutzen haben, dieser jedoch durch die Vermeidungskosten überkompensiert wird.

[42] Bei den nachfolgenden Ausführungen wird auf ausgewählte Teile einer Modellierung von Heister (1993), S. 17ff. zurückgegriffen.

[43] Man hätte wohl eher erwartet, daß die Wohlfahrtsfunktion statt S_A^+ den Term $(1-k)S_A^+$ enthält, so daß bei Vollkooperation ($k=1$) dieser Term wegfallen würde. Der Multiplikand $(1-k)$ kommt jedoch indirekt über die nachfolgend vorgenommene Spezifizierung von S_A^+ ins Kalkül. Entsprechendes gilt auch für die Sanktionskosten der b-Länder.

von z_b $(=Z/Y_B)$ und bezahlt Vermeidungskosten c_b $(=C_B/Y_B)$, und zwar jeweils gewichtet mit der Sozialproduktsgröße Y_b des Landes b. Es ist jedoch zu beachten, daß das repräsentative Land b Sanktionsdurchsetzungskosten (s_b^+) zu tragen hat, falls lediglich Teilkooperation zustandekommt. Verhält sich Land b dagegen nichtkooperativ, hat es Sanktionswirkungskosten s_b^- zu tragen.

Für eine stabile kooperative Lösung gibt es zwei Bedingungen: Die Wohlfahrt von Land A darf nicht negativ sein und der payoff eines Landes b muß für den Fall „allgemeiner Kooperation" mindestens so hoch sein wie bei dessen einseitiger Verweigerung:

$$kB_A - C_A - kZ - S_A^+ \geq 0, \quad (7.9)$$

$$(z_b - c_b)Y_b - s_b^+ \geq -s_b^- . \quad (7.10)$$

An dieser Stelle soll nun eine Spezifizierung der Sanktionskosten vorgenommen werden. Für die verschiedenen Ländertypen seien folgende Sanktionskostenfunktionen unterstellt:

$$S_A^+ = \Gamma\gamma(1-k)Y_A, \quad (7.11)$$

$$s_b^+ = \Gamma\alpha(1-k)Y_b \quad \text{(für } k > 0\text{)} \quad \text{bzw.} \quad s_b^+ = 0 \quad \text{(für } k = 0\text{)}, \quad (7.12)$$

$$s_b^- = \Gamma\left[\delta + \beta\left(k - \frac{Y_b}{Y_B}\right)\right]Y_b \quad \text{(für } k > 0\text{)}$$
$$\text{bzw.} \quad s_b^- = \Gamma\delta Y_b \quad \text{(für } k = 0\text{)}. \quad (7.13)$$

Die Sanktionsdurchsetzungskosten bzw. Sanktionswirkungskosten sind demnach abhängig von der Sanktionsintensität Γ, dem Kooperationsanteil k, der Ländergröße Y_A und Y_b sowie gewissen Parametern. γ und α messen die basic costs der Sanktionsdurchsetzung für A und die (kooperativen) b^+-Länder. Dagegen erfassen δ und β die basic costs der Sanktionswirkung der b^--Länder (dabei gilt: $0<\Gamma,\gamma,\alpha,\delta+\beta\leq1$).

Die Sanktionsdurchsetzungskosten für A und die b^+-Länder sind im Fall der Vollkooperation ($k=1$) gleich Null. Sie steigen mit abnehmender Kooperation bis zu einem Maximum an, welches von Γ und γ bzw. α abhängt. s_b^+ springt wieder auf Null zurück (im Fall von Nullkooperation: $k=0$), da in diesem Fall B^+ eine leere Menge ist.

Die Sanktionswirkungskosten sind bei Nullkooperation ($k=0$) gleich $\Gamma\delta Y_b$, da in diesem Fall Sanktionsmaßnahmen nur von Land A durchgeführt werden. Bei Teilkooperation ($k>0$) erleidet ein (nichtkooperatives) b^--Land einen zusätzlichen Sanktionsnachteil, und zwar durch die von (kooperativen) b^+-Länder eingeleiteten Maßnahmen. Es ist jedoch zu beachten, daß k sinkt, wenn b nicht kooperiert. Als Kooperationsanteil, welcher für (7.13) und damit für einen Vergleich Kooperation versus Nichtkooperation heranzuziehen ist, ergibt sich der durch die Korrekturgröße Y_b/Y_B modifizierte (relevante)

Kooperationsanteil $k'=k - Y_b/Y_B=(Y_B^+ - Y_b)/Y_B$. Wenn Vollkooperation (also $k=1$) erreicht ist, dann haben Sanktionen, die einem (nichtkooperativen) marginalen b-Land (Y_b gegen 0) auferlegt werden, maximale Wirkung (vergleiche Abbildung 17 zu s_b^+ und s_b^-).

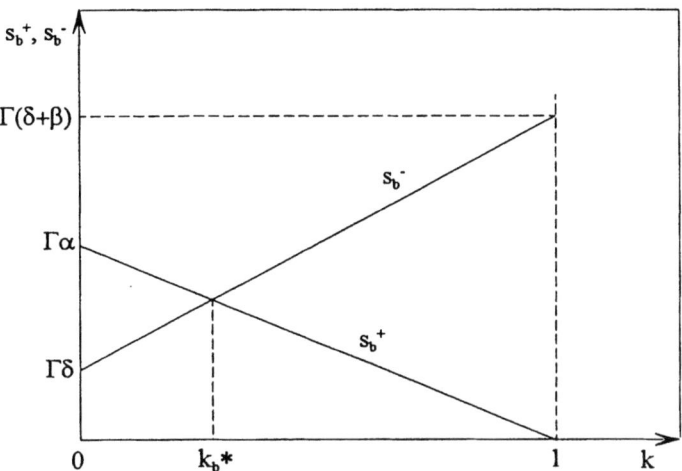

Abbildung 17: Mindestteilnahmeniveau für ein marginales b-Land ($Y_b \to 0$) für den Fall einer Vollkompensation ($z_b=c_b$) (Quelle: Heister (1993), S. 20).

Nimmt man die Kooperationsbedingungen (7.9) und (7.10) und berücksichtigt man die Spezifizierung der Sanktionsfunktionen, d.h. (7.11) bis (7.13), so zeigt sich, daß sowohl für Land A als auch für ein Land b der k-Wert (Kooperationsanteil) entscheidend für die Strategiewahl ist. Die Beteiligung am Umweltabkommen muß groß genug sein, damit das zugrundegelegte Transfer-/Sanktionen-System für Land A vorteilhaft ist und ein Land b sich zur Teilnahme entschließen kann.

Zunächst soll auf die Teilnahmebedingung von b eingegangen werden. Einsetzen von (7.12) und (7.13) in (7.10) führt zu (7.14), welches nach k aufgelöst den kritischen Wert k_b^* (7.15) ergibt.

$$(z_b - c_b)Y_b - \Gamma\alpha(1-k)Y_b + \Gamma\left[\delta + \beta\left(k - \frac{Y_b}{Y_B}\right)\right] \cdot Y_b \geq 0, \qquad (7.14)$$

$$k_B^* = \frac{c_b - z_b + (\alpha - \delta)\Gamma + \beta\Gamma\dfrac{Y_b}{Y_B}}{(\alpha+\beta)\Gamma}$$

$$= \frac{c_b - z_b}{(\alpha+\beta)\Gamma} + \frac{\alpha-\delta}{\alpha+\beta} + \frac{\beta}{\alpha+\beta}\cdot\frac{Y_b}{Y_B} \qquad \text{(für } \Gamma \neq 0\text{)}. \qquad (7.15)$$

k_b^* ist das Mindestteilnahmeniveau für jedes b-Land, von dessen Realisierung ein b-Land seine Abkommensteilnahme abhängig macht. k_b^* steigt mit der Ländergröße (Y_b) an, aber der Einfluß des entsprechenden Terms in (7.15) ist üblicherweise sehr gering und verschwindet für marginale b-Länder ($Y_b \to 0$).

1. Fall: Unterstellt man, daß Land A seine Transfers auf die Höhe der Vermeidungskosten von Land b fixiert hat ($z_b = c_b$), dann vereinfacht sich (7.15) zu $k_b^* = (\alpha - \delta)/(\alpha + \beta)$ und das Mindestteilnahmeniveau hängt nur noch von den Kosten- und Wirkungsparametern des Landes b ab (da die Sanktionsintensität „herausfällt"). In diesem Fall hat die Sanktionsintensität keinen Einfluß auf die Entscheidung von Land b. Wenn A in der Lage ist, b mit glaubwürdigen Sanktionen zu drohen, so daß $\delta \geq \alpha$ ist (d.h. die (partiellen) Sanktionsbasiskosten der b^--Länder höher sind als die Sanktionsbasiskosten der b^+-Länder), dann wird k_b^* Null und b wird stets kooperieren. Sind dagegen die Sanktionsbasisbelastungen der b-Kooperations-Ländern höher sind als die der b-Freifahrer-Länder ($\delta < \alpha$), so wird ein b-Land nur dann kooperieren, wenn eine genügend hohe Zahl anderer b-Länder ebenfalls kooperiert, so daß mindestens k_b^* erreicht wird.

2. Fall: Falls im Gegensatz zum ersten Fall Land A einem b-Land dessen Vermeidungsaufwendungen nicht genau erstattet (d.h. $z_b \neq c_b$), dann führt gemäß (7.15) eine Reduzierung des Transferniveaus unter die Vermeidungskosten zu einer Erhöhung der Mindestteilnahmeanforderungen (und umgekehrt). Außerdem spielt nun in diesem Falle auch die Sanktionsintensität eine Rolle, und zwar gilt der folgende Zusammenhang: Mit abnehmender Sanktionsintensität Γ wird k_b^* ansteigen (für den Fall der „Unterkompensation", $z_b < c_b$) bzw. zurückgehen (für den Fall der „Überkompensation", $z_b > c_b$).

Soll es zu einer erfolgreichen Kooperation kommen, so ist nicht nur die Teilnahmebedingung eines b-Landes zu berücksichtigen. Zusätzlich muß auch die Bedingung (7.9) von Land A erfüllt sein, da ansonsten Sanktionsdrohungen des Landes A gegen potentielle Freifahrer nicht glaubwürdig sind. Einsetzen von (7.11) in (7.9) und Auflösen nach k ergibt das von Land A geforderte Mindesteilnahmeniveau k_A^*.

$$k_A^* = \frac{C_A + \Gamma\gamma Y_A}{B_A - Z + \Gamma\gamma Y_A}. \tag{7.16}$$

Der Term $\Gamma\gamma Y_A$ erfaßt den Einfluß der (eigenen) Sanktionsdurchsetzungskosten auf das Mindestteilnahmeniveau. Wenn Sanktionen nicht angewendet werden ($\Gamma = 0$) oder für A kostenlos sind ($\gamma = 0$), dann hängt k_A^* nur von B_A und den entsprechenden Kosten C_A und Z ab. k_A^* ist (selbst im Fall ohne Sanktionskosten) notwendigerweise größer als Null, da nur ein Mindestkooperationsniveau dem Land A einen genügend hohen Nutzen (kB_A) ermöglicht, um seine Vermeidungskosten und die Transfers abzudecken. Mit ansteigenden Sanktionsdurchsetzungskosten steigt k_A^* schnell an, übertrifft k_b^*, und wird zur durchgehend bindenden Teilnahmebeschränkung.

Um b zu überzeugen, daß Land A an seinem Sanktionsschema „festhält", wenn das Mindestkooperationsniveau von k_b^* erreicht ist, erfordert $k_A^* \leq k_b^*$.[44] Dies impliziert die Gültigkeit von Bedingung (7.17), wobei aus Vereinfachungsgründen von exakter Kompensation ($z_b = c_b$ bzw. $Z = C_B$) und vom Fall eines marginalen b-Landes ($Y_b \to 0$) ausgegangen wird. Die Auflösung von (7.17) nach Γ führt dann zur maximalen Sanktionsintensität (Γ^*), die Land A „einsetzen" kann, ohne daß es die Mindestteilnahmeanforderungen von b überschreitet.

$$k_A^* = \frac{C_A + \Gamma \gamma Y_A}{B_A - Z + \Gamma \gamma Y_A} \leq \frac{\alpha - \delta}{\alpha + \beta} = k_B^* \quad \text{(für } c_b = z_b \text{ und } Y \to 0\text{)}, \quad (7.17)$$

$$\Gamma^* \leq \frac{\alpha(B_A - C_A - C_B) - \beta C_A - \delta(B_A - C_B)}{\gamma(\delta + \beta)Y_A}. \quad (7.18)$$

In Zusammenhang mit den abgeleiteten Mindestkooperationsbedingungen gilt außerdem das Folgende: Im Falle identischer b-Länder führt Teilkooperation von mindestens k_b^* ($\geq k_A^*$) sofort zur Vollkooperation. Bei Vollkooperation werden Sanktionen zwar nicht durchgeführt, sie bleiben aber eine glaubwürdige Drohung gegen mögliche Aussteiger. Ist Kooperation erst einmal erreicht und durch ein entsprechendes Sanktionspotential „abgesichert", dann ist diese Kooperation „self-enforcing", falls die Koalitionsbildung von Ländern, die abspringen wollen, unwahrscheinlich ist oder verhindert werden kann, da es für ein isoliertes marginales b-Land besser ist, an Maßnahmen der Sanktionsdurchsetzung teilzunehmen als Sanktionswirkungen ausgesetzt zu sein. Außerdem gilt, daß Sanktionsdrohungen gegen nichtkooperative oder ausbrechende Länder in ihrer Wirksamkeit gesteigert werden können, indem man, nachdem Kooperation erst einmal erreicht ist, die Sanktionsintensität erhöht und geeignete institutionelle Rahmenbedingungen schafft. Ein möglicher Ansatz wäre der folgende: Tranfers werden in einen Fonds eingezahlt, welcher in der Folgeperiode an die vorgesehenen Empfängerländer verteilt werden sollen. Wenn nun ein Land das Umweltschutzabkommen nicht einhält, so verliert es seinen Anteil, und der betreffende Betrag wird dazu verwendet, den restlichen Teilnehmerstaaten deren Sanktionsdurchsetzungskosten zu erstatten.

b) Zustandekommen und Förderung von Kooperation

Im bisherigen Verlauf wurde überhaupt noch nicht die Frage aufgeworfen, weshalb Kooperation überhaupt zustandekommen sollte und wie Land A eine solche fördern könnte.[45] Ein einzelnes b-Land hat für sich genommen a priori

---

[44] Denn bei dieser Konstellation der länderspezifischen Mindestteilnahmeniveaus ist das Erreichen bzw. das Überschreiten von k_b^* mit den Mindestanforderungen k_A^* des Landes A kompatibel, so daß ein Festhalten des Landes A am Sanktionsschema erwartet werden kann.

[45] Vergleiche zu den folgenden Ausführungen Heister (1993), S. 22ff.

keinerlei Veranlassung, davon auszugehen, daß die kritischen Kooperationswerte k_b^* und k_A^* erreicht werden.[46] Damit sind aber Sanktionsdrohungen (von anderen b-Ländern und von Land A) nicht glaubwürdig. Dieses Dilemma läßt sich für den Fall des one-shot-game und den Fall identischer b-Länder nur schwer lösen. Ein möglicher (zudem realistischerer) Lösungsansatz bietet der Rahmen eines dynamischen Spiels mit nichtidentischen b-Ländern, bei welchem diese Länder mit Land A individuell und der Reihe nach verhandeln. Im folgenden werden einige angemessene Strategien erörtert, und zwar unter zwei alternativen Szenarien: identische bzw. nichtidentische b-Länder. Zunächst sollen mögliche Strategien für den Symmetriefall untersucht werden.

a) Erhöhung der k_{bj}^e-Werte:[47] Ein b-Land hat sicherlich a-priori-Erwartungen in bezug auf die Absichten der anderen Länder und damit über das eintretende Kooperationsniveau k_{bj}^e. In einer Welt der Unsicherheit und unvollständigen Information könnte A in der Lage sein, solche Kooperationserwartungen zu fördern, um umweltpolitische Kooperation in Gang zu setzen.[48] Wenn die Kooperationserwartung von b_j den notwendigen k-Mindestwert erfüllt ($k_{bj}^e \geq k_b^*$), wird es kooperieren. Eine solche Verhaltensweise gilt für jedes b-Land. Im Falle identischer b-Länder wird damit sofort Vollkooperation erreicht. Für den Fall, daß k_b^e deutlich höher ist als k_b^*, kann Land A seine Transferzahlungen (unter Inkaufnahme einer noch „kompatiblen" Erhöhung des k_b^*-Wertes) etwas unter die im b-Land anfallenden Vermeidungskosten „drücken".

b) Senkung von k_b^* (und k_A^*) zur Induzierung eines Kooperationsbeginns:[49] Weiterhin könnte Land A versuchen, k_b^* (und k_A^*) so weit wie möglich abzusenken (auf Null oder unter k_b^e).[50] Einen relativen niedrigen k_b^*-Wert kann Land A (gemäß (7.15)) dadurch begünstigen, daß es ein Sanktionsschema mit großen Parametern δ und β (Sanktionsbasiskosten für b^--Länder) wählt. Für den Fall $\delta \geq \alpha$ wird k_b^* Null (sofern eine exakte Kompensation erfolgt).[51] Eine andere Möglichkeit den k_b^*-Wert zu reduzieren ergibt sich durch Überkompensation (der Vermeidungskosten), eventuell in Zusammenhang mit einer geringen Sanktionsintensität Γ. Dabei ist jedoch zu bedenken, daß sich durch einen Anstieg des Transferniveaus der k_A^*-Wert erhöht. Bezüglich einer dazu alternativen Vorgehensweise ist – wie bereits früher ausgeführt – zu beachten,

---

[46] Die Absicherung eines kooperationswilligen Landes kann durch bedingte Ratifizierung erfolgen (d.h., der Beitritt würde ein bestimmtes Mindestteilnahmeniveau voraussetzen). Siehe dazu den im ersten Abschnitt dieses Kapitels behandelten Ansatz von Black, Levi und de Meza (1990).

[47] vgl. Heister (1993), S. 22.

[48] Ein alternativer Ansatz wäre, die Kooperationswilligkeit des Landes b_j als Zufallsvariable zu spezifizieren.

[49] vgl. Heister (1993), S. 23.

[50] Vergleiche dazu die für eine Kooperation notwendigen Relationsbedingungen zwischen k_A^*, k_b^* und k_b^e.

[51] Siehe dazu die entsprechenden Ausführungen an früherer Stelle.

daß k_A^* (vgl. (7.16)) selbst durch „an sich geeignete Maßnahmen" nicht unter ein Mindestniveau (größer Null) reduziert werden kann.[52] Damit gilt folgendes: Die Strategie des Landes A zur Senkung von k_b^* dürfte in den Augen eines b-Landes nicht glaubwürdig sein, wenn dessen Kooperationserwartung zu niedrig ist. Selbst Sanktionen, welche A nutzen (Fall: Sanktionswirkungsnutzen statt -kosten) und die k_A^* auf Null reduzieren, dürften eine Transferreduzierung nicht ermöglichen, da eine Absenkung der Seitenzahlungen immer zu einem Anstieg von k_b^* führt.

An dieser Stelle soll die entsprechende Analyse nun für den Fall fortgesetzt werden, daß sich die b-Länder aufgrund irgendwelcher Asymmetrien unterscheiden.

a) Ausnutzung von Länderdifferentialen:[53] Sequentielle Verhandlungen mit nichtidentischen b-Ländern ermöglichen Land A die Ausnutzung potentieller Länderdifferenzen in bezug auf die Teilnahmeerwartungen ($k_{bi}^e \neq k_{bj}^e$) bzw. die Mindestteilnahmeanforderungen ($k_{bi}^* \neq k_{bj}^*$), um so die Transferbelastung zu reduzieren und/oder Kooperation zu fördern. Liegen nämlich Länderunterschiede vor, dann kann Land A seine Verhandlungspartner strategisch auswählen. Land A wird sich zunächst denjenigen b-Ländern „zuwenden", deren Kooperationsbereitschaft relativ stark ausgeprägt ist, entweder weil diese überdurchschnittliche Kooperationserwartungen und/oder unterdurchschnittliche Mindestteilnahmeniveaus haben. Wenn die Anzahl solcher Länder groß genug ist, so kommt es zu Kooperation, mit der Folge, daß die anderen Länder (wenn möglicherweise auch erst nach mehreren Perioden) nachziehen werden.

b) Individualisierung der Transferniveaus:[54] Ein alternativer Ansatz könnte darin bestehen, daß Land A seine Transfers in der Weise strategisch nutzt, um die Mindestteilnahmeanforderungen k_{bj}^* der „first mover"-b-Länder zu reduzieren. Durch das Angebot an first movers, diesen durch entsprechend hohe Transfers Überkompensation zu leisten ($z_{bj} > c_{bj}$), könnten diese zur Kooperation bewegt werden. Wird dies erreicht, so erhöht sich die Kooperationsbereitschaft der noch außenstehenden Länder. Land A kann dann allmählich seine Transferangebote an late-comers herabsetzen (und letztendlich noch den Unterkompensationsbereich erreichen).[55]

---

[52] Als eine „an sich geeignete Maßnahme" käme grundsätzlich die Senkung der Sanktionsintensität in Betracht.

[53] vgl. Heister (1993), S. 22.

[54] vgl. Heister (1993), S. 23.

[55] Damit kann es zwischen den b-Ländern zu einem Wettbewerb um möglichst hohe Transferzahlungen kommen. Heister (1993, S. 23) konstatiert weiter: Die Frage, ob eine Senkung der Gesamttransfers T unter die gesamten ausländischen Vermeidungskosten C_B möglich ist, muß offenbleiben. Weiterhin wäre zu untersuchen, ob die Strategie sequentieller Verhandlungen durch die Rationalitätsbedingung des Landes A beeinflußt wird.

5 Zusammenfassung

Die Tatsache, daß es bei Ansätzen zur Lösung internationaler Umweltprobleme zur Bildung von Länderkoalitionen kommen kann, ist Gegenstand des siebten Kapitels. Geht man über den Fall zweier Länder bzw. Ländergruppen hinaus, dann wird die Freifahrerproblematik wohl noch gravierender, da ein potentielles Freifahrerland eher damit rechnen kann, daß sich andere Länder bereit erklären, (einseitig) Vermeidungsmaßnahmen zu ergreifen bzw. eine Umweltkoalition zu bilden.

Länder werden sich dann zu einer Umweltkoalition zusammenschließen, wenn sie dadurch ihre Wohlfahrtsposition verbessern. Für die Analyse der Profitabilität und Stabilität solcher Länderzusammenschlüsse wurden zwei Kriterien herangezogen. Grundvoraussetzung für die Teilnahmebereitschaft eines Landes ist, daß sich das Land durch die Mitgliedschaft in einer Koalition gegenüber dem Fall allgemeiner Nichtkooperation besserstellt. Diese Voraussetzung wurde als das „schwache Kriterium" für die Bereitschaft zur Koalitionsteilnahme bezeichnet. Diese Bedingung ist jedoch nur eine Mindestvoraussetzung. Denn selbst bei Erfüllung des schwachen Kriteriums besteht immer der Anreiz, selbst nicht zu kooperieren, in der Erwartung, daß andere Länder eine Umweltkoalition bilden werden. Ein Land würde demnach nur dann einer Umweltkoalition beitreten, wenn die Koalitionsteilnahme ein höheres Wohlfahrtsniveau impliziert, als die Freifahrerposition gegenüber einer Koalition aus allen anderen Ländern (sog. starkes Kriterium).

Im ersten Abschnitt des Kapitels wurde das Zustandekommen von Umweltkoalitionen analysiert. Als mögliches Motiv, Mitglied einer Koalition zu werden, wird zunächst unterstellt, daß die Realisierung solcher Länderzusammenschlüsse grundsätzlich unsicher ist und die Wahrscheinlichkeit für deren Zustandekommen durch die eigene Teilnahme (bzw. bedingte Teilnahmebereitschaft) erhöht wird. In dem angeführten Modell ist die Beteiligung der einzelnen Länder an der Umweltkoalition von der Bedingung abhängig, daß sich eine bestimmte Mindestanzahl von Ländern zur Teilnahme bereit erklärt. Nur bei Erfüllung dieser Mindestanforderungen wird aus der bedingten Teilnahmebereitschaft eine Mitgliedschaftsverpflichtung. In einem anderen Ansatz besteht das Motiv, sich einer Koalition anzuschließen, darin, daß die anderen potentiellen Mitglieder bei der Wahl ihrer kollektiven Vermeidungsmenge die nationalen Nutzen-/Kosten-Verhältnisse des betreffenden Landes mit ins Kalkül einbeziehen, was diese (solange eine gewisse Koalitionsgröße noch nicht überschritten ist) zur Übernahme zusätzlicher Vermeidungspflichten veranlaßt.

Die mögliche Erweiterung von Umweltkoalitionen war Gegenstand des zweiten Abschnitts. Es zeigt sich, daß ausgehend von einer stabilen sog. nichtgebundenen Koalition die Gewährung von Transfers an potentielle Neumitglieder kein geeignetes Mittel für eine Koalititionserweiterung sein kann. Insoweit gibt es keine „Selbstfinanzierung" der Erweiterung einer sich nicht selbstverpflichtenden Koalition. Nimmt man als Ausgangspunkt jedoch eine

Internationale Umweltpolitik und Koalitionsbildung 181

sich selbstverpflichtende („gebundene") Koalition, so liegen die Dinge anders. Man kann zeigen, daß es eine maximale Anzahl von Ländern gibt, die durch Tranfers dazugewonnen werden kann. Schließlich wird die Möglichkeit erörtert, daß ein Teil der Nichtmitgliedsländer (welche von einer erhöhten globalen Vermeidung auch profitieren würden) einen anderen Teil der Nichtmitglieder durch Gewährung von Seitenzahlungen zum Beitritt zur Umweltkoalition bewegt (sog. outside supported coalition).

Abschnitt 3 stellt in bezug auf die Bildung und den möglichen Zusammenschluß von Umweltkoalitionen explizit auf die Existenz von Länderasymmetrien ab. Dabei wird von einer festen zwischenstaatlichen Strukturdifferenzierung ausgegangen: Ein Land mit niedriger Indexzahl i gilt als „kleines" Land, ein Land mit hohem i-Wert dagegen als „großes" Land. Jedem Land ist dann eine größenspezifische Vermeidungsnutzen- und Vermeidungskostenfunktion zugeordnet. Die Koalitionsländer realisieren annahmegemäß eine koalitionsinterne Effizienzlösung, während die Nichtmitglieder ihre nichtkooperative Strategie fortsetzen. Da aber konstante Grenzvermeidungsnutzen unterstellt sind, entfallen mögliche konterkarierende Anpassungsmaßnahmen beim Vermeidungsniveau der Nichtmitglieder. Es wird das starke Teilnahmekriterium zugrunde gelegt, so daß eine Umweltkoalition nicht nur lohnend, sondern auch stabil sein muß.

Für ein Land i ist eine Zweierkoalition mit einem Land $i + z$ (gegenüber allgemeiner Nichtkooperation) dann von Vorteil, wenn $i > z$ ist (d.h., wenn die eigene Indexzahl i höher als die Rangdifferenz z ist). Diese Bedingung ist für große Länder (d.h. Länder mit hoher Indexzahl) immer erfüllt, was für kleine Länder jedoch nicht notwendigerweise gilt. Der aus einer Zweierkoalition resultierende Vorteil nimmt mit zunehmender Rangdifferenz ab. Damit besteht ein Anreiz zur Bildung einer Zweierkoalition mit dem sog. Rangnachbarn. Es läßt sich zeigen, daß (Basis)Koalitionen mit mehr als zwei Mitgliedern nie stabil sein können. Gibt es mindestens vier Länder, so ist (unter Beachtung der „Rangdifferenzrestriktion") die Existenz mehrerer Zweierkoalitionen unmittelbar einsichtig. In bezug auf die Struktur der Zweierkoalitionen kann man folgende Aussagen ableiten: Es bilden sich jeweils Zweierkoalitionen aus Rangnachbarn. Jede Struktur, die vom „Nachbarschaftskonzept" abweicht, ist instabil. Die Bildung („geordneter") Zweierkoalitionen ist jedoch noch nicht der Endpunkt aller kooperativen Bemühungen. So kann man zeigen, daß sich zwei Zweierkoalitionen zu Viererkoalitionen zusammenschließen. Diese Behauptung steht in scheinbarem Widerspruch zu der oben erwähnten Feststellung, nach welcher Koalitionen aus mehr als zwei Mitgliedern stets instabil seien. Der Grund für die unterschiedlichen Schlußfolgerungen besteht darin, daß es im vorigen Fall um den Zusammenschluß einzelner Länder, hier aber um den Zusammenschluß von Koalitionen geht. Es wäre denkbar, daß sich Viererkoalitionen zu Achterkoalitionen zusammenschließen. Die Stabilität einer solchen Achterkoalition ist aber nicht mehr zwingend. Jedoch könnte aus einem solchen Gebilde eine stabile Siebenerkoalition hervorgehen. Insgesamt läßt sich folgende Tendenz ausmachen: Bestehende Koalitionen unterliegen dem Anreiz, sich zusammenzuschließen. Ab einer bestimmten Mindestgröße der beteiligten Länder können einzelne Länder aus der Koalition austreten, ohne daß damit der Bestand der Restkoalition gefährdet wäre. Je umfangreicher die Koalition und je größer die Mitgliedsländer sind, desto mehr Länder können ausscheren, ohne das Fortbestehen der Restkoalition zu gefährden. Damit erweitern sich die Koalitionen von Stufe zu Stufe, wobei die Vergrößerung jeweils geringer als eine Verdoppelung ausfällt. Endpunkt könnte eine relativ große Koalition sein, die jedoch nicht alle Länder umfaßt.

Der vierte Abschnitt befaßte sich mit der Koalitionsbildung unter speziellen Rahmenbedingungen. Eine Ländergruppe A ist aufgrund sog. Potentialinsuffizienz nicht in der Lage, das globale Emissionsniveau in ausreichendem Maße zu beeinflussen, um durch einseitige Maßnahmen einen Vermeidungsnutzen zu realisieren. Damit wäre die Ländergruppe A auf die umweltpolitische Mitwirkung der Länder aus der B-Gruppe angewiesen. Diese Länder haben jedoch annahmegemäß das Problem, daß sie grundsätzlich überhaupt keinen Vermeidungsnutzen erzielen können. Insofern muß die Ländergruppe A der B-Gruppe einen besonderen Anreiz zur umweltpolitischen Kooperation bieten. Dazu kommt ein Transferangebot und/oder eine Sanktionsdrohung der Gruppe A in Frage. Im ersten Teil des Abschnitts werden dann die Bedingungen für kooperatives Verhalten der Länder bzw. Ländergruppen abgeleitet, wobei spezifische Sanktionsfunktionen zugrunde gelegt werden. Dann ergeben sich für beide Ländergruppen bzw. deren Mitglieder bestimmte Mindestteilnahmeniveaus, von deren Erfüllung sie ihre umweltpolitische Kooperationsbereitschaft abhängig machen. Nach Herleitung dieser länderspezifischen Mindestanforderungen wird untersucht, mit welchen Maßnahmen das Zustandekommen umweltpolitischer Koalitionsbildung konkret gefördert werden kann. So werden etwa sequentielle Verhandlungen erörtert, bei welchen die A-Gruppe Länderdifferenzen in bezug auf die Teilnahmeerwartungen bzw. Mindestanforderungen einzelner B-Länder ausnutzt, um die Belastung durch kooperationsinduzierende Transferzahlungen zu senken.

Kapitel 8: Internationale Umweltpolitik und zwischenstaatliche Multibeziehungen

In diesem Kapitel wird untersucht, wie die Erfolgsaussichten für eine internationale Umweltpolitik dadurch beeinflußt werden, daß Länder regelmäßig nicht nur ein gemeinsames Umweltsystem haben, sondern auch durch andere Beziehungsfelder, z.B. Handelsbeziehungen, miteinander verbunden sind (sog. zwischenstaatliche Multibeziehungen).

1 Relevanz versus Irrelevanz zwischenstaatlicher Multibeziehungen

Gegenstand des ersten Abschnitts des Kapitels sind ausgewählte Szenarien, welche dokumentieren sollen, daß die Existenz zwischenstaatlicher Multibeziehungen für die Realisierbarkeit umweltpolitischer Kooperation nicht notwendigerweise relevant ist. Für diesen Zweck werden Teile eines Modells von Heister herangezogen, wobei noch einmal auf den Zwei-Länder-Fall übergegangen wird.[1] Es sei eine Situation unterstellt, in der keines der Länder für sich allein genommen (d.h. bei Durchführung einseitiger umweltpolitischer Maßnahmen) über das notwendige „Vermeidungspotential" verfügt, um das globale Emissionsniveau spürbar zu senken (wechselseitige Potentialinsuffizienz). Für die beiden Länder stellt sich die Situation bei kooperativem bzw. nichtkooperativem Verhalten wie folgt dar: Bei allgemeiner Nichtkooperation $(n_1; n_2)$ sind die Wohlfahrtsniveaus der beiden Länder jeweils Null. Bei der Durchführung von isolierten umweltpolitischen Maßnahmen, d.h. $(s_1; f_2)$ bzw. $(f_1; s_2)$, fallen mangels „ausreichendem" nationalem Vermeidungspotential lediglich Vermeidungskosten an, ohne daß entsprechende Vermeidungsnutzen realisierbar wären.[2] Kommt es dagegen zu Vollkooperation der beiden Länder $(c_1; c_2)$, so ergeben sich aus den Vermeidungsmaßnahmen nicht nur Kosten, sondern auch entsprechende Nutzen.

Für Land 1 sei bei Vollkooperation der Nutzen höher als die anfallenden Kosten $(B_1 > C_1)$, so daß Land 1 bei bilateraler Durchführung von Vermeidungsmaßnahmen einen positiven Wohlfahrtseffekt hat. Bei Land 2 dagegen sei der anfallende Vermeidungsnutzen so gering, daß er die anfallenden Vermeidungskosten nicht abdeckt $(B_2 < C_2)$. Damit ergibt sich für Land 2 bei Vollkooperation gegenüber nichtkooperativem Verhalten ein Wohlfahrtsverlust.

Im folgenden sei davon ausgegangen, daß für Land 2 der Vermeidungsnutzen vernachlässigbar klein ist, so daß sich das negative Wohlfahrtsniveau

---
[1] vgl. Heister (1993), S. 11 ff.
[2] Die Durchführung einseitiger Umweltschutzmaßnahmen und das Einnehmen der Freifahrerposition ist durch s_i bzw. f_i $(i=1,2)$ gekennzeichnet.

bei kooperativem Verhalten allein durch die anfallenden Vermeidungskosten erklärt, denen kein Vermeidungsnutzen gegenübersteht.[3] Damit ist die Situation der Länder durch die folgende Wohlfahrtsmatrix gekennzeichnet:[4]

$$\begin{pmatrix} B_1 - C_1\,;\,-C_2 & -C_1\,;\,0 \\ 0\,;\,-C_2 & 0\,;\,0 \end{pmatrix}. \tag{8.1}$$

Man erkennt unmittelbar, daß für Land 2 umweltpolitische Nichtkooperation dominante Strategie ist. Dies würde selbst dann gelten, wenn Land 1 eine glaubwürdige Selbstbindung auf kooperatives Verhalten aussprechen könnte. Dessen ungeachtet kann Land 1 eine solche (glaubwürdige) Selbstverpflichtung aber gar nicht eingehen, weil es sich durch den Vollzug einseitiger Umweltschutzmaßnahmen gegenüber allgemeiner Nichtkooperation verschlechtern würde. Damit werden sich also sowohl Land 1 als auch Land 2 nichtkooperativ verhalten.

Eine Möglichkeit, aus dieser Dilemmasituation herauszukommen, könnte darin bestehen, die Verhandlungen über eine gemeinsame Umweltpolitik mit anderen gemeinsamen Politikfeldern zu verknüpfen („issue linkage"). Als ein solches Feld kommen z.B. die Handelsbeziehungen in Frage. So könnte Land 1 für den Fall, daß sich Land 2 einer kooperativen Lösung verschließen sollte, Handelssanktionen androhen. Bei Umsetzung der Sanktionsdrohung würden bei Land 2 Sanktionswirkungskosten von S_2 und bei Land 1 Sanktionsdurchsetzungskosten von S_1 entstehen. Als Ergänzung zu dem Sanktionsregime wäre denkbar, daß Land 1 dem anderen Land für den Abkommensbeitritt gewisse Transferzahlungen (Z) leistet.[5] Die Wohlfahrtsverteilung bei Etablierung dieses Transfer-/Sanktionen-Systems stellt sich dann wie folgt dar:

$$\begin{pmatrix} B_1 - C_1 - Z\,;\,Z - C_2 & -C_1 - S_1\,;\,-S_2 \\ 0\,;\,-C_2 & 0\,;\,0 \end{pmatrix}. \tag{8.2}$$

Auf dieser Grundlage kann man erste Überlegungen über die Bedingungen für eine umweltpolitische Kooperativlösung anstellen. Zunächst sollen die folgenden Zusammenhänge untersucht werden:

$$B_1 - C_1 - Z \geq 0, \tag{8.3}$$

---

[3] Diese Annahme führt zu keiner qualitativen Veränderung der abzuleitenden Aussagen und erlaubt für den Fall der Integration eines Transfer-/Sanktionen-Systems die Trennung der Wirkung von Transfers und Sanktionen (vgl. Heister (1993), S. 11).

[4] Für die nachfolgenden Matrizen gilt jeweils folgendes Schema:

$$\begin{pmatrix} c_1\,;\,c_2 & s_1\,;\,f_2 \\ f_1\,;\,s_2 & n_1\,;\,n_2 \end{pmatrix}.$$

[5] Die Diskussion zum Komplex Transferzahlungen und Sanktionen wird in der Literatur auch unter dem Stichwort „carrot and stick" geführt. Vergleiche dazu im umweltpolitischen Kontext z.B. Mohr (1991b), S. 206f.

$$Z - C_2 \geq -S_2. \qquad (8.4)$$

Als Teilnahmevoraussetzung für Land 2 kommt zunächst einmal der in Bedingung (8.4) dargestellte Zusammenhang in Betracht. Danach wird Land 2 nur dann kooperieren, wenn die Umsetzung der Sanktionsdrohung durch Land 1 höhere Wohlfahrtsverluste für Land 2 mit sich bringen würden als die Durchführung transferflankierter Vermeidungsmaßnahmen. Da Sanktionen jedoch nur bei kooperativem Verhalten von Land 1 zur Anwendung kämen, ist die Entscheidungssituation von Land 2 nicht unabhängig von der Rationalitätsbedingung (8.3) des Landes 1. Diese Bedingung fordert, daß sich Land 1 gegenüber nichtkooperativem Verhalten nicht verschlechtern darf.

In bezug auf Land 1 gilt zunächst einmal folgendes: Wenn es sich für den Fall der Teilnahmeverweigerung von Land 2 auf die Durchführung von Sanktionen verpflichten könnte, gäbe es zwei Nash-Gleichgewichte, nämlich Vollkooperation und Nichtkooperation. Wegen der mit der Umsetzung der Sanktionsdrohung verbundenen Wohlfahrtsverluste für Land 1 (Sanktionsdurchführungskosten) ist eine solche Selbstbindung auf Sanktionsdurchführung nicht glaubwürdig. Dies hat zur Folge, daß sich (unter Zugrundelegung der oben angeführten Zusammenhänge) lediglich ein Nash-Gleichgewicht einstellen kann, und zwar umweltpolitische „Nichtkooperation".

Ein anderes Ergebnis ist nur dann möglich, wenn für Land 2 als Referenzgröße zu allgemeiner Kooperation nicht mehr der Fall „einseitige Vermeidungsmaßnahmen durch Land 1", sondern der Fall „allgemeine Nichtkooperation" herangezogen wird. Damit ist Bedingung (8.4) durch Bedingung (8.5) zu ersetzen. Es gilt also

$$Z - C_2 \geq 0 \qquad (8.5)$$

und weiterhin $B_1 - C_1 - Z \geq 0$. (8.3)

Jetzt muß Land 1 dem zweiten Land Transfers in einer Höhe gewähren, so daß dessen Vermeidungskosten (mindestens) abgedeckt werden. Das kooperative Wohlfahrtsniveau von Land 2 ist folglich nicht mehr negativ und erreicht so mindestens die sich bei Nichtkooperation ergebende Höhe. Land 1 kann also „ohne Bedenken" kooperativ spielen, da die Erfüllung von Bedingung (8.5) sicherstellt, daß das andere Land umweltpolitisch mitzieht.[6] Bedingung (8.5) reflektiert die Tatsache, daß im Fall der zunächst unterstellten Bedingung (8.4) Sanktionen nicht glaubwürdig sind und damit keine Wirkung haben (folglich ist die Teilnahmebedingung von Land 2 von den Sanktionswirkungskosten unabhängig). Deshalb muß Land 1, um allgemeine Kooperation sicherzustellen, ein Transferschema einbauen, welches Bedingung (8.5) und (8.3) erfüllt. Damit hat die Transferzahlung ganz bestimmten Anforderungen zu genügen: Nur solche Transferniveaus, für welche die folgende

---

[6] Dabei ist unterstellt, daß bei Gleichheit der Wohlfahrtsniveaus im Falle von kooperativem und nichtkooperativem Verhalten stets Kooperation gewählt wird.

Bedingung erfüllt ist, führen zu einem kooperativen Nash-Gleichgewicht.

$$B_1 - C_1 \geq Z \geq C_2 \tag{8.6}$$

Es gibt also durchaus Fälle, in denen die bloße Existenz von Multibeziehungen für die Sicherstellung umweltpolitischer Kooperation nicht ausreicht. So war im vorliegenden Fall die Androhung von Sanktionen auf einem anderen Politikfeld (z.B. bei den Handelsbeziehungen) unglaubwürdig: Damit hatte das Vorhandensein von Multibeziehungen keinerlei Einfluß auf die relevanten Bedingungen für umweltpolitische Kooperation.[7]

Diese Irrelevanz schlägt sich auch in Zusammenhang mit der Festsetzung der zwischenstaatlichen Verteilung der Verhandlungsgewinne nieder. Legt man dabei (und damit bei der kooperativen Bestimmung des Transferniveaus) die Nash-Verhandlungslösung zugrunde, so ergibt sich folgender Ansatz:[8]

$$\max_{z} \{(B_1 - C_1 - Z) \cdot (Z - C_2)\} . \tag{8.7}$$

Die Multibeziehungen sind also auch für die zugrundegelegten Drohpunkte ohne Belang, da die Unglaubwürdigkeit der Sanktionsdrohung zu einem nichtkooperativen Wohlfahrtsniveau von jeweils Null führt.[9]

Der bisherigen Analyse lag ein One-shot-game zugrunde. Wird nun im folgenden von einem Zwei-Perioden-Spiel ausgegangen, dann könnte eine solche zeitliche Ausweitung Konsequenzen für die Relevanz von Multibeziehungen haben.[10] In diesem Fall kommen Sanktionen möglicherweise als nachträgliche Vergeltung für nichtkooperatives Verhalten in Betracht. Es sei nun ein Spiel unterstellt, das sich über zwei Perioden erstreckt und als alternative Grundszenarien unterscheidet, ob zu Beginn der ersten Periode ein Umweltabkommen zustandegekommen ist oder nicht.

a) Wenn in Periode $t=1$ ein Umweltabkommen unterzeichnet wurde, impliziert dieses, daß Land 1 unmittelbar Vermeidungsmaßnahmen einleitet, welche dauerhaften Charakter haben. Gleichzeitig gewährt Land 1 dem anderen Land – quasi im Vorgriff auf die für die Folgeperiode vereinbarten, von Land 2 durchzuführenden Vermeidungsmaßnahmen – Transferzahlungen. In $t=2$ ergreift nun Land 2 die vereinbarten Vermeidungsmaßnahmen, oder es erfüllt die getroffenen Vereinbarungen nicht.

b) Ist in $t=1$ aber ein Umweltabkommen nicht zustandegekommen, bietet sich für Land 1 in $t=1$ zum einen die Möglichkeit, die bisherige nationale

---

[7] Die entscheidende Instrumentenvariable war hier vielmehr das Transferniveau.
[8] Es wird hier von identischer Verhandlungsstärke der beiden Länder ausgegangen. Zum Fall der asymmetrischen Verhandlungslösung siehe Abschnitt 2 des zweiten Kapitels. (Eine allgemeine spieltheoretische Darstellung findet sich bei Binmore, Rubinstein and Wolinsky (1986), S. 186.)
[9] Die Anwendung der Nash-Verhandlungslösung führt zu einer gleichmäßigen Verteilung der Verhandlungsgewinne auf beide Länder. Dies wird durch ein Transferniveau in Höhe von $Z^* = (1/2) \cdot (B_1 - C_1 + C_2) = C_2 + (1/2) \cdot [B_1 - (C_1 + C_2)]$ erreicht.
[10] vgl. Heister, (1993), S. 24ff.

Emissionspolitik fortzusetzen, zum anderen kann Land 1 einseitig Vermeidungsmaßnahmen einleiten und gegen Land 2 Sanktionen verhängen, in der Hoffnung, daß Land 2 in der Folgeperiode auf einen kooperativen Weg wechselt und sein Vermeidungspotential „nutzt". Wenn Land 2 in $t=2$ umweltpolitisch mitzieht und damit die wechselseitige Potentialinsuffizienz nicht mehr „greift", realisiert Land 1 einen Vermeidungsnutzen. Sollte sich aber Land 2 einer kooperativen Lösung weiterhin entziehen, wird Land 1 die Sanktionen aufrechterhalten.[11]

Damit stellt sich die Wohlfahrtssituation der Länder in Periode $t=1$ bzw. $t=2$ folgendermaßen dar:

$$\begin{pmatrix} -_1C_1 -_1Z\,;\, {}_1Z & -_1C_1 -_1S_1\,;\, -_1S_2 \\ {}_10\,;\, {}_10 & {}_10\,;\, {}_10 \end{pmatrix}. \tag{8.8}$$

$$\begin{pmatrix} {}_2B_1\,;\, -_2C_2 & -_2S_1\,;\, -_2S_2 \\ {}_20\,;\, -_2C_2 & {}_20\,;\, {}_20 \end{pmatrix}. \tag{8.9}$$

Nimmt man eine isolierte Betrachtung der Perioden (und damit der entsprechenden Wohlfahrtsniveaus) vor, so wird es offensichtlich zu keiner kooperativen Lösung kommen.[12] Sieht man dagegen (wie im Rahmen eines Zwei-Perioden-Spiels) die beiden Perioden in direktem Zusammenhang, dann werden bei der Strategiewahl die kombinierten payoffs der beiden Perioden berücksichtigt. Insofern ergeben sich für ein Land i ($i=1,2$) die folgenden relevanten Strategien: (a) Kooperatives Verhalten in beiden Perioden, (b) Wechsel von Kooperation zu Nichtkooperation, (c) Nichtkooperatives Verhalten in beiden Perioden.[13] Die betreffenden Wohlfahrtsszenarien werden damit durch folgende Matrix erfaßt:[14]

$$\begin{pmatrix} {}_2B_1-_1C_1-_1Z\,;\, {}_1Z-_2C_2 & -_1C_1-_1Z-_2S_1\,;\, {}_1Z-_2S_2 & -_1C_1-_1S_1-_2S_1\,;\, -_1S_2-_2S_2 \\ -_1C_1-_1Z\,;\, {}_1Z-_2C_2 & -_1C_1-_1Z\,;\, {}_1Z & -_1C_1-_1S_1\,;\, -_1S_2 \\ 0\,;\, -_2C_2 & 0\,;\, 0 & 0\,;\, 0 \end{pmatrix}.$$
(8.10)

Im Rahmen eines solchen 2-Perioden-Spiels gibt es also zumindest zwei Nash-Gleichgewichte, $(n,n;c,n)$ und $(n,n;n,n)$, die beide die Wohlfahrtskombination $(0;0)$ realisieren. Darüber hinaus kommt auch Vollkooperation $(c,c;c,c)$

---

[11] Vermeidungskosten für Land 1 in $t=2$ werden aus Vereinfachungsgründen vernachlässigt.

[12] Die Unmöglichkeit einer kooperativen Lösung bei isolierter Periodenbetrachtung ist für $t=1$ unmittelbar erkennbar. In bezug auf $t=2$ ist zu bedenken, daß die Sanktionsdrohung nicht glaubwürdig ist, da sich Land 1 bei der Umsetzung der Drohung gegenüber einem Verzicht auf eine solche Maßnahme schlechterstellen würde.

[13] Die Strategie „Wechsel von Nichtkooperation auf Kooperation" wurde ausgeklammert, da das Hauptinteresse an den Strategien besteht, bei welchen (zumindest) anfänglich kooperatives Verhalten stand. Die Strategie „Nichtkooperatives Verhalten in beiden Perioden" wurde dagegen als „ultimate conflict situation" berücksichtigt.

[14] Auf eine Diskontierung der Perioden-Wohlfahrtniveaus wurde aus Vereinfachungsgründen verzichtet.

für eine Nash-Lösung in Frage. Eine solche Strategiekombination ist jedoch nur dann ein Nash-Gleichgewicht, wenn die Strategie (c, c) für jedes Land den jeweils maximalen outcome bringt. Das setzt für Land 1 ein nichtnegatives Wohlfahrtsniveau voraus, während sich für Land 2 ein nachträgliches Abspringen nicht lohnen darf. Damit kommen als Kooperationsvoraussetzungen folgende Bedingungen in Betracht:

$$_2B_1 - {}_1C_1 - {}_1Z \geq 0, \tag{8.11}$$

$$_1Z - {}_2C_2 \geq {}_1Z - {}_2S_2. \tag{8.12}$$

Es ergibt sich jedoch das Problem, daß ein solchermaßen konzipierter Kooperationsansatz nicht teilspielperfekt ist, und zwar aus folgendem Grund: Der durch Ungleichung (8.12) dargestellte Zusammenhang stellt nämlich deshalb keine für die Kooperation hinreichende Bedingung dar, weil Sanktionswirkungskosten $_2S_2$ erst gar nicht relevant werden, eben weil die Androhung entsprechender Sanktionsmaßnahmen durch Land 1 nicht glaubwürdig ist. Es gilt nämlich folgendes: Wenn Land 2 das Abkommen in $t=2$ bricht, d.h. (c, n) spielt, wäre Land 1 insofern in einer unglücklichen Situation, als es dann in $t=1$ nicht nur die eigenen Vermeidungskosten, sondern auch die Transferlast getragen hätte, ohne daß es dafür in $t=2$ durch einen entsprechenden Vermeidungsnutzen „entschädigt" würde. Unter diesen Bedingungen aber kann Land 2 davon ausgehen, daß Land 1 (c, n) spielen wird, um so seine Verluste in Grenzen zu halten, indem es durch Verzicht auf Sanktionen die entsprechenden Durchsetzungskosten vermeidet. Die Überlegung ist damit noch nicht abgeschlossen. Vielmehr wird Land 1 den Ausstieg von Land 2 antizipieren, mit der Folge, daß sich Land 1 auf ein Abkommen zu diesen Bedingungen erst gar nicht einlassen wird. Vollkooperation ist also kein teilspielperfektes Gleichgewicht. Damit bleiben die Kombinationen $(n, n; c, n)$ und $(n, n; n, n)$ als einzig mögliche outcomes übrig.

Als möglicher Ausweg, dennoch eine kooperative Lösung abzuleiten, kommt eine Modifikation des Transfersystems in Betracht. Land 1 müßte in Periode $t=2$ Transfers in einer Höhe leisten, die Bedingung (8.13) erfüllen:

$$_1Z - {}_2C_2 + {}_2Z \geq {}_1Z \quad \text{oder} \quad {}_2Z \geq {}_2C_2. \tag{8.13}$$

Damit tritt Bedingung (8.13) an die Stelle von (8.12): Die Transfers müssen periodenbezogen die Vermeidungskosten von Land 2 abdecken. Für die Gewährung von Transfers im Vorgriff auf zu erwartende Vermeidungsmaßnahmen gibt es keine Veranlassung. Es hat sich ein weiteres Mal gezeigt, daß Multibeziehungen für die Frage nach dem Zustandekommen von umweltpolitischer Kooperation irrelevant sein können (weil entsprechende Sanktionsdrohungen unglaubwürdig sind).

2 Optimalität durch reziproke einseitige Kooperationsmaßnahmen

Nachdem im soeben behandelten Abschnitt Beispiele aufgezeigt wurden, in denen die Existenz von Multibeziehungen für die Erfolgsaussichten umweltpolitischer Kooperation irrelevant sind, sollen in den beiden folgenden Abschnitten Fälle erörtert werden, in welchen das Instrument des issue linking kooperationsfördernd eingesetzt werden kann.[15] Die in diesem Abschnitt vorgestellte Modellierung ist als Beispielfall konzipiert.[16] Damit ist zwar die Allgemeingültigkeit der daraus ableitbaren Aussagen eingeschränkt, gleichzeitig aber wird die Analyse dadurch anschaulicher.

a) Isolierte Betrachtung von Politikfeldern

Ausgehend von einer Situation, in der das eine Land (Land 1) über kein Vermeidungspotential mehr verfügt, um die Umweltsituation zu verbessern, wäre das andere Land (Land 2) grundsätzlich in der Lage, durch (weitere) Vermeidungsmaßnahmen die globale Wohlfahrt zu erhöhen (Fall einseitiger Potentialinsuffizienz).[17] Konkret sei das folgende Szenario unterstellt: Während die Durchführung einseitiger Umweltschutzmaßnahmen durch Land 2 für dieses per Saldo einen Wohlfahrtsverlust von einer Einheit mit sich bringen würde, hätte Land 1 einen Wohlfahrtszuwachs von fünf Einheiten. Da für Land 2 der Vollzug solcher Aktivitäten unvorteilhaft wäre, könnte Land 1 diesem für den Fall der Durchführung entsprechender Vermeidungsmaßnahmen Transferzahlungen anbieten, die für Land 2 eine Wohlfahrtsverbesserung gegenüber Nichtvermeidung sicherstellen. Dies wäre durch ein Transferniveau von zwei Einheiten erreichbar.

Ein solches kooperatives Verhalten (Emissionsvermeidung gegen Transfergewährung) hätte folgende Konsequenzen:[18] Die Wohlfahrt des Landes 2 würde sich im Vergleich zum Fall „einseitige Maßnahmen" (von −1) auf 1 erhöhen. Es sei jedoch unterstellt, daß sich die Wohlfahrt des Landes 1 (durch die Transfergewährung) nicht nur (von 5) auf 3, sondern auf $3 - \varepsilon_1$ vermindert. Dabei wird davon ausgegangen, daß ein Land, welches die Gewährung von Transferzahlungen anbietet, als sog. weak negotiator eingestuft wird und insoweit Reputationsschäden in Kauf nehmen muß. Diese kommen in der Abzugsgröße ε_1 zum Ausdruck.[19]

---

[15] Die Ausführungen in diesem Abschnitt basieren insbesondere auf einem Modell von Folmer, v. Mouche and Ragland (1993a).

[16] Im folgenden Abschnitt wird dagegen (auch) ein allgemein gehaltener Modellansatz vorgestellt.

[17] Folmer, v. Mouche and Ragland (1993a) interpretieren den Sachverhalt anders, und zwar als einseitige Emissionsexternalität.

[18] Beachte folgenden Zusammenhang zu anderen möglichen Konstellationen: Hier stünde das eine Land, nämlich Land 2, bei Vollkooperation schlechter da als bei allgemeiner Nichtkooperation, sofern keine entsprechenden Transfers gezahlt würden.

[19] Zum Fall des „weak negotiator" (im Kontext mit einseitigen Externalitäten) siehe Mäler (1990), S. 86.

Schließlich muß auch noch folgender Fall in die Analyse einbezogen werden: Land 1 gewährt eine Seitenzahlung, ohne daß Land 2 seine Emissionen reduziert. Damit würde sich Land 2 gegenüber (n,n) um 2 Wohlfahrtseinheiten verbessern, während sich Land 1 um $2+\varepsilon_1$ verschlechtern würde. Zur Begründung für ein solches Szenario bemerken Folmer et al. das Folgende:[20] "This method of treating a side payment as a strategy might seem highly artificial. Recall, however, that Land 1 cannot commit itself to make a side payment in the event that country 2 reduces the amount of pollution. Therefore, the side payment was explicitly incorporated in the game." Damit sind also die potentiellen Szenarien bestimmt. Das sog. Umweltspiel ist dann durch folgende Matrix der nationalen Wohlfahrtsniveaus determiniert:

$$_U\Gamma = \begin{pmatrix} 3-\varepsilon_1\,;\,1 & -2-\varepsilon_1\,;\,2 \\ 5\,;\,-1 & 0\,;\,0 \end{pmatrix} \qquad (8.14)$$

(mit $0<\varepsilon_1<3$). Man sieht, daß bei diesem Umweltspiel die typische Gefangenendilemma-Situation vorliegt. Für den One-shot-Fall wäre damit für jedes Land nichtkooperatives Verhalten die dominante Strategie.

Gegenüber dem One-shot-Ansatz könnte jedoch ein „Wiederholtes Umweltspiel" durchgeführt werden. Für dieses ließe sich folgende Feststellung treffen:[21] Bei hinreichend niedriger Zeitpräferenz (d.h. für hinreichend hohen Diskontierungsfaktor δ) stellt die (Friedman-)Trigger-Strategie ein Nash-Gleichgewicht des wiederholten Umweltspiels dar, weil sich in diesem Fall das Ausscheren eines Landes aus einer umweltpolitischen Vereinbarung (um einen kurzfristigen Vorteil zu erzielen) für dieses nicht lohnt, so daß sich beide Länder an die Vereinbarung halten werden.[22] Damit würde ein Nash-Gleichgewicht realisiert, welches für Land 1 zu einem (periodenmäßigen) Wohlfahrtsniveau von $(3-\varepsilon_1)$ und für Land 2 von 1 führen würde. Dies impliziert eine Pareto-Verbesserung gegenüber allgemeiner Nichtkooperation (wie beim One-shot-Ansatz). Es gibt jedoch kein Nash-Gleichgewicht, welches das maximale Wohlfahrtsniveau (von 4 Einheiten) ermöglichen würde. Das „Wiederholte Umweltspiel" führt also zu einer Nash-Gleichgewichtslösung mit Pareto-suboptimaler Vollkooperation.

b) Verknüpfung von Politikfeldern

An dieser Stelle greift nun die Überlegung, ob eine (weitere) Wohlfahrtsverbesserung nicht durch issue linking möglich wird. Als eine solche Verknüpfung kommt auch in diesem Fall die Berücksichtigung von Handelsbeziehungen in Betracht.

---

[20] Folmer, v. Mouche and Ragland (1993a), S. 334.
[21] Vergleiche hierzu die Ausführungen zur Trigger-Strategie in Abschnitt 1 des fünften Kapitels.
[22] Die angeführten Trigger-Strategien werden in Anlehnung an Folmer, v. Mouche und Ragland als Friedman-Trigger-Strategien bezeichnet, um sie so gegenüber anderen (später noch zu behandelnden) Trigger-Strategien abzugrenzen.

Die Handelsbeziehungen zwischen beiden Ländern seien dadurch gekennzeichnet, daß Land 1 Importrestriktionen aufrechterhält und damit die Handelsmöglichkeiten von Land 2 beeinträchtigt. Das sog. Handelspiel ist damit in gewisser Weise symmetrisch zum Umweltspiel, denn hier ist es nun Land 1, das im Falle gegenseitiger Kooperation eine für den Rest der Welt (Land 2) nachteilige Verhaltensweise aufgeben müßte: Land 1 hätte seine Importrestriktionen aufzuheben, wofür Land 2 als Gegenleistung Transferzahlungen gewähren würde. In diesem Fall hätte Land 2 reputational damages (ε_2) zu tragen. Im Handelspiel verfügen die Länder also über die folgenden Optionen: Land 1 entscheidet, ob es die Importrestriktionen aufhebt (C) oder nicht (N). Das zweite Land hat die Alternative, Seitenzahlungen in Höhe von 3 Einheiten zu leisten (C) oder dies zu unterlassen (N).
Da die Interpretation der möglichen Handlungskombinationen des Handelspiels in einer zum Umweltspiel analogen Weise erfolgt, kann auf deren explizite Darstellung verzichtet werden.[23] Für das Handelspiel gilt damit die folgende payoff-Matrix:

$$_H\Gamma = \begin{pmatrix} 2\,;\,2-\varepsilon_2 & -1\,;\,5 \\ 3\,;\,-3-\varepsilon_2 & 0\,;\,0 \end{pmatrix} \quad (8.15)$$

(mit $0<\varepsilon_2<2$). Da das Handelspiel ebenso wie das Umweltspiel wiederholt „gespielt" werden kann, stellt sich die Frage nach der Möglichkeit der Verknüpfung von wiederholten Spielen. Einen entsprechenden mathematischen Ansatz bietet die Theorie der sog. Tensor-Spiele.

Zunächst sollen die für das grundsätzliche Verständnis dieses Ansatzes notwendigen spieltheoretischen Grundlagen vorgestellt werden:[24] Ein Tensor-Spiel ist ein wiederholtes Spiel, das sich aus einer Anzahl „wiederholter Spiele" (z.B. Umweltspiel und Handelspiel) zusammensetzt.[25] Das Stufenspiel des Tensor-Spieles ist ein sog. multiple objective game, welches sich aus den Stufenspielen der „konstituierenden isolierten wiederholten Spielen" bildet.[26] Die Strategie eines Landes in einem Tensor-Spiel besteht aus Regeln für jede Zeitperiode, welche bestimmen, wie es sich in Periode t verhalten wird, und

---

[23] Auch das Handelspiel ist durch die Gefangenendilemma-Situation gekennzeichnet.
[24] Eine ausführliche mathematische Darstellung des Tensor-Spiel-Konzeptes findet sich bei Folmer, v. Mouche and Ragland (1993a), S. 319ff.
[25] vgl. Folmer, v. Mouche and Ragland (1993b), S. 4.
[26] Der Begriff des „Stufenspiels" wurde bereits in Abschnitt 1 des fünften Kapitels erläutert. Dort wurden jedoch lediglich isolierte Spiele behandelt. In diesem Kapitel wird nun das Konzept des Stufenspiels auf sog. verknüpfte Spiele übertragen. Aus diesem Grunde soll an dieser Stelle der Begriff des Stufenspiels noch einmal angeführt werden: Hat ein dynamisches Spiel (als isoliertes oder verknüpftes Spiel) eine stationäre Struktur, so wird in jeder Periode immer nur dasselbe Spiel gespielt (wiederholt). Dies der Struktur nach stationäre Spiel wird Stufenspiel des Gesamtspiels („wiederholten Spiels") genannt. Vergleiche dazu aus allgemeiner spieltheoretischer Sicht z.B. Holler und Illing (1993), S. 139.

zwar als Funktion der „Geschichte" des Spiels (d.h. in Abhängigkeit von den bisherigen Aktionen in allen konstituierenden isolierten Spielen).[27]

Man kann nun zeigen, daß unter bestimmten Voraussetzungen „Friedman-Trigger-Strategien eines Tensor-Spieles" die Realisierung von kooperativen outcomes in Spielen nichtkooperativer Art ermöglichen, da die Strategien der Länder Möglichkeiten enthalten, Abweichler zu bestrafen.[28] In diesem Zusammenhang ist jedoch zu beachten, daß Tensor-Spiele nicht nur die Vergeltung im demselben (konstituierenden isolierten) Spiel ermöglichen, wie dies bei „gewöhnlichen" wiederholten Spielen der Fall ist, sondern darüber hinaus Vergeltungsmaßnahmen in anderen konstitutierenden isolierten Spielen eröffnen. Dies ist der Hauptunterschied zwischen Tensor-Spielen und „gewöhnlichen" (bzw. isolierten) wiederholten Spielen.

Es gibt für Tensor-Spiele jedoch noch andere (Nicht-Friedman-)Trigger-Strategien. Sie sind interessanter und dürften in Zusammenhang mit einer „Verknüpfung" isolierter Spiele glaubwürdiger sein. Dieses Konzept wird an späterer Stelle noch vorgestellt.

Für den vorliegenden Fall soll zunächst auf die das Tensor-Spiel bildenden Teilspiele eingegangen werden. Dies sind hier das „wiederholte Umweltspiel" $[_U\Gamma, T, \delta]$ und das „wiederholte Handelspiel" $[_H\Gamma, T, \delta]$. Die diesen wiederholten Spielen jeweils zugrundeliegenden Stufenspiele sind die One-shot-Spiele für Umwelt bzw. Handel. Die payoff-Matrix für diese (Stufen)Spiele seien noch einmal dargestellt (Umwelt-Stufenspiel $_U\Gamma$ bzw. Handel-Stufenspiel $_H\Gamma$):

$$_U\Gamma = \begin{pmatrix} 3-\varepsilon_1\,;\,1 & -2-\varepsilon_1\,;\,2 \\ 5\,;\,-1 & 0\,;\,0 \end{pmatrix} \quad _H\Gamma = \begin{pmatrix} 2\,;\,2-\varepsilon_2 & -1\,;\,5 \\ 3\,;\,-3-\varepsilon_2 & 0\,;\,0 \end{pmatrix}, \quad (8.16)$$

mit $0<\varepsilon_1<3$ bzw. $0<\varepsilon_2<2$. Die beiden wiederholten Spiele sind als konstituierende isolierte Spiele strategie- und payoff-unabhängig.[29] Die Strategien müssen einen kontingenten Spielplan darstellen, d.h., sie müssen für jede Periode eine Aktion für jeden denkbaren Spielverlauf spezifizieren.

In bezug auf das verknüpfte wiederholte Spiel (also das Tensor-Spiel „Umwelt & Handel") gilt: Die Durchführung des Tensor-Spiels bedeutet das simultane Spielen der beiden wiederholten Spiele, und zwar in der Weise, daß jedes Land eine Strategie zugrunde legt, die Aktionen für beide Spiele beinhaltet, anstatt einer Strategie für jedes einzelne Spiel (wie bei isolierter Spielweise). Die payoffs (also die nationalen Wohlfahrtsniveaus) des Tensor-Spiels

---

[27] Siehe dazu Folmer, v. Mouche and Ragland (1993b), S. 7.
[28] vgl. Folmer, v. Mouche and Ragland (1993a), S. 323f.
[29] In Abgrenzung dazu würde „*Strategie-Abhängigkeit*" dann vorliegen, wenn die Strategiewahl eines Landes innerhalb eines konstituierenden isolierten Spieles die Strategieoptionen dieses Landes für das andere konstituierende isolierte Spiel in irgendeiner Weise beeinträchtigen würde. Analog dazu würde „*payoff-Abhängigkeit*" sich dann ergeben, wenn eine solche Strategiewahl den payoff (hier: die nationale Wohlfahrt) aus dem anderen konstituierenden isolierten Spiel beeinflussen würde (siehe Folmer, v. Mouche and Ragland (1993a), S. 316f).

stellen die ungewichtete Summe der payoffs der beiden konstituierenden isolierten Spiele dar: Die Wohlfahrtsniveaus aus wiederholtem Umweltspiel und wiederholtem Handelspiel werden also aufaddiert.

Für das „Stufenspiel des Tensor-Spiels" ergibt sich damit die folgende Matrixdarstellung der nationalen Wohlfahrtsniveaus:

$$\begin{pmatrix} 5 - \varepsilon_1\,;\,3 - \varepsilon_2 & 2 - \varepsilon_1\,;\,6 & -\varepsilon_1\,;\,4 - \varepsilon_2 & -3 - \varepsilon_1\,;\,7 \\ 6 - \varepsilon_1\,;\,-2 - \varepsilon_2 & 3 - \varepsilon_1\,;\,1 & 1 - \varepsilon_1\,;\,-1 - \varepsilon_2 & -2 - \varepsilon_1\,;\,2 \\ 7\,;\,1 - \varepsilon_2 & 4\,;\,4 & 2\,;\,2 - \varepsilon_2 & -1\,;\,5 \\ 8\,;\,-4 - \varepsilon_2 & 5\,;\,-1 & 3\,;\,-3 - \varepsilon_2 & 0\,;\,0 \end{pmatrix}. \quad (8.17)$$

Der anzustrebende optimale Strategiepfad des Tensor-Spiels (Referenzgröße), welcher die über beide Spiele aggregierte globale Wohlfahrt maximiert, ist über die gesamte Spieldauer hinweg durch die „reziproke (transferfreie) Konzessionsgewährung" gekennzeichnet. Land 1 und Land 2 würden in diesem Fall durch transferfreie einseitige Maßnahmen im Handels- bzw. Umweltspiel simultan die Importrestriktionen aufheben bzw. Emissionsvermeidungsmaßnahmen durchführen. Dies impliziert, daß die mit einer Gewährung von Transfers einhergehenden wohlfahrtsmindernden Reputationsschäden nicht anfallen würden. Im Falle der Realisierung dieses optimalen Pfades würde ein (über beide Spiele aggregierter) globaler Periodenpayoff von 8 erreicht.

Würden die beiden Länder dagegen in beiden Spielen jeweils Vollkooperation praktizieren, d.h. kooperatives Verhalten auf der Grundlage wechselseitiger Gewährung von Transferzahlungen, dann käme es zu einem suboptimalen payoff von $8 - \varepsilon_1 - \varepsilon_2$, da (im Gegensatz zum vorgenannten Pfad) wohlfahrtsmindernde reputational damages auftreten würden.

Der optimale Strategiepfad („reziproke transferfreie Konzessionsgewährung") läßt sich durch Anwendung der folgenden (Nicht-Friedman-)Trigger-(multi-)Strategie umsetzen: Land 1 hebt seine Importbeschränkungen (ohne Anspruch auf Seitenzahlungen) auf und behält dieses kooperative Verhalten solange bei, wie Land 2 die entsprechenden Emissionsvermeidungsmaßnahmen durchführt (und zwar, ohne daß Land 1 dafür im Umweltspiel irgendwelche Transfers leisten müßte). Verhält sich Land 2 im Umweltspiel dagegen nichtkooperativ, so reagiert Land 1 ab der Folgeperiode (als Vergeltung ständig) mit nichtkooperativem Verhalten in beiden Teilspielen. Land 2 seinerseits „bietet" Land 1 folgendes Verhalten an: Es realisiert ein vermindertes Emissionsniveau (ohne dafür Seitenzahlungen zu beanspruchen), und zwar solange Land 1 sich bereit erklärt, (transferfrei) seine Importrestriktionen auszusetzen. Nimmt dagegen Land 1 im Handelspiel eine nichtkooperative Rolle ein, d.h. verzichtet es nicht auf Importbeschränkungen, dann vergilt dies Land 2 (ab der Folgeperiode) damit, daß es im Umweltspiel zu unkooperativem Verhalten übergeht.

Damit ist das dauerhafte Einräumen von Konzessionen durch das eine Land in einem Politikfeld vom entsprechend analogen Verhalten des anderen

Landes im anderen Politikfeld abhängig. Das Spielen einer solchen Triggermulti-Strategie ermöglicht die Realisierung des optimalen Wohlfahrtspfades. Eine solche Strategie stellt ein Nash-Gleichgewicht des Tensor-Spieles dar, solange die Zeitpräferenz nicht zu stark ausgeprägt (d.h. solange die Diskontierung hinreichend hoch) ist.[30] Damit ist gezeigt, daß die Verknüpfung von internationalen Umweltfragen mit anderen Verhandlungsfeldern zu einer Lösung umweltpolitischer Probleme führen kann.

3 Optimalität durch reziproke Vollkooperationsmaßnahmen

Im soeben behandelten zweiten Abschnitt des Kapitels wurde der Fall erörtert, daß sich globale Optimalität durch gegenseitiges Einräumen von Konzessionen (d.h. durch Ergreifen einseitiger Maßnahmen) auf den relevanten Politikfeldern erreichen läßt. Jetzt werden Fälle aufgezeigt, bei welchen issue linking dann zu einer Pareto-optimalen Lösung führt, wenn auf den betreffenden Politikfeldern wechselseitig vollkooperatives Verhalten praktiziert wird.[31] Im ersten Teil des Abschnitts werden anhand anschaulicher Beispiele spezielle Szenarien des issue linking behandelt. Der zweite Teil erfaßt dann die relevanten Sachverhalte in einer grundsätzlicheren Form („allgemeine Szenarien"), so daß dort allgemeinere Aussagen abgeleitet werden können.

Den nachstehend abgehandelten Sachverhalten ist gemeinsam, daß sich das eine Land (Land 2) im Rahmen des Umweltspiels bei Nichtkooperation besser stellt als bei Vollkooperation. In bezug auf die globale Wohlfahrt der beiden Länder gelte jedoch folgende Rangordnung: $(n_1+n_2)<(s_1+f_2),(s_2+f_1)<(c_1+c_2)$. Je höher also die globale Vermeidungsmenge ist, desto höher fällt auch das globale Wohlfahrtsniveau aus. Die bereits angedeuteten Fälle unterscheiden sich darin, daß das andere Land (Land 1) das eine Mal relativ hohe, das andere Mal relativ niedrige Vermeidungskosten hat.

a) Spezielle Szenarien der Verknüpfung von Politikfeldern

Im ersten Fall seien die Vermeidungskosten von Land 1 so hoch, daß die Durchführung einseitiger Umweltschutzmaßnahmen unattraktiv ist. Es gelte aber $n_1<c_1$. Dagegen sei für Land 2 die entsprechende Beziehung durch $n_2>c_2$ gekennzeichnet. Damit liegt eine (asymmetrische) Gefangenendilemma-Situation vor. Im folgenden soll nun ein Beispiel für ein solches asymmetrisches Gefangenendilemma-Spiel betrachtet werden: Für Land 1 seien die Vermeidungskosten sechs Geldeinheiten, der Vermeidungsnutzen wäre bei Vermeidungsaktivität nur eines Landes fünf und der bei gemeinsamer Aktivität zehn. Für Land 2 seien die Vermeidungskosten fünf, für den Vermeidungsnutzen würde sich zwei bzw. vier ergeben. Die entsprechenden

---

[30] Im vorliegenden Fall muß $\delta > 0,2$ sein.
[31] Die Ausführungen dieses Abschnitts basieren auf Cesar (1994), S. 178ff.

Internationale Umweltpolitik und Multibeziehungen

nationalen Wohlfahrtsniveaus wären dann durch die folgende Matrix erfaßt:

$$\begin{pmatrix} 4\,;\,1 & -1\,;\,2 \\ 5\,;\,-3 & 0\,;\,0 \end{pmatrix}. \tag{8.18}$$

Damit ist bei One-shot-Betrachtung für jedes Land nichtkooperatives Verhalten dominante Strategie. Und selbst bei unendlicher Wiederholung des Spiels ergibt sich (auch im Fall eines „hinreichend" hohen Diskontfaktors) keine Pareto-Verbesserung, denn auch hier folgt als Nash-Gleichgewicht (allgemeine) Nichtkooperation: Es würde sich ein Wohlfahrtsniveau von $(0;0)$ einstellen. Die globale Wohlfahrt wäre bei Vollkooperation aber höher, nämlich $(4;-1)$.

Als möglicher Ausweg aus dieser Dilemmasituation bietet sich die Verknüpfung mit einem „roughly offsetting game" an. Dazu käme die Kopplung des asymmetrischen Gefangenendilemma-Spiels mit dem dazugehörigen „Spiegelspiel" (als roughly offsetting mirror image) in Frage. Das entsprechende Spiegelspiel läßt sich unmittelbar aus (8.18) ableiten:

$$\begin{pmatrix} -1\,;\,4 & 2\,;\,-1 \\ -3\,;\,5 & 0\,;\,0 \end{pmatrix}. \tag{8.19}$$

Für das sog. kombinierte Spiel (aus der Verknüpfung der beiden asymmetrischen Gefangenendilemma-Spiele) ergibt sich dann folgende 4×4-Matrix der nationalen Wohlfahrtniveaus:

$$\begin{pmatrix} 3\,;\,3 & 1\,;\,4 & -2\,;\,6 & -4\,;\,7 \\ 6\,;\,-2 & 4\,;\,-1 & 0\,;\,0 & -1\,;\,2 \\ 4\,;\,1 & 0\,;\,0 & -1\,;\,4 & -3\,;\,5 \\ 7\,;\,-4 & 5\,;\,-3 & 2\,;\,-1 & 0\,;\,0 \end{pmatrix}. \tag{8.20}$$

Es zeigt sich, daß durch die Verknüpfung der Spiele eine Dominanz der Vollkooperation $(3;3)$ gegenüber der Nichtkooperation $(0;0)$ erreicht wird. Dies impliziert im vorliegenden Fall die Realisierung der Pareto-optimalen Lösung.

Im Rahmen eines zweiten Falles seien für Land 1 so niedrige Vermeidungskosten unterstellt, daß es die Durchführung von einseitigen Umweltschutzmaßnahmen der allgemeinen Nichtkooperation vorzieht, während das andere Land die Freifahrerposition präferiert. Dann liegt ein sog. Suasion-Spiel vor.[32] Damit ergibt sich als Gleichgewichtsauszahlung (s_1, f_2). Unter

---

[32] Man erkennt, daß die bei Land 1 vorliegende Präferenzrelation zum Teil dem Fall des *Chicken-Game* entspricht, wonach die Durchführung einseitiger Umweltschutzmaßnahmen dem Zustand allgemeiner Nichtkooperation vorgezogen wird $(s_1 > n_1)$. Dagegen ist die Relation zwischen Vollkooperation und Freifahrerposition vertauscht. Vergleiche hierzu die entsprechenden Ausführungen im ersten Kapitel.

den vorgegebenen Annahmen bedeutet dies für Land 2 $f_2 > c_2$ und für Land 1 $s_1 < c_1$.[33]

Auch dieser Fall soll anhand eines Beispiels illustriert werden. Es seien dieselben Werte für Vermeidungskosten und Vermeidungsnutzen wie oben unterstellt, außer daß die Vermeidungskosten von Land 1 nun um zwei Geldeinheiten geringer ausfallen, also nur noch 4 betragen (Fall „relativ niedriger Vermeidungskosten des Landes 1"). Die nationalen Wohlfahrtspositionen werden dann durch die folgende Matrix abgebildet:

$$\begin{pmatrix} 6\,;\,-1 & 1\,;\,2 \\ 5\,;\,-3 & 0\,;\,0 \end{pmatrix}. \qquad (8.21)$$

Diese im Vergleich zum ersten Fall niedrigeren Vermeidungskosten bei Land 1 haben zur Folge, daß sich bei einem One-shot-Ansatz dieses Umweltspiels als Nash-Gleichgewicht (im Gegensatz zum vorigen Fall) der Zustand „einseitige Umweltschutzmaßnahmen von Land 1" ergibt, so daß Land 2 die Freifahrerposition einnimmt.[34] Aber auch in diesem Fall wäre das globale Wohlfahrtsmaximum erst durch umweltpolitische Vollkooperation erreicht. Ein solches Ergebnis wäre aber auch durch unendliche Wiederholung des Suasion-Spiels nicht realisierbar. Die Pareto-Lösung könnte sich jedoch durch die Verknüpfung des Umweltspiels mit einem geeigneten anderen Spiel ergeben.

b) Allgemeine Szenarien der Verknüpfung von Politikfeldern

In diesem Zusammenhang lassen sich in bezug auf die Verknüpfung von Suasion-Spielen (sowie von asymmetrischen Gefangenendilemma-Spielen) folgende allgemeine Feststellungen treffen:[35] Die Verknüpfung zwischen einem asymmetrischen Gefangenendilemma-Spiel oder einem Suasion-Spiel mit einem anderen asymmetrischen Gefangenendilemma-Spiel oder Suasion-Spiel führt dann zu einem „Vollkooperationsgleichgewicht des unendlich wiederholten kombinierten Spiels", wenn für jedes Land gilt, daß der Vollkooperationspayoff des kombinierten Spiels höher ist als die payoff-Summe der beiden isolierten Spiele beim jeweiligen Spielen des One-shot-Nash-Gleichgewichts.

Diese Feststellungen basieren auf folgenden Überlegungen: Sowohl das asymmetrische Gefangenendilemma-Spiel als auch das Suasion-Spiel haben jeweils ein eindeutiges Nash-Gleichgewicht. Damit ergeben sich beim isolierten Spielen irgendeines Paares solcher Spiele als Gleichgewichtslösung die Nash-Gleichgewichte der isolierten Spiele. Mit dieser Nash-Lösung (als Drohpunkt) im Hintergrund eröffnen sich für die unendliche Wiederholung des kombinierten Spiels aussichtsreiche kooperationsfördernde Strategien.

---

[33] Es gilt: $f_2 > c_2$. Dann folgt unter der o.a. Annahme $(n_1+n_2) < (s_1+f_2), (s_2+f_1) < (c_1+c_2)$, daß $s_1 < c_1$ ist.

[34] Beim ersten Fall (mit relativ hohen Vermeidungskosten des Landes 1) ergab sich an dieser Stelle das Nash-Gleichgewicht „allgemeine Nichtkooperation".

[35] vgl. Cesar (1994), S. 187.

Dabei kommt zunächst die Anwendung der Trigger-Strategie in Betracht. Da die Glaubwürdigkeit solcher Strategien jedoch wegen fehlender Neuverhandlungsstabilität eingeschränkt ist, soll nun die alternative Verwendbarkeit von neuverhandlungsstabilen Tit-for-tat-Strategien geprüft werden. Es ist jedoch zu beachten, daß die entsprechende Verknüpfung der in Frage kommenden Spiele gewissen Restriktionen unterworfen ist, welche auf die Realisierbarkeit einer Kooperativlösung abstellen.

Die Tatsache, daß es in der Realität (exakte) Spiegelspiele (wie beim o.a. Beispiel zum asymmetrischen Gefangenendilemma-Spiel) nur selten geben wird, führt zu Überlegungen, wie sie dem Konzept der „(spezifischen) Reziprozität" mit der Idee von „exchanges of roughly equivalent value" inhärent sind.[36]

Es gelte folgende Definition:[37] Die Verknüpfung zweier asymmetrischer Spiele (Suasion-Spiele oder asymmetrische Gefangenendilemma-Spiele) führt dann zu sog. exchanges of roughly equivalent value, falls jede reine One-shot-Strategie jeden Spiels durch die entsprechende counterpart-Strategie im anderen Spiel „roughly" kompensiert wird (roughly offset).[38] Eine solche Kompensation (i.S. eines „roughly offset") liegt dann vor, wenn in bezug auf die Summe der payoffs der counterpart-Strategien (der Spiele A und B) folgende Rangordnungsbedingungen erfüllt sind:[39]

$$\begin{array}{l}\left(c_1^A + c_1^B\right), \left(c_2^A + c_2^B\right) > \\ \left(s_1^A + f_1^B\right), \left(f_1^A + s_1^B\right), \left(s_2^A + f_2^B\right), \left(f_2^A + s_2^B\right) > \\ \left(n_1^A + n_1^B\right), \left(n_2^A + n_2^B\right) .\end{array} \qquad (8.22)$$

Ausgehend von der Beschränkung auf asymmetrische Spiele und unter Zugrundelegung der (weiter oben getroffenen) Annahme, daß die globale Wohlfahrt mit zunehmender globaler Vermeidungsmenge zunimmt, steht hinter dem Konzept der „Kompensation", daß die Summe des payoffs der counterpart-Strategien bei Vollkooperation am höchsten und bei allgemeiner Nichtkooperation am geringsten ist. Der Umstand, daß bei der kooperativen Lösung das höchste globale Wohlfahrtsniveau erreicht wird, führt zu folgendem Theorem:[40]

Die Verknüpfung von zwei „roughly offsetting" *Suasion-Spielen*, welche die o.a. Bedingungen erfüllen, führt bei unendlicher Wiederholung der Vollko-

---

[36] Zur sog. spezifischen Reziprozität vergleiche z.B. Blackhurst and Subramanian (1992), S. 253.

[37] Die Definition ist aus Cesar (1994), S. 189 entnommen.

[38] Die *counterpart-Strategien* zweier verknüpfter 2 × 2-Spiele (Spiel A und B) sind (für Land 1 und 2): (c_1^A, c_2^A) in Spiel A mit (c_1^B, c_2^B) in Spiel B, (f_1^A, s_1^A) in Spiel A mit (s_1^B, f_1^B) in Spiel B, (s_2^A, f_2^A) in Spiel A mit (f_2^B, s_2^B) in Spiel B, (n_1^A, n_2^A) in Spiel A mit (n_1^B, n_2^B) in Spiel B. (D.h. z.B.: Wenn Land 1 die Freifahrposition in Spiel A einnimmt, dann nimmt Land 2 diese in Spiel B ein.)

[39] Es gilt also folgende Rangordnungsbedingung: Vollkooperation > Teilkooperation > Nichtkooperation.

[40] vgl. Cesar (1994), S. 190.

198 Dimensionalebene internationaler Umweltpolitik

operationslösung zum Pareto-optimalen Gleichgewicht. Dieses Gleichgewicht kann durch folgende Tit-for-tat-continuation-Strategie Π erreicht werden.[41]

$$\Pi = \begin{cases} \Pi_1 : \text{spiele } (c_1^A, c_2^A, c_1^B, c_2^B), \\ \Pi_2 : \text{spiele } (s_1^A, f_2^A, c_1^B, c_2^B) \text{ in } t=0, \text{ ansonsten } (c_1^A, c_2^A, c_1^B, c_2^B), \\ \Pi_3 : \text{spiele } (c_1^A, c_2^A, f_1^B, s_2^B) \text{ in } t=0, \text{ ansonsten } (c_1^A, c_2^A, c_1^B, c_2^B). \end{cases} \quad (8.23)$$

Das dahinterstehende Konzept ist, potentielle Verknüpfungsoptionen auf die Anforderungen des „roughly offsetting" hin zu überprüfen und von den qualifizierten Optionen die „geeignetste" auszuwählen. Die letztgenannte Auswahl erfolgt unter Berücksichtigung von Gerechtigkeitsvorstellungen der beiden Länder.

Die Verknüpfung von Suasion-Spielen ist auch unter dem Aspekt besonders interessant, daß im Falle der Abweichung vom vereinbarten Pfad Vergeltungsmaßnahmen lediglich in einem der beiden Spiele durchgeführt werden.[42] Dies soll an folgendem Beispiel demonstriert werden. Ausgehend von den beiden roughly offsetting Suasion-Spielen (A und B)

$$\begin{pmatrix} 3;0 & 1;2 \\ 3;-1 & 0;0 \end{pmatrix} \quad \text{und} \quad (8.24)$$

$$\begin{pmatrix} 0;4 & -2;3 \\ 1;1 & 0;0 \end{pmatrix} \quad (8.25)$$

ergibt sich als kombiniertes Spiel A & B:

$$\begin{pmatrix} 3;4 & 1;3 & 1;6 & -1;5 \\ 4;1 & 3;0 & 2;3 & 1;2 \\ 3;3 & 1;2 & 0;4 & -2;3 \\ 4;0 & 3;-1 & 1;1 & 0;0 \end{pmatrix}. \quad (8.26)$$

Eine Abweichung des Landes 2 von Vollkooperation in Spiel A auf nichtkooperatives Verhalten, wird von Land 1 mit dem Übergang auf (s_1^A, f_1^B) beantwortet. D.h., Land 1 bleibt in Spiel A bei seinem kooperativen Verhalten, übt aber Vergeltung insoweit aus, als es in Spiel B (ausgehend von Vollkooperation) auf die Freifahrerposition überwechselt. Dies ist das Entscheidende. Die Strategie, die zur Vollkooperationslösung für beide Spiele, nämlich (3;4), führt, kann als tit-for-*roughly*-tat bezeichnet werden, denn die Abweichung in einem Spiel führt zur Vergeltung in dem anderen, „roughly offsetting" Spiel.

---
[41] Die Strategie ist für hinreichend niedrige Diskontierungsrate neuverhandlungsstabil.
[42] Im Gegensatz zum Fall verknüpfter asymmetrischer Gefangenendilemma-Spiele, bei welchen sich Vergeltungsmaßnahmen auf beide Spiele erstrecken.

Wenn z.B. Land 2 (f_2^A, c_2^B) spielt, um durch Freifahrerverhalten in Spiel A zwei Einheiten zu gewinnen, würde Land 1 mit (s_1^A, f_1^B) reagieren und damit durch Wechsel auf die Freifahrerposition in Spiel B Vergeltung ausüben. Die Fortsetzungs-Payoffs nach dem Abweichungsvorgang, d.h. nach $(s_1^A, f_2^A; c_1^B, c_2^B)$, sind $(4;1)$ gefolgt durch Wiederholen von $(3;4)$. Diese Strategie ist neuverhandlungsstabil, denn ein solcher Ablauf wird nicht durch Neuaushandlung einer sofortigen, vergeltungsfreien Rückkehr auf $(3;4)$ dominiert (sofern eine hinreichend niedrige Diskontrate vorliegt).

Man kann also folgendes Fazit ziehen:[43] Bei der Verknüpfung von zwei roughly offsetting asymmetrischen Suasion-Spielen erfolgt ein linkage von Politikfeldern, bei welchen die Länder jeweils dem einem hohe, dem anderen dagegen wenig Bedeutung zumessen. Für diesen Fall stehen dann Tit-for-tat-Strategien zur Verfügung, bei deren Anwendung Vergeltungsmaßnahmen auf abweichendes Verhalten nur in demjenigen Politikfeld ausgelöst werden, welches für das vergeltende Land keine große Relevanz besitzt, für das abweichende Land aber sehr bedeutsam ist.

Kommt man zur umweltpolitischen Konstellation zurück, welche durch das asymmetrische Gefangenendilemma-Spiel gekennzeichnet ist, so läßt sich für diesen Fall ein analoges Theorem aufstellen:[44] Die Verknüpfung von zwei „roughly offsetting" *asymmetrischen Gefangenendilemma-Spielen*, welche die o.a. Bedingungen erfüllen, führt bei unendlicher Wiederholung der Vollkooperationslösung zum Pareto-optimalen Gleichgewicht. Dieses Gleichgewicht kann durch folgende (neuverhandlungsstabile) Tit-for-tat-Strategie erreicht werden:

$$\Pi = \begin{cases} \Pi_1: \text{spiele } (c_1^A, c_2^A, c_1^B, c_2^B), \\ \Pi_2: \text{spiele } (s_1^A, f_2^A, s_1^B, f_2^B) \text{ in } t=0, \text{ ansonsten } (c_1^A, c_2^A, c_1^B, c_2^B), \\ \Pi_3: \text{spiele } (f_1^A, s_2^A, f_1^B, s_2^B) \text{ in } t=0, \text{ ansonsten } (c_1^A, c_2^A, c_1^B, c_2^B). \end{cases} \quad (8.27)$$

Im Falle der Verknüpfung von zwei (roughly offsetting) asymmetrischen Gefangenendilemma-Spielen erfolgen Vergeltungsmaßnahmen auf abweichendes Verhalten (in einem oder beiden Spielen) also durch Übergang zu nichtkooperativem Verhalten in *beiden* Spielen.[45] Bei gleichzeitigen zwischenstaatlichen Verhandlungen über mehrere asymmetrische Gefangenendilemma-Felder führt also die Verknüpfung dieser Felder dazu, daß die Androhung von generell nichtkooperativem Verhalten ein Hebel sein könnte, um die Kooperationsbereitschaft auf einem ganz bestimmten Gebiet zu fördern.

---

[43] vgl. Cesar (1994), S. 196.
[44] vgl. Cesar (1994), S. 192.
[45] Im Gegensatz dazu erfolgt bei verknüpften Suasion-Spielen die Vergeltung lediglich in *einem* der beiden Spiele.

4 Zusammenfassung

Im achten Kapitel wurde der Frage nachgegangen, wie die Erfolgsaussichten für eine international koordinierte Umweltpolitik dadurch beeinflußt werden, daß die Länder nicht nur ein gemeinsames Umweltsystem haben, sondern in der Regel auch durch andere Beziehungsfelder, z.B. Handelsbeziehungen, miteinander verbunden sind (sog. zwischenstaatliche Multibeziehungen).

Im ersten Abschnitt wurden ausgewählte Szenarien zugrunde gelegt, für welche untersucht wird, inwieweit die Existenz zwischenstaatlicher Multibeziehungen für die Realisierbarkeit umweltpolitischer Kooperation relevant ist. Dabei werden Sachverhalte dokumentiert, in denen für den Fall der Verweigerung umweltpolitischer Kooperation Sanktionen auf anderen Politikfeldern (z.B. Handelssanktionen) angedroht werden. Es zeigt sich, daß das Vorhandensein multipler Beziehungsfelder für die internationale Umweltpolitik dann irrelevant ist, wenn die diese Politikfelder betreffenden Sanktionsdrohungen als unglaubwürdig einzustufen sind.

Der zweite Abschnitt beschreibt den Fall, bei dem eine optimale Lösung dadurch erreicht wird, daß sich die Länder auf verschiedenen Politikfeldern wechselseitig Konzessionen einräumen. Es wird von folgender Situation ausgegangen: Das eine Land (Land 1) verfügt über kein hinreichendes Vermeidungspotential (einseitige Potentialinsuffizienz), um die Umweltsituation zu verbessern, während das andere Land (Land 2) grundsätzlich in der Lage ist, durch Vermeidungsmaßnahmen die globale Wohlfahrt zu erhöhen. Es zeigt sich, daß trotz des Angebots von Land 1, Seitenzahlungen zu gewähren, die über die Vermeidungsaufwendungen von Land 2 hinausgehen, im Oneshot-Fall die typische Gefangenendilemmasituation vorliegt. Im wiederholten Spiel ließe sich dann durch Anwendung der Trigger-Strategie eine Pareto-Verbesserung erzielen; die realisierte Vollkooperationslösung wäre jedoch suboptimal, da durch die dazu notwendige Gewährung von Seitenzahlungen beim Transfergeber wohlfahrtsmindernde Reputationsschäden auftreten. Dagegen wären einseitige Maßnahmen durch Land 2 Pareto-effizient, denn in diesem Fall käme es zur Durchführung der „notwendigen" Vermeidungsmaßnahmen, ohne daß die mit einer Transfergewährung verbundenen Reputationsschäden anfallen würden. Für die potentielle Umsetzung einer solchen Lösung wird auf die Möglichkeit der Verknüpfung des Umweltspiels mit einem anderen Politikfeld zurückgegriffen (issue linking). Es wird ein Handelspiel einbezogen, welches zum Umweltspiel quasi-spiegelbildlichen Charakter hat. D.h., bei isolierter Betrachtung des Handels wäre es nun Land 1 (und nicht wie im Umweltspiel Land 2), das durch einseitige Maßnahmen die Pareto-Lösung des betreffenden Spiels herbeiführen könnte. Auch das Handelspiel ist bei One-shot-Betrachtung durch die Gefangenendilemmasituation gekennzeichnet. Gleichzeitig würde bei wiederholter Spielweise (wie auch im Umweltspiel) die vollkooperative Lösung erreicht. Diese wäre jedoch gegenüber einseitigen Maßnahmen von Land 1 Pareto-inferior.

Es wird dann gezeigt, daß durch Verknüpfung der beiden Spiele eine Pareto-optimale Lösung realisiert werden kann, und zwar dadurch, daß die

Länder sich gegenseitig Konzessionen einräumen, ohne daß transferbedingte wohlfahrtsmindernde Reputationsschäden anfallen: Jedes Land ergreift auf einem der relevanten Gebiete (d.h. im Umwelt- bzw. Handelspiel) die dazu erforderlichen einseitigen Maßnahmen. Damit wurde nachgewiesen, daß eine verknüpfte Spielweise gegenüber einer parallel verlaufenden isolierten Spielweise Effizienzvorteile haben kann.

Im Anschluß daran werden Fälle aufgezeigt, bei welchen die Verknüpfung von Umweltverhandlungen mit anderen Politikfeldern dann zu einer Paretooptimalen Lösung führen, wenn sich die Länder auf allen einbezogenen Politikfeldern wechselseitig „vollkooperativ" verhalten. Den im dritten Abschnitt abgehandelten Sachverhalten ist gemeinsam, daß sich das eine Land (Land 2) im Rahmen des Umweltspiels bei allgemeiner Nichtkooperation besser stellt als bei Vollkooperation. Es werden zwei Szenarien unterschieden: Im ersten Fall hat Land 1 relativ hohe Vermeidungskosten, während diese im zweiten Fall eher niedrig sind. Die Vermeidungskosten im Rahmen des ersten Szenarios sind annahmegemäß so hoch, daß die Durchführung einseitiger Umweltschutzmaßnahmen für Land 1 nicht in Frage kommt. Für das One-shot-Spiel lag damit die Situation des Gefangenendilemmas vor (Fall 1: asymmetrisches Gefangenendilemma-Spiel). Selbst bei unendlicher Spielwiederholung (und „hinreichend" niedriger Diskontierungsrate) konnte eine Pareto-Verbesserung nicht erreicht werden. Vielmehr stellte sich auch hier die suboptimale Konstellation allgemeiner Nichtkooperation ein. Anschließend wurde auf den zweiten Fall Bezug genommen, bei welchem die Vermeidungskosten von Land 1 niedrig genug waren, um (bereits für das One-shot-Spiel) die Durchführung einseitiger Umweltschutzmaßnahmen profitabel zu machen (Fall 2: sog. suasion game). Dadurch konnte jedoch keine Pareto-effiziente Lösung erreicht werden, was sich auch durch Spielwiederholung nicht verbessern sollte.

Nachdem bei der vorigen Analyse auf konkrete Beispielfälle abgestellt wurde, konnte dann allgemein gezeigt werden, daß die Verknüpfung eines solchen Suasion-Spiels mit einem anderen „roughly offsetting" Suasion-Spiel bei unendlicher Wiederholung zu einer Pareto-optimalen Vollkooperationslösung führen kann. In diesem Fall (Fall 2) wäre also vollkooperatives Verhalten auf beiden Politikfeldern (z.B. Umwelt und Handel) Pareto-optimal („reziproke Vollkooperation"), im Gegensatz zu dem im zweiten Abschnitt behandelten Szenario, bei dem die „reziproke Durchführung einseitiger Maßnahmen" angezeigt war. Die Notwendigkeit wechselseitiger Vollkooperation konnte auch für den Fall der Verknüpfung von asymmetrischen Gefangenendilemma-Spielen nachgewiesen werden, sofern diese „roughly offsetting" sind.

In den beiden Szenarien des dritten Abschnitts kamen Tit-for-tat-Strategien zur Anwendung. Das Instrument des issue linking ist auch insoweit interessant, als bei der Verknüpfung von Suasion-Spielen potentielle Vergeltungsmaßnahmen (auf vertragswidriges Verhalten) lediglich in einem der beiden Politikfelder erfolgen, während sich die Durchführung entsprechender Maßnahmen bei der Verknüpfung asymmetrischer Gefangenendilemma-Spiele auf beide Beziehungsfelder erstreckt.

Teil IV:
Abschließende Gesamtbetrachtung

Die vorliegende Arbeit befaßt sich mit modelltheoretischen Analysen zur internationalen Umweltpolitik. Dabei wird eine Einschränkung auf diejenigen Umweltprobleme vorgenommen, die durch die reziproke Emission von Globalschadstoffen verursacht werden. Bei Globalschadstoffen handelt es sich um solche Schadstoffe, die sich nach ihrer Emission räumlich gleichmäßig verteilen, so daß (im Gegensatz zu den sog. Oberflächenschadstoffen) der Standort der Emissionsquelle unerheblich ist. Damit hat die Emission einer entsprechenden Schadstoffeinheit für das gemeinsame Umweltsystem der Länder immer dieselbe Relevanz, und zwar unabhängig davon, in welchem Land die Emission erfolgt. Aufgrund des Globalschadstoffcharakters kommt es zu zwischenstaatlichen Externalitäten, d.h., die von den einzelnen Ländern emittierten Schadstoffe entfalten ihre ökologische Wirkung über die jeweiligen Landesgrenzen hinaus. Da die einzelnen Länder sowohl Verursacher als auch Betroffene solcher externen Effekte sind, spricht man (in Abgrenzung zu „einseitigen") von reziproken Externalitäten. Beispiele für die reziproke Emission von Globalschadstoffen sind das weltweite Emittieren derjenigen Schadstoffe, die zur Ausdünnung der Ozonschicht oder zum (anthropogen verursachten zusätzlichen) Treibhauseffekt beitragen. Die Arbeit befaßt sich jedoch nicht unmittelbar mit Lösungsansätzen zu diesen speziellen Umweltphänomenen, sondern verfolgt vielmehr allgemeinere Fragestellungen, wie sie für internationale Umweltprobleme bei reziproker Emission von Globalschadstoffen generell relevant sein können.

Ein zentrales Problem internationaler Umweltpolitik in Zusammenhang mit Globalschadstoffen ist die Tatsache, daß die Durchführung von Maßnahmen zur Verminderung der Emission solcher Schadstoffe den Charakter der Bereitstellung eines internationalen öffentlichen Gutes hat. Die Eigenschaft als öffentliches Gut resultiert aus folgendem Zusammenhang: die durch die Emissionsvermeidungsmaßnahmen induzierte Umweltveränderung stellt ein Gut dar, das als ökologische Determinante (vermindertes Emissions- bzw. Konzentrationsniveau) in gleichem Ausmaß in die Wohlfahrtsfunktion eines jeden Landes eingeht. Dabei ist es unerheblich, welche konkreten Wohlfahrtswirkungen daraus resultieren. Die „Einflußnahme" auf die Wohlfahrt eines Landes führt zu keiner Beeinträchtigung der Einwirkungsintensität auf die anderen Länder (sog. Nichttrivialität beim „Konsum" des Gutes). Ein weiteres Charakteristikum kommt dadurch zum Ausdruck, daß das Land, welches die Vermeidungsmaßnahmen durchführt, keine Möglichkeit hat, andere Länder vom Genuß des von ihm bereitgestellten Gutes „Umweltschutz" auszuschließen (Nicht-Ausschließbarkeit). Damit entfällt die Option, andere Länder zur Mitfinanzierung solcher Maßnahmen heranziehen zu können. Die Bereitstellung internationaler öffentlicher Güter wäre in Analogie zur Bereitstellung nationaler öffentlicher Güter nicht problematisch, wenn auch auf internationaler Ebene eine staatliche Autorität verfügbar wäre. Da eine solche Institution aber (noch) nicht existiert, hängt die Bereitstellung solcher Güter von der freiwilligen Entscheidung der einzelnen Länder ab.

Ein internationales öffentliches Gut kann also auch ohne eigenen Zahlungsbeitrag genutzt werden. Damit ist es aus nationaler Sicht optimal, sich als Freifahrer zu verhalten, d.h. den anderen Ländern die Bereitstellung des Gutes zu überlassen. Da diese Strategie für alle Länder rational ist, kommt es zu keiner Bereitstellung des internationalen öffentlichen Gutes. Dies würde bedeuten, daß bei Globalschadstoffen Maßnahmen zur Emissionsminderung grundsätzlich nicht ergriffen würden. Die Struktur dieses Problems entspricht der spieltheoretischen Figur des Gefangenendilemmas. Es sei der Fall zweier Länder unterstellt, welche annahmegemäß nur über zwei Handlungsalternativen verfügen, nämlich umweltpolitische „Kooperation" und „Nichtkooperation". Wählt ein Land die Handlungsalternative „Kooperation", so impliziert dies die Durchführung global wirksamer Vermeidungsmaßnahmen (eines ganz bestimmten Umfangs). Entscheidet es sich dagegen für die Alternative „Nichtkooperation", so verweigert dieses Land seinen Beitrag zum Schutz des gemeinsamen Umweltsystems. Aus den Handlungsalternativen der beiden Länder ergeben sich vier mögliche Konstellationen. Das Gefangenendilemma beschreibt eine spezifische Rangfolge nationaler Präferenzen in bezug auf die internationale Konstellation aus kooperativem und nichtkooperativem Verhalten. Diese Dilemmasituation liegt dann vor, wenn beide Länder die folgende Präferenzstruktur haben: Ein Land schätzt die sog. Freifahrerposition am höchsten ein, bei der das andere Land kooperiert, es selber aber keinen Umweltschutzbeitrag leisten muß. Die nächsthöhere Präferenz ergibt sich für den Fall gegenseitiger Kooperation, gefolgt von allgemeiner Nichtkooperation. Die aus nationaler Sicht am schlechtesten eingestufte Konstellation ist diejenige, bei der man sich selbst kooperativ verhält, das andere Land seinen Beitrag jedoch verweigert. Damit ist für jedes Land die Handlungsalternative „Nichtkooperation" dominante Strategie, d.h., diejenige Strategie des Landes, die unabhängig vom Verhalten des jeweils anderen Landes optimal ist. Die Strategiekombination „allgemeine Nichtkooperation" ist das einzige Nash-Gleichgewicht. Ein solches Gleichgewicht ist eine Strategiekombination, bei der jedes Land (bei gegebener optimaler Strategie der anderen Länder) seine optimale Strategie wählt („wechselseitig beste Antwort"). Wird ein Nash-Gleichgewicht realisiert, so gibt es für keines der Länder einen Anreiz, von dieser gleichgewichtigen Strategie abzuweichen. Das bedeutet, daß es für jedes der beiden Länder rational ist, keinerlei Umweltschutzmaßnahmen durchzuführen.

Eine Gefangenendilemma-Situation kann dann vorliegen, wenn die Länder über keine Möglichkeit verfügen, sog. bindende Verträge über gemeinsam durchzuführende Vermeidungsmaßnahmen abzuschließen. Bindende Verträge setzen die Fähigkeit zur exogenen Durchsetzung der Umweltschutzvereinbarung voraus. Diese Möglichkeit ist aber oft nicht gegeben. Wenn also eine solche institutionelle Flankierung der Vertragslösung nicht zur Verfügung steht, muß ein auf Kooperation abzielendes Konzept so angelegt sein, daß die betreffenden Staaten ein Eigeninteresse an der Einhaltung der Umweltvereinbarung haben. Ein entsprechendes Eigeninteresse könnte sich dadurch ergeben, daß es für ein Land im langfristigen Kontext rational ist, auf die Wahrnehmung kurzfristiger Vorteile aus Freifahrerverhalten (durch Nichtkooperation bzw. Vertragsbruch) zu verzichten, um über längere Frist (gemeinsam mit anderen Ländern) Effizienzgewinne aus umweltpolitischer Kooperation zu realisieren.

Bisher wurde unterstellt, daß die umweltpolitische Interdependenz zwischen den beiden Ländern durch die Konstellation des Gefangenendilemmas gekennzeichnet ist. Es ist aber nicht auszuschließen, daß in Abweichung von der Gefangenendilemma-Situation die Präferenzstruktur eines oder mehrerer Länder so gestaltet ist, daß die Durchführung einseitiger Maßnahmen derjenigen Situation vorgezogen wird, in der keine Seite Umweltschutz betreibt. Im Vergleich zum Gefangenendilemma vertauscht sich dann die Reihenfolge der beiden untersten Präferenzpositionen: Ein Land mit der entsprechenden Präferenzordnung des „Chicken-Game" zieht die Durchführung einseitiger Vermeidungsmaßnahmen dem Zustand allgemeiner Nichtkooperation vor. In diesem Fall würden die Länder mit der Chicken-Game-Struktur in eigener Regie Emissionsvermeidung betreiben, während die Länder mit der Gefangenendilemma-Präferenzordnung die Freifahrerposition inne hätten. Würden internationale Beziehungen durch eine solche Konstellation der Länder bzw. Ländergruppen charakterisiert, dann wäre die Lösung internationaler Umweltprobleme nicht so schwierig. Man muß jedoch wohl davon ausgehen, daß die Grundstruktur internationaler Umweltbeziehungen eher durch Länder mit einer Gefangenendilemma-Präferenzordnung abgebildet wird. Damit aber dürften internationale Umweltprobleme in der Regel nicht ohne weiteres lösbar sein.

Eine Kooperationslösung wird grundsätzlich nur dann in Betracht kommen, wenn sich dadurch Effizienzgewinne realisieren lassen. Die Frage des Umfangs potentieller Effizienzgewinne einer Umweltkooperation ist deshalb von zentraler Bedeutung. Im Zusammenhang mit dieser Problemstellung ist es angezeigt, den Übergang von der diskreten zur stetigen „Betrachtungsweise" zu vollziehen. Es werden diverse Funktionen zugrundegelegt, welche die stetige Variation nationaler Emissions- bzw. Vermeidungsniveaus zulassen und diesen entsprechende Nutzen- bzw. Kostengrößen zuordnen. Aus diesen Funktionen ergeben sich die nationalen Wohlfahrtsfunktionen als Differenz zwischen (Brutto-)Emissionsnutzen und Schadenskosten. Stellt man direkt auf Vermeidungsmengen ab, so erhält man die nationale Wohlfahrt als Überschuß des (Brutto-)Vermeidungsnutzens über die Vermeidungskosten. Die Länder verfolgen annahmegemäß das Ziel, die nationale Wohlfahrt zu maximieren.

Koordinieren die Länder ihre umweltpolitischen Maßnahmen nicht, dann könnten sie zum Beispiel unterstellen, daß die Fixierung des eigenen Vermeidungsniveaus keinen Einfluß auf den Umfang der Vermeidungsaktivität der jeweils anderen Länder hat (Nash-Annahme). In diesem Fall setzt ein Land seine nationale Vermeidungsmenge so fest, daß die nationalen Grenzvermeidungsnutzen einer zusätzlichen Vermeidungseinheit mit den anfallenden Grenzvermeidungskosten übereinstimmen. Das nichtkooperative globale Vermeidungsniveau ergibt sich dann als sog. Nash-Gleichgewicht: Die festgelegte Vermeidungsmenge eines jeden Landes stellt sich als die gegenseitig beste Antwort auf die Fixierung der Vermeidungsniveaus der jeweils anderen Länder dar. Ein solches Nash-Gleichgewicht ist jedoch keine optimale Lösung. Nimmt man als Maßstab für Optimalität die Maximierung der globalen Wohlfahrt, so müßten die nationalen Vermeidungsmengen in der Weise bestimmt sein, daß nicht nur die internen Nutzen nationaler Vermeidungsaktivität berücksichtigt werden, sondern auch die bei den anderen Ländern anfallenden externen Nutzen. Damit hätte jedes Land seine Vermeidungsmaßnahmen soweit auszudehnen, bis die mit einer zusätzlichen Vermeidungseinheit verbundenen Grenzkosten den globalen Grenznutzen entsprechen; in diesem Fall wären die externen Nutzen nationaler Vermeidungstätigkeit (in vollem Umfang) einbezogen. Eine solche Vorgehensweise impliziert die kostenminimierende Allokation des global „angezeigten" Vermeidungsbedarfs. Die Realisierung einer entsprechenden umweltpolitischen Effizienzlösung setzt also ein hohes Maß zwischenstaatlicher Koordination voraus.

Der globale Verhandlungsgewinn, definiert als kooperationsinduzierter Zuwachs an globaler Wohlfahrt, läßt sich in zwei Komponenten aufspalten: den Kosten-Effizienzgewinn und den Niveau-Effizienzgewinn. Die erste Komponente des globalen Verhandlungsgewinns resultiert aus dem Umstand, daß bei umweltpolitischer Kooperation länderübergreifende Kostenkalküle herangezogen werden und so Vermeidungsbedarfe von Ländern mit höheren auf Länder mit niedrigeren Grenzvermeidungskosten verlagert werden können. Damit ergibt sich für denjenigen Anteil der kooperativen globalen Vermeidungsmenge, der auch unter nichtkooperativen Bedingungen realisiert worden wäre, ein Kosten-Effizienzgewinn, der durch die zwischenstaatliche Angleichung der nationalen Grenzvermeidungskosten maximal wird. Die entsprechenden globalen Vermeidungsmaßnahmen würden dadurch zwar kosteneffizient durchgeführt, gleichwohl bliebe die Tatsache, daß der Umfang der realisierten Vermeidungsmenge zu gering und damit Pareto-suboptimal wäre. Umweltkooperation ermöglicht darüber hinaus die Realisierung eines sog. Niveau-Effizienzgewinns. Dieser Effizienzzuwachs ist Ergebnis des Faktums, daß im (idealtypischen) kooperativen Rahmen alle mit Vermeidungsaktivitäten verbundenen (positiven) externen Effekte berücksichtigt werden. So kommt man auf ein im Vergleich zum unkoordinierten Zustand höheres globales Vermeidungsniveau, wobei der Bereich der entsprechenden Mehrvermeidung durch einen Überschuß des globalen Grenzvermeidungsnutzens über die Grenzvermeidungskosten gekennzeichnet ist. Wird die entsprechende Zusatzvermeidung realisiert, dann sind die beiden Grenzgrößen zum Ausgleich gebracht: das Potential an kooperationsinduzierten Effizienzgewinnen wäre damit vollständig ausgeschöpft.

Die sich beim Ansatz globaler Wohlfahrtsmaximierung für die einzelnen Länder ergebenden nationalen Vermeidungspflichten werden für diese aber nicht ohne weiteres akzeptabel sein. Aus diesem Grund könnten zwischenstaatliche Transferzahlungen ein potentielles Instrument zur Umsetzung umweltpolitischer Effizienz sein, denn die Gewährung von Seitenzahlungen ermöglicht die Trennung von Verteilungs- und Alloaktionsaspekten. Die Möglichkeit einer solchen Abkopplung ist für die internationale Umweltpolitik von herausragender Bedeutung. Durch ein Regime von Transferzahlungen kann eine ganz bestimmte zwischenstaatliche Wohlfahrtsverteilung realisiert werden, die von der Allokation nationaler Vermeidungspflichten völlig losgelöst ist. Strebt man aber das entsprechende Wohlfahrtsverteilungsziel an, ohne über die Transferoption zu verfügen, dann ist regelmäßig mit einem Verlust globaler Wohlfahrt zu rechnen. In einem solchen Fall wird nämlich die zwischenstaatliche Wohlfahrtsverteilung allein durch die Allokation nationaler Vermeidungspflichten bestimmt, was in diesem Kontext die Nichtausnutzung von Effizienzpotentialen impliziert. Muß man auf die Gewährung von Transfers verzichten, so ist die Umsetzung einer axiomatisch fundierten Umweltkooperationslösung (etwa in Gestalt der sog. Nash-Verhandlungslösung) denkbar, die auf bestimmte Effizienz- und Gerechtigkeitsanforderungen abstellt.

Verfügen die Länder über unterschiedliche Verhandlungsmacht, so kann das entsprechend determinierte globale Vermeidungsziel nicht kosteneffizient realisiert werden. Integriert man in das globale Optimierungskalkül aus Akzeptanzgründen die nationalen „Nichtverschlechterungsbedingungen", dann wird für die Länder, deren Teilnahmekondition bindenden Charakter hat, die in der globalen Wohlfahrtsfunktion zugrunde gelegte nationale Gewichtung (Verhandlungsmachtkoeffizient) durch den Schattenpreis der Teilnahmebedingung in ihrem Relevanzgrad „korrigiert". Dieser Schattenpreis ist ein Maß für die „Macht", die ein Land aus der Drohung zieht, sich nicht am Umweltabkommen zu beteiligen (Nichtteilnahme-Drohung). Auch in diesem Fall wird die Effizienzlösung verfehlt. Je größer das machtpolitische Gewicht und je höher der Schattenpreis der Teilnahmebedingung eines Landes ist, um so geringer fällt die ihm zugeteilte Vermeidungspflicht aus. Geht man von dem soeben erläuterten Ansatz ab, dann läßt sich die Existenz unterschiedlicher Verhandlungsmacht auch im Rahmen einer axiomatisch fundierten Kooperationslösung erfassen.

Prüft man die Effizienzeigenschaften eines internationalen Umweltabkommens, so ergeben sich für den Fall eines einfach strukturierten Regimes mit einheitlichen Vermeidungspflichten folgende Implikationen: Haben die Länder unterschiedliche Vermeidungsnutzenfunktionen, dann wird zwar das Pareto-optimale globale Vermeidungsniveau verfehlt, die Umsetzung der entsprechenden Vermeidungsmenge erfolgt jedoch unter kostenminimierenden Bedingungen. Liegen die zwischenstaatlichen Differenzen aber bei den Vermeidungskosten, dann stellt sich weder Pareto-Optimalität noch Kosteneffizienz ein. Nimmt man den realistischeren Fall, bei welchem sich die Länder sowohl bei ihren Vermeidungsnutzen- als auch bei ihren Vermeidungskostenverhältnissen unterscheiden, dann lassen sich folgende Feststellungen treffen: Für den Fall, daß das Land mit den niedrigeren Vermeidungsnutzen zusätzlich noch die ungünstigeren Vermeidungskostenverhältnisse aufweist, führt dies zu einer Verschärfung der Suboptimalität des determinierten globalen Vermeidungsniveaus. Zeichnet sich dieses Land dagegen durch unterdurchschnittliche Vermeidungskosten aus, so resultiert daraus eine relative Effizienzverbesserung.

Bei der Umsetzung vertraglicher Vermeidungspflichten werden die nationalen Grenzvermeidungsnutzen und Grenzvermeidungskosten in der Regel nicht übereinstimmen – damit entsteht für die Länder der Anreiz, von der vereinbarten Vermeidungsmenge abzuweichen. Eine „erfolgreiche" (vertragswidrige) Umsetzung des angestrebten Ausgleichs dieser beiden Grenzgrößen kann für ein einzelnes Land aber nur dann in vollem Umfang gelingen, wenn sich die restlichen Länder (weiterhin) vertragstreu verhalten. Falls ein solches „Stillhalten" der anderen Länder aber nicht grundsätzlich unterstellt werden kann, ergibt sich eine gewisse Motivation, die Umweltvereinbarung einzuhalten. Ist aber der Anreiz zum Vertragsbruch relativ hoch, dann könnten exogene Durchsetzungsmechanismen Abhilfe schaffen. Sind entsprechende Mechanismen verfügbar, dann hat das Umweltabkommen den Charakter eines sog. bindenden Vertrages, welcher an die Stelle der Self-enforcing-Bedingung der Umweltvereinbarung treten kann.

Für die Umsetzung einer internationalen Kooperationslösung stehen verschiedene Instrumente zur Verfügung. Entscheidet man sich für eine umweltpolitische Mengensteuerung, so kann man sich auf die Darstellung eines Zertifikatesystems beschränken, da dieses die Strukturmerkmale einer Auflagenlösung mit einschließt. Ausgangspunkt einer internationalen umweltpolitischen Mengenlösung ist die Festsetzung einer globalen Emissionshöchstgrenze. Geht man davon aus, daß Ansätze, die nicht auf der Verwendung von Wohlfahrtsfunktionen beruhen (z.B. das Critical-load-Konzept) die relevanten ökologisch-ökonomischen Zusammenhänge nur unzureichend erfassen, dann ergibt sich die effiziente globale Emissionsmenge auf der Grundlage der Maximierung der globalen Wohlfahrtsfunktion. Die so bestimmte Emissionsgrenze wird jedoch regelmäßig von dem globalen Emissionsniveau abweichen, welches die einzelnen Länder präferieren. Diese dürften wohl bestimmte Erwartungen über den von ihnen zu leistenden Anteil an den globalen Vermeidungsverpflichtungen haben, so daß sie in Abhängigkeit von den entsprechenden Erwartungskoeffizienten die von ihnen bevorzugte globale Emissionsgrenze ermitteln. Es zeigt sich, daß die Frage der globalen Emissionshöchstgrenze und Fragen der Allokation zwischenstaatlicher Vermeidungspflichten nicht völlig unabhängig voneinander sein müssen.

Damit ist ein weiteres zentrales Element einer internationalen Mengenlösung angesprochen, nämlich das Problem, in welcher Weise das mit der globalen Emissionshöchstgrenze kompatible internationale Emissionsrechtepotential auf die einzelnen Länder verteilt werden soll. Dazu kommen diverse Allokationsregime in Betracht. So kann sich die zwischenstaatliche Verteilung der Emissionsrechte zum Beispiel an den historischen Emissionen, verschiedenen Bevölkerungszahlen oder irgendwelchen Einkommensgrößen der Länder orientieren. Andere Ansätze stellen auf ökologisch-determinierte nationale Nutzen-/Kosten-Konstellationen ab. Während die bislang erwähnten Regime die kostenlose Vergabe der Emissionsrechte vorsehen, können auch im internationalen Kontext zahlungsbereitschaftsorientierte Kriterien zur Anwendung kommen. Es ist denkbar, daß die Länder die Emissionsrechte bei einer Auktion ersteigern müssen oder daß die Rechte von einer internationalen Umweltbehörde zu einem Festpreis verkauft werden.

Ausgehend von dem Fall, daß die (Erst-)Ausstattung der Länder mit Emissionsrechten fix ist (internationale Auflagenlösung), kann man verschiedene Formen einer Flexibilisierung untersuchen. Ein erstes Szenario unterstellt, daß die Länder gegen Bezahlung eines Bußgeldes die ihnen zugewiesene nationale Emissionsgrenze überschreiten können. Nutzen einzelne Länder die ihnen eingeräumten Emissionsrechte nicht in vollem Umfang, dann haben sie Anspruch auf die Gewährung einer entsprechenden Prämie. Zwar kann eine solche Regelung gewisse Friktionen abbauen, die Umsetzung des globalen Vermeidungsziels zu minimalen Kosten ist damit aber nicht gewährleistet. Erst dann, wenn man einen zwischenstaatlichen Handel mit (verbrieften) Emissionsrechten zuläßt (internationale Zertifikatelösung), wird globale Kosteneffizienz realisierbar. Dies ist jedoch nur dann möglich, wenn am Markt für Emissionsrechte (Zertifikatemarkt) die Bedingung vollständiger Konkurrenz erfüllt ist. Nur dann kann der Zertifikatepreis für einen zwischenstaatlichen Ausgleich der Grenzvermeidungskosten sorgen. Außer den Aspekten der Marktmacht gibt es weitere Elemente, die für den Effizienzgrad eines zwischenstaatlichen Emissionsrechtehandels entscheidend sind, etwa die Gültigkeitsdauer der Zertifikate und die am Zertifikatemarkt zugelassenen Transaktionswährungen.

Ein Land wird einem internationalen Zertifikatesystem nur dann beitreten, wenn es sich durch die Teilnahme gegenüber allgemeiner Nichtkooperation nicht verschlechtert. Die für die Länder entscheidenden Elemente für die Beurteilung der Teilnahmebereitschaft lassen sich in exogene und endogene Größen unterteilen. Exogene Determinanten sind die Vermeidungsnutzen- und Vermeidungskostenfunktionen. Bis zu einem gewissen Grad gilt dies auch für den sich am Zertifikatemarkt bildenden Preis für die internationalen Emissionsrechte. Sieht man vom Phänomen Marktmacht ab, dann bestimmt sich der Zertifikatepreis unter anderem durch die internationale Konstellation der Vermeidungskostenfunktionen. Der Zertifikatepreis ist aber auch von der globalen Emissionshöchstgrenze abhängig, die für die Länder keine exogene Größe darstellt. Vielmehr ist das globale Emissionsziel Gegenstand der Verhandlungen zwischen den Ländern. Eine weitere die Teilnahmebereitschaft bestimmende endogene Determinante ist das Erstausstattungsregime, welches die Primärverteilung der Emissionsrechte festlegt. Gegenstand internationaler Umweltverhandlungen sind damit die globale Emissionshöchstgrenze und das Allokationsregime.

Entscheidet sich ein Land für den Beitritt zu einem internationalen Zertifikatesystem, so kann es diesen Schritt durch angemessene umweltpolitische Maßnahmen auf nationaler Ebene flankieren. So könnte es zum Beispiel ein nationales Emissionsteuersystem einführen. Möchte das Land jedoch sicherstellen, daß es die international eingegangenen Verpflichtungen einhalten kann, dann bietet sich die Etablierung eines nationalen Zertifikatesystems an.

Internationale Umweltpolitik läßt sich aber auch auf der Grundlage diverser Steuerlösungen praktizieren. Die konsequenteste Umsetzung nationaler Umweltpolitik auf die globale Ebene wäre eine internationale Emissionsteuer, bei welcher sämtliche Emittenten der (Mitglieds-)Länder die Steuer proportional zu deren Emissionstätigkeit an eine internationale Umweltbehörde abzuführen hätten. Geht man davon aus, daß ein solcher Ansatz nicht praktikabel ist, dann ergibt sich die Alternative, daß nicht die emittierenden Wirtschaftssubjekte selbst, sondern deren jeweilige Regierungen steuerpflichtig sind. Nach diesem System hätten die Länder(regierungen) proportional zu ihren nationalen Emissionsniveaus die Steuer an die internationale Umweltagentur zu entrichten. Das global anfallende Steueraufkommen würde dann nach einem bestimmten Redistributionsschlüssel vollständig auf die Länder zurückverteilt.

Für die Analyse eines solchen internationalen Emissionsteuersystems werden die nationalen Wohlfahrtsfunktionen bisheriger Abgrenzung um einen sog. Steuerterm erweitert, welcher die Differenz zwischen Bruttosteuerzahlung und Steuerrückfluß eines Landes zum Ausdruck bringt (Nettosteuerbelastung). Ein Land bestimmt dann im unkoordinierten Zustand seine nationale Emissionsmenge in der Weise, daß der nationale Grenzemissionsnutzen den nationalen Grenzschadenskosten zuzüglich der marginalen Steuernettobelastung entspricht. Dieses Kalkül ist mit globaler Effizienz jedoch nur dann vereinbar, wenn Steuersatz, Redistributionsparameter und Grenzschadensgrößen in einer ganz bestimmten Relation zueinander stehen. Das daraus ableitbare effiziente Steuersatzniveau ist lediglich in dem Fall für alle Länder einheitlich, wenn der Redistributionsschlüssel die nationalen Anteile an den globalen Grenzschäden abbildet: damit entspricht der effiziente Steuersatz den globalen Grenzschadenskosten. Man kann dann untersuchen, unter welchen Bedingungen ein einheitlicher effizienter Steuersatz existiert und wie eine Second-best-Lösung aussehen könnte, wenn eine aus Effizienzgründen angezeigte zwischenstaatliche Steuersatzdifferenzierung nicht durchsetzbar ist. Ein einheitlicher Steuersatz ist jedoch nicht notwendigerweise für alle Länder akzeptabel. Man kann aber nachweisen, daß bei geeigneter Gestaltung des Redistributionsschlüssels irgendein einheitliches Steuersatzniveau existiert, das allen Ländern einen positiven Wohlfahrtseffekt durch die Steuereinführung sichert.

Stellt man explizit auf die Determinanten der Teilnahmebereitschaft der Länder ab, so kann man diverse Länderszenarien bei exogenem Redistributionsschlüssel durchspielen. Je nachdem, welche fiskalische Position ein Land im internationalen Steuersystem einnimmt (Nettozahler oder Nettoempfänger), ergeben sich unterschiedlich hohe Anforderungen an die nationale Nutzen-/Kosten-Konstellation, welche die Bereitschaft zur Teilnahme am internationalen Steuerabkommen betreffen. Verglichen mit dem Fall ohne internationale Umweltkooperation (und damit ohne nennenswerte globale Vermeidungsaktivität) führt die Einführung eines internationalen Steuersystems zu einem globalen „net gain", welcher als Verhandlungsgewinn für die Verteilung unter den Teilnehmerländern zur Verfügung steht. Dieser net gain ist definiert als der Überschuß der globalen Vermeidungsnutzen über die globalen Vermeidungskosten. Als Instrument für die Verteilung dieses globalen Überschußbetrages steht der Redistributionsschlüssel zur Verfügung, welcher die relativen nationalen Anteile an der globalen Steuerrückverteilung determiniert. Stellt man für die Festsetzung des Redistributionsschlüssels nicht auf nationale Nutzen-/Kosten-Konstellationen, sondern auf leichter überprüfbare („objektive") Kriterien ab, dann kann die Rückverteilung zum Beispiel proportional zu den historischen Emissionen, zur Bevölkerung oder bestimmten nationalen Einkommensgrößen erfolgen. Will man dagegen den Redistributionsschlüssel auf modelltheoretischer Grundlage endogenisieren, so ist dies dadurch möglich, daß man explizit die nationalen Nichtverschlechterungsbedingungen in das globale Optimierungskalkül aufnimmt. Die dabei abgeleiteten Bedingungen für den optimalen Redistributionsschlüssel (sowie den optimalen Steuersatz) dokumentieren einen recht komplexen Zusammenhang zwischen Aspekten der Allokation und der Verteilungsgerechtigkeit.

Geht man der Frage nach, ob durch ein internationales Emissionsteuersystem globale Kosteneffizienz realisiert wird, dann lassen sich folgende Feststellungen treffen: Ein sog. großes Land fixiert seine nationale Emissionsmenge in der Weise, daß die nationalen Grenzvermeidungskosten mit der Summe aus nationalen Grenzvermeidungsnutzen und eingesparter (Netto-)Steuerlast zum Ausgleich gebracht werden. Sieht man von dem Fall ab, daß der marginale Nettosteuerterm genau die externen Grenzvermeidungsnutzen reflektiert, kommt ein zwischenstaatlicher Ausgleich der Grenzvermeidungskosten nicht zustande. Dagegen kann man unter Zugrundelegung der Kleinen-Land-Annahme (in ihrer engeren Fassung) globale Kosteneffizienz nachweisen: in diesem Fall passen sich die Länder mit ihren Grenzvermeidungskosten dem einheitlichen Steuersatz an.

Tritt ein Land dem internationalen Emissionsteuersystem bei, dann wird es diese Entscheidung in der Regel zum Anlaß nehmen, auch auf nationaler Ebene (zusätzliche) umweltpolitische Maßnahmen zu ergreifen. Dazu kommen insbesondere eine nationale Steuer- oder Zertifikatelösung in Frage. Von zentraler Bedeutung sind hierbei nationale fiskalische Überlegungen, da das Land im internationalen Steuersystem möglicherweise die Position eines Nettozahlers einnehmen wird.

Eine mögliche Alternative zu der bisher behandelten internationalen Emissionsteuerlösung wäre ein internationales System nationaler Emissionsteuern, bei welchem die Mitgliedsländer einen einheitlichen Steuersatz vereinbaren, die Steuerhoheit aber bei den jeweiligen nationalen Fiski verbleibt. In bezug auf das konkrete Steuersatzniveau dürften jedoch unterschiedliche nationale Präferenzen vorliegen; zudem werden diese regelmäßig vom globalen Präferenzniveau abweichen. Dabei ist zu bedenken, daß die nationale Vermeidungsmenge eines Mitgliedslandes auf die Etablierung des Steuersystems nur dann reagiert, wenn das Steuersatzniveau höher angesetzt wird als das Laissez-faire-Niveau der nationalen Grenzvermeidungsnutzen (bzw. -kosten). Ein Vergleich dieses internationalen Systems nationaler Emissionsteuern mit der zuvor behandelten internationalen Steuerlösung zeigt, daß hier ein eingebauter monetärer Mechanismus fehlt, welcher explizit auf eine gerechte Lastverteilung zwischen den Ländern abzielt.

Unterstellt man im Gegensatz zum bisher zugrundegelegten Rahmen, daß die notwendigen Umweltschutzmaßnahmen nicht den Charakter einer einmaligen Investition haben, sondern sukzessiver Natur sind, dann erfordert dies die explizite Einbeziehung intertemporaler Zusammenhänge. Dabei lassen sich zwei alternative Rahmenbedingungen unterscheiden. Bei der einen Konstellation wird unterstellt, daß sich die Länder bei ihren umweltpolitischen Entscheidungen Rahmenbedingungen gegenübersehen, die zeitlich invariant sind (sog. stationäre Rahmenbedingungen). Beim anderen Ansatz dagegen ist die für die Länder maßgebliche Entscheidungsgrundlage im Zeitablauf potentiellen Änderungen unterworfen („dynamische Rahmenbedingungen"). Da die Sicherstellung eines nachhaltigen umweltpolitischen Erfolges die permanente Durchführung geeigneter Umweltschutzmaßnahmen im internationalen Kontext erfordert, sieht sich ein Land immer wieder von neuem mit der Frage konfrontiert, ob es sich an den aus globaler Sicht „angezeigten" umweltpolitischen Maßnahmen beteiligen soll. Liegen stationäre Rahmenbedingungen vor, dann kann eine solche Situation spieltheoretisch in der Weise interpretiert werden, daß dasselbe (Stufen-)Spiel stets neu durchgespielt wird. Das Gesamtspiel konstituiert sich damit aus der über mehrere Perioden hinweg praktizierten Wiederholung des Stufenspiels. Handeln die Länder in jeder Periode gleichzeitig, ohne die Absichten der jeweils anderen Länder zu kennen, so können sie ihre Periodenentscheidung über umweltpolitische Kooperation bzw. Nichtkooperation vom Verhalten der anderen Länder im bisherigen Spielverlauf abhängig machen. Damit hat die von einem Land in einer bestimmten Periode getroffene umweltpolitische Entscheidung nicht nur kurzfristige Relevanz; solche Entscheidungen sind vielmehr auch für den langfristigen Kontext von Bedeutung, und zwar insofern als die jeweils anderen Länder die bisherigen Entscheidungen dieses Landes nach Beobachtung der entsprechenden Handlungen mit in ihr Periodenkalkül einbeziehen. Mit Blick auf diese intertemporalen Interdependenzen kann es deshalb für ein Land durchaus rational sein, auf kurzfristige Vorteile aus umweltpolitischem Freifahrerverhalten zu verzichten, sofern unkooperative Verhaltensweisen Vergeltungsmaßnahmen der anderen Länder auslösen, die dauerhafte Wohlfahrtsverluste des Abweichlerlandes nach sich ziehen.

Der langfristige Zeithorizont kommt dadurch zum Ausdruck, daß die Länder jeweils eine intertemporale Wohlfahrtsfunktion zugrunde legen. Die intertemporale Wohlfahrt definiert sich als Summe der gewichteten nationalen Periodenwohlfahrtsniveaus, wobei die Gewichtung mit dem durch einen Zeitexponenten modifizierten Diskontfaktor erfolgt. Eine hohe nationale Zeitpräferenz wird durch einen Diskontfaktor nahe Null abgebildet. Dagegen dokumentiert ein Diskontfaktor von eins den entgegengesetzten Grenzfall, bei welchem es für das betreffende Land irrelevant ist, zu welchem Zeitpunkt die entsprechenden Periodenwohlfahrtniveaus „anfallen". Legen die Länder einen Planungszeitraum mit konkreter Endperiode zugrunde („endlicher Zeithorizont"), dann läßt sich die umweltpolitische Situation als endlich wiederholtes Spiel beschreiben. Wird von der Realisierbarkeit sog. verbindlicher Abmachungen (Vereinbarungen mit exogener Durchsetzungsfähigkeit) abstrahiert, kommt die Anwendung der Tit-for-tat-Strategie in Betracht. Ein Land, welches diese Strategie anwendet, verhält sich zunächst einmal kooperativ, d.h. es nimmt die für die betreffende Periode (vertraglich) vorgesehene Umweltinvestition vor. Sofern sich die anderen Länder in gleicher Weise verhalten, wird man auch in der Folgeperiode kooperativ spielen. Erfüllen jedoch nicht alle Länder ihre Vertragspflichten, dann erfolgt in der nächsten Periode eine „Bestrafung" durch eigene Nichtkooperation (Rückführung der inländischen Investitionstätigkeit) mit entsprechender negativer ökologischer Wirkung auf die Abweichungsländer. Sollten die ausgescherten Länder daraufhin (wieder) kooperieren, so wird man selbst zu kooperativem Verhalten zurückkehren. Es läßt sich nun aber spieltheoretisch nachweisen, daß eine solche Strategie umweltpolitische Kooperation nicht sicherstellen kann; vielmehr werden sich alle Länder von Anfang an nichtkooperativ verhalten.

Geht man im Gegensatz zum bisher unterstellten Szenario für den Planungshorizont von keiner konkreten Endperiode aus, dann läßt sich die umweltpolitische Interdependenz der Länder als „unendlich wiederholtes Spiel" (Superspiel) charakterisieren. Schert nun innerhalb dieses Regimes ein Land aus der Umweltkooperation aus, um sich durch Wegfall der entsprechenden Vermeidungsaufwendungen einen Vorteil zu verschaffen, so reagieren die anderen Länder mit folgendem Vergeltungskonzept (sog. Trigger-Strategie): Von der auf die Abweichung folgenden Periode an werden diese nur noch die (geringeren) Vermeidungsaktivitäten nach Maßgabe der nichtkooperativen Nash-Gleichgewichtsstrategie durchführen. Durch diese Vergeltungsoption soll einem Abweichlerland die langfristige Realisierung der Freifahrerposition verwehrt werden. Ein potentielles Abweichlerland muß also den Gewinn aus der temporären Freifahrerposition mit den durch die Vergeltungsmaßnahmen der anderen Länder auftretenden Verlusten vergleichen. Damit wird auch der von diesem Land zugrunde gelegte Diskontierungsfaktor relevant. Die Vergeltungsdrohung ist dann wirksam, wenn das Abweichlerland eine nur schwach ausgeprägte Zeitpräferenz hat, so daß die durch Vergeltungmaßnahmen verursachten späteren Verluste für sein intertemporales Wohlfahrtsniveau stärker ins Gewicht fallen als der anfänglich realisierte Freifahrergewinn. Dies würde die Aussichten für eine umweltpolitische Kooperationslösung tendenziell verbessern, wenngleich die hier betrachtete Trigger-Strategie nicht neuverhandlungsstabil ist.

Bisher wurde als Regimebedingung unterstellt, daß die Länder ihre umweltpolitischen Periodenentscheidungen simultan treffen. Erfolgen die nationalen Entscheidungen jedoch jeweils nacheinander, dann kann man die umweltpolitischen Verhandlungen als alternierenden Angebots- und Reaktionsprozeß modellieren. Liegen asymmetrische Informationen vor, dann besteht ein Trade-off-Problem zwischen verschiedenen Formen potentieller Transaktionskosten: Kosten der Nichteinigung (also entgangene Kooperationsgewinne) und Kosten der Verbesserung der strategischen Position, wobei letztgenannte ihre Ursache in der Informationsasymmetrie haben. Es sind zwei mögliche Lösungen zu unterscheiden: In einem Fall wird zwar eine Pareto-optimale Umweltkooperation erreicht, diese kommt jedoch erst nach einer gewissen zeitlichen Verzögerung zustande (sog. schwache Ineffizienz). In einem anderen Fall wird dagegen eine sofortige Einigung realisiert, die aufgrund der Informationsasymmetrie aber eine suboptimale umweltpolitische Lösung zum Inhalt hat („starke Ineffizienz").

Geht man von stationären Rahmenbedingungen ab, dann kann man Umweltphänomene wie die Akkumulation von Schadstoffen berücksichtigen („dynamische Rahmenbedingungen"). Die Veränderung des Konzentrationsniveaus eines Schadstoffs ergibt sich als Differenz zwischen dem Schadstoffzufluß (also der globalen Emissionsmenge) und dem natürlichem Schadstoffabbau, wobei der Schadstoffabbau zum Beispiel als lineare Funktion des jeweiligen Konzentrationsniveaus modelliert werden kann. Als Bestimmungsgröße der Schadenskosten tritt das Konzentrationsniveau an die Stelle des Emissionsniveaus.

Auf der Grundlage eines kontrolltheoretischen Anatzes kann man die Bedingungen für umweltpolitische Effizienz ableiten. Danach müssen die nationalen Grenzemissionsnutzen mit den korrigierten globalen Grenzschadenskosten übereinstimmen. Die Korrektur erfolgt durch die Diskontierungsrate und die natürliche Schadstoffabbaurate, welche die Relevanz der Schadenskosten für das intertemporale Wohlfahrtsniveau jeweils herabsetzen. Die Realisierung der Effizienzlösung erfordert ein hohes Maß an umweltpolitischer Kooperation. Koordinieren die Länder dagegen ihre Umweltpolitik überhaupt nicht, dann muß zur Abschätzung möglicher Szenarien auf sog. Differentialspiele zurückgegriffen werden. Wird von einer „Openloop"-Informationsstruktur ausgegangen, dann kennen die Länder lediglich die Schadstoffkonzentration im Ausgangszustand. Auf dieser Grundlage werden sie ihre umweltpolitischen Parameter für alle Zukunft fixieren. Legt man die Nash-Verhaltensannahme zugrunde, dann führt die Vernachlässigung externer Emissionsschäden zu einem ineffizienten Ergebnis. Verhalten sich die Länder asymmetrisch im Sinne des Stackelberg-Konzepts, dann kann dies (je nach konkreter Spezifizierung der nationalen Wohlfahrtsfunktionen) zu einem besseren oder schlechteren Ergebnis als die Nash-Lösung führen. Geht man von der unrealistischen Openloop-Annahme ab und legt stattdessen die sog. Feedback- (oder Markov-)Informationsstruktur zugrunde, dann machen die Länder ihre umweltpolitischen Periodenentscheidungen vom jeweils vorherrschenden Konzentrationsniveau abhängig. Unterstellt man lineare Markov-Strategien (bei Nash-Verhalten), dann ist für einen Vergleich zwischen verschiedenen Szenarien folgende Überlegung heranzuziehen: Emittiert ein Land eine zusätzliche Schadstoffeinheit, so führt dies zu einer Erhöhung des Konzentrationsniveaus, so daß von dieser Maßnahme auch andere Länder betroffen sind. Bei Zugrundelegung des Markov-Szenarios weiß nun das emittierende Land, daß die anderen Länder darauf mit zusätzlicher Emissionsvermeidung reagieren. Damit ist der Grenzschaden einer zusätzlichen nationalen Emissionseinheit hier geringer als im Openloop-Fall. Folglich ist im linearen Markov-Fall das Konzentrationsniveau höher als im Openloop-Ansatz.

Untersucht man in diesem Rahmen kooperative Ansätze, dann kann die Nash-Verhandlungslösung herangezogen werden, die auch unterschiedliche nationale Verhandlungsstärken abbilden kann. Da dieses Konzept die Möglichkeit bindender Verträge voraussetzt, sollte man versuchen, auf die Anwendung solcher Lösungskonzepte auszuweichen, welche die Realisierung kooperativer outcomes im nichtkooperativen Rahmen ermöglichen. Dabei zeigt sich jedoch, daß die Übertragung von Trigger-Strategien (aus dem Konzept der sog. wiederholten (Stufen-)Spiele) auf die Theorie der Differentialspiele nicht ohne weiteres möglich ist. Gleichwohl ergeben sich Anhaltspunkte, in welcher Weise man dieses Konzept modifizieren muß, um es auch unter dynamischen Rahmenbedingungen anwenden zu können.

Außer den soeben behandelten Langfristaspekten gibt es weitere Phänomene, die die umweltpolitische Kooperation beeinflussen. So ist zu prüfen, welche Auswirkungen es auf die internationale Umweltpolitik hat, wenn sich ein Land einseitig seine umweltpolitischen Handlungsmöglichkeiten einschränkt (sog. Selbstbindung). Je nach Zielsetzung dieser Optionsbeschränkung kann man altruistische und egoistische Selbstbindung unterscheiden. Die altruistische Selbstbindung kann dadurch zum Ausdruck kommen, daß sich ein Land einseitig dazu verpflichtet, über den „üblichen" Rahmen hinaus nationale Vermeidungsmaßnahmen durchzuführen. Es läßt sich zeigen, daß eine solche Verhaltensweise nicht immer zu einer Erhöhung der globalen Wohlfahrt führt, weil durch die Selbstverpflichtung möglicherweise konterkarierende umweltpolitische Reaktionen der anderen Länder ausgelöst werden. Geht man zur sog. egoistischen Selbstbindung über, so erfaßt diese Ausprägung nationale Selbstbeschränkungsmaßnahmen, die auf rein nationale Zielsetzungen ausgerichtet sind. In diesem Zusammenhang kann man nachweisen, daß es bei der Grundsatzentscheidung über die Verfügbarkeit einer bestimmten Vermeidungstechnologie aus egoistischen Gründen vorteilhaft sein kann, sich nicht für die kostengünstigste zu entscheiden. Dies impliziert, daß die realisierbaren internationalen umweltpolitischen Lösungen nicht effzient ausfallen können.

Der Umstand, daß es bei Ansätzen zur Lösung internationaler Umweltprobleme zur Bildung von Länderkoalitionen kommen kann, ist Gegenstand weiterer Überlegungen. Ein Land wird einer Umweltkoalition nur dann beitreten, wenn es sich durch seine Mitgliedschaft gegenüber dem Fall allgemeiner Nichtkooperation besserstellt (sog. schwaches Kriterium). Diese Bedingung ist aber nur eine Mindestvoraussetzung. Denn selbst bei der Erfüllung des schwachen Kriteriums besteht immer der Anreiz, selbst nicht zu kooperieren, in der Erwartung, daß andere Länder eine Umweltkoalition bilden werden. Ein Land würde nach diesen Überlegungen also nur dann einer Umweltkoalition beitreten, wenn die Koalitionsteilnahme ein höheres Wohlfahrtsniveau impliziert, als die Freifahrerposition gegenüber einer Koalition aus allen anderen Ländern („starkes Kriterium").

Ein mögliches Motiv, Mitglied einer Umweltkoalition zu werden, könnte darin bestehen, daß die Realisierung solcher Länderzusammenschlüsse grundsätzlich unsicher ist und die Wahrscheinlichkeit für deren Zustandekommen durch die eigene Teilnahme (bzw. die bedingte Teilnahmebereitschaft) erhöht wird. Bei einem anderen Ansatz besteht der Anreiz für eine Mitgliedschaft darin, daß die anderen potentiellen Koalitionsmitglieder bei der Festsetzung ihrer kollektiven Vermeidungsmenge die nationalen Nutzen-/ Kosten-Verhältnisse des betreffenden Landes mitberücksichtigen, was eine verstärkte Vermeidungsaktivität der Koalition zur Folge hat.

Man kann zeigen, daß ausgehend von einer stabilen sog. nichtgebundenen Basiskoalition die Transfergewährung an Neumitglieder kein geeignetes Mittel für eine Koalitionserweiterung darstellt. Insoweit gibt es für die Erweiterung einer sich nicht selbstverpflichtenden Umweltkoalition keine „Selbstfinanzierungsoption". Geht man aber von einer sich selbstverpflichtenden (also gebundenen) Basiskoalition aus, dann lassen sich Neumitglieder durch Transferzahlungen gewinnen. Legt man für die Länder eine bestimmte zwischenstaatliche Größenstruktur fest, dann kann man unter bestimmten Voraussetzungen die Existenz mehrerer kleiner Umweltkoalitionen nachweisen, die sich sukzessive zu einer größeren Koalition zusammenschließen.

Eine andere Fragestellung in bezug auf die Erfolgsaussichten einer internationalen Umweltkooperation ergibt sich aus der Tatsache, daß die betreffenden Länder in der Regel nicht nur durch ein gemeinsames Umweltsystem, sondern auch durch andere Beziehungsfelder, etwa Handelsbeziehungen, miteinander verbunden sind (sog. zwischenstaatliche Multibeziehungen).

Es zeigt sich, daß diese zusätzlichen Beziehungsfelder für die umweltpolitischen Kooperationsaussichten nur dann von Bedeutung sind, wenn bestimmte Rahmenbedingungen vorliegen, so daß für den Fall der Kooperationsverweigerung im Umweltbereich in glaubwürdiger Weise Sanktionsmaßnahmen angedroht werden können. So lassen sich Szenarien dokumentieren, in denen das wiederholte Spielen eines isolierten „Umweltspiels" zu einer suboptimalen Lösung führt, während durch die Verknüpfung (issue linking) mit anderen Politikfeldern (zum Beispiel einem „Handelspiel") Pareto-optimale umweltpolitische Lösungen erreicht werden können. Die Optimallösung kann sich einmal daraus ergeben, daß sich die Länder auf den verschiedenen Beziehungsfeldern wechselseitig Konzessionen einräumen. In einem anderen Fall kann die Androhung von Sanktionen in einem bzw. mehreren Politikfeldern dazu beitragen, daß sich die Länder auf allen Beziehungsfeldern „vollkooperativ" verhalten. Wenn also internationale Umweltverhandlungen mit anderen Fragen zwischenstaatlicher Beziehungen „verknüpft" werden können, dann steigen die Aussichten für die Realisierung einer umweltpolitischen Kooperationslösung.

Eines der wichtigsten Erkenntnisse, die sich aus den in dieser Arbeit abgehandelten umweltökonomischen Modellen ableiten läßt, ist die, daß die Einleitung einseitiger (bzw. überdurchschnittlicher) Umweltschutzmaßnahmen durch einzelne Länder nicht notwendigerweise zu der damit beabsichtigten Minderung des globalen Emissionsniveaus führt, etwa weil die entsprechenden Länder für sich genommen über ein nur unzureichendes Emissionsvermeidungspotential verfügen (*interne Potentialinsuffizienz*) bzw. das Vorreiterverhalten Auslöser für konterkarierende umweltpolitische Anpassungsmaßnahmen anderer Länder sein kann (*externe Konterkarierung*). Unabhängig von den betreffenden Modellansätzen erscheint die Durchführung einseitiger Umweltschutzmaßnahmen insbesondere dann sinnvoll, wenn es Anhaltspunkte dafür gibt, daß andere Länder umweltpolitisch „nachziehen" werden. Insofern muß auf entsprechende Erwartungswertkalküle abgestellt werden. Die Bereitschaft zur Übernahme einer umweltpolitischen Vorreiterrolle dürfte dann um so leichter fallen, wenn sich bei der Bekämpfung des entsprechenden internationalen Umweltproblems für das Vorreiterland positive Nebeneffekte ergeben. Man könnte in diesem Zusammenhang von *„multiple benefit"* der entsprechenden Umweltschutzaktivitäten sprechen. So ist z.B. denkbar, daß Maßnahmen zur Emissionsvermeidung bei Globalschadstoffen auch die Emission anderer Schadstoffe herabsetzen, deren ökologische Relevanz aber stärker auf die eigenen Landesgrenzen begrenzt ist. Dies würde eine Erhöhung des zu berücksichtigenden nationalen Vermeidungsnutzens bedeuten. Andererseits könnten Vorreitermaßnahmen zwischenstaatliche Wettbewerbsvorteile in der Umwelttechnologie sichern. Implizieren die global wirksamen nationalen Umweltschutzmaßnahmen eine Verteuerung des inländischen Faktoreinsatzes, so kann die dadurch induzierte Einsparung im Faktorverbrauch positive Auswirkungen auf die außenwirtschaftliche Position einer Volkswirtschaft mit sich bringen. In diesem Zusammenhang sind Maßnahmen zur Bekämpfung des Treibhauseffektes zu sehen, die beim Vorreiterland zu einem Rückgang der Importnachfrage nach kohlenstoffhaltigen Energieträgern führen.

Ein anderer Gesichtspunkt, der internationale Umweltkooperation begünstigen könnte, ist die Permanenz des umweltpolitischen Entscheidungsbedarfs (*Entscheidungspermanenz*). Damit sehen sich Länder, welche die Durchführung „zumutbarer" Umweltschutzmaßnahmen verweigern, einem ständigen Rechtfertigungsdruck gegenüber anderen Länder ausgesetzt. In diesem längerfristigen Kontext werden auch Möglichkeiten angemessener Sanktionsmaßnahmen relevant. So dürfte es sinnvoll sein, umweltpolitische Fragestellungen mit anderen Feldern zwischenstaatlicher Beziehungen zu verknüpfen (*issue linking*). Dazu käme die Androhung konsequenter Handelssanktionen in Frage. Zusätzlich kann die Gewährung von Transfers umweltpolitische Kooperation erleichtern. Dabei ist jedoch zu beachten, daß bei zwischenstaatlichen Informationsasymmetrien (in bezug auf Vermeidungs- und Schadenskosten) die Berechtigung bestimmter Transferforderungen nicht ohne weiteres nachvollziehbar ist. Zudem könnten im Geberland generelle Einwände gegen die Gewährung sog. Cash-Transfers bestehen, so daß eventuell auf Sachtransfers (z.B. Technologietransfer) ausgewichen werden muß. Insgesamt gesehen wird eine internationale Kooperationslösung auf ein *Transferregime* der einen oder anderen Art wohl aber nicht ganz verzichten können.

Nimmt man an dieser Stelle eine abschließende Bewertung vor, so dürften sich – ungeachtet aller Schwierigkeiten – genügend Anknüpfungspunkte bieten, die eine zumindest begrenzte internationale Umweltkooperation ermöglichen. Die sich bei realen Umweltphänomenen wie dem Treibhauseffekt abzeichnenden dramatischen Konsequenzen sollten für die Ländergemeinschaft ein ausreichender Grund sein, auch unkonventionelle umweltpolitische Lösungsansätze ins Auge zu fassen und entschlossen zu handeln.

Literaturverzeichnis

Alho, Kari (1992): Bilateral Transfers and Lending in International Environmental Cooperation, in: Environmental and Resource Economics 2, pp. 201-220.

Althammer, Wilhelm und Wolfgang Buchholz (1993): Internationaler Umweltschutz als Koordinationsproblem, in: *Wagner, Adolf* (Hrsg.): Dezentrale Entscheidungsfindung bei externen Effekten. Innovation, Integration und internationaler Handel, S. 289-315.

Amelung, Torsten (1989): Zur Rettung der tropischen Regenwälder: Eine kritische Bestandsaufnahme der wirtschaftspolitischen Lösungsvorschläge, in: Die Weltwirtschaft, S. 152-165.

Amelung, Torsten (1991): Internationale Transferzahlungen zur Lösung globaler Umweltprobleme dargestellt am Beispiel der tropischen Regenwälder, in: Zeitschrift für Umweltpolitik & Umweltrecht, 14. Jahrgang, S. 159-178.

Andresson, Thomas (1991): Government Failure – The Cause of Global Environmental Mismanagement, in: Ecological Economics 4, pp. 215-236.

Barrett, Scott (1990): The Problem of Global Environmental Protection, in: Oxford Review of Economic Policy, 6, pp. 68-79.

Barrett, Scott (1991a): Economic Analysis of International Environmental Agreements: Lessons for a Global Warming Treaty, in: *OECD*: Responding to Climate Change, Paris, pp. 109-149.

Barrett, Scott (1991b): The Paradox of International Environmental Agreements, paper, London Business School.

Barrett, Scott (1991c): Global Warming: Economics of a Carbon Tax, in: *Pearce, David*: Blueprint 2: Greening the World Economy, London.

Barrett, Scott (1992a): International Environmental Agreements as Games, in: *Pethig, Rüdiger* (ed.): Conflicts and Cooperation in Managing Environmental Resources, Berlin et al.

Barrett, Scott (1992b): Self-enforcing International Environmental Agreements, CSERGE Working paper GEC 92-34.

Bartsch, Elga (1992): Grenzüberschreitende Umweltprobleme am Beispiel der Schwefeldioxidemissionen in Europa, Kieler Arbeitspapier Nr. 538.

Basar, Tamer and Geert Jan Olsder (1982): Dynamic Noncooperative Game Theory, London et al.

Bauer, Antonie (1993): Der Treibhauseffekt. Eine ökonomische Analyse, Tübingen.

Bergstrom, Theodore, Lawrence Blume and Hal Varian (1986): On the Private Provision of Public Goods, in: Journal of Public Economics, Vol. 29, pp. 25-49.

Bertram, Geoffrey (1992): Tradeable Emission Permits and the Control of Greenhouse Gases, in: The Journal of Development Studies, Vol. 28, No. 3, pp. 423-446.

Binmore, Ken, Ariel Rubinstein and Asher Wolinsky (1986): The Nash Bargaining Solution in Economic Modelling, in: Rand Journal of Economics, Vol. 17, No. 2, pp. 176-188.

Black, Jane, Maurice D. Levi and David de Meza (1990): Creating a Good Atmosphere: Minimum Participation for Tackling the "Greenhouse Effect", paper.

Blackhurst, Richard and Arvind Subramanian (1992): Promoting Multilateral Cooperation on the Environment, in: *Anderson, Kym and Richard Blackhurst* (eds.): The Greening of World Trade Issues, New York et al.

Bohm, Peter (1990): Efficiency Issues and the Montreal Protocol on CFCs, World Bank paper.

Bohm, Peter (1992): Distributional Implications of Allowing International Trade in CO_2 Emission Quotas, in: The World Economy, Vol. 15, pp. 107-114.

Bohm, Peter (1993): Incomplete International Cooperation to Reduce CO_2 Emissions: Alternative Policies, in: Journal of Environmental Economics and Management, Vol. 24, pp. 258-271.

Braden, John B. and Daniel W. Bromley (1981): The Economics of Cooperation over Collective Bads, in: Journal of Environmental Economics and Management, Vol. 8, pp. 134-150.

Buchholz, Wolfgang (1990): Gleichgewichtige Allokation öffentlicher Güter, in: Finanzarchiv, Bd. 48, N.F., S. 97-126.

Buchholz, Wolfgang (1991): Isoliertes und koordiniertes Verhalten im Duopol und bei öffentlichen Gütern – eine einheitliche graphische Darstellung, in: Jahrbuch für Sozialwissenschaft, Bd. 42, S. 336-357.

Buchholz, Wolfgang and Kai A. Konrad (1992): Global Environmental Problems and the Strategic Choice of Technology, paper.

Burtraw, Dallas and Michael A. Toman (1991): Equity and International Agreements for CO_2 Containment, Resouces for the Future, Washington D.C.

Cansier, Dieter (1991): Bekämpfung des Treibhauseffektes aus ökonomischer Sicht, Berlin u.a.

Cansier, Dieter (1993): Umweltökonomie, Stuttgart und Jena.

Carraro, Carlo and Domenico Siniscalco (1991a): The International Protection of the Environment. Voluntary Agreements among Sovereign Countries, paper from Fondazione ENI Enrico Mattei 1.91.

Carraro, Carlo and Domenico Siniscalco (1991b): Strategies for the International Protection of the Environment, Discussion Paper No. 568, Centre of Economic Policy Research, London.

Carraro, Carlo and Domenico Siniscalco (1992): The International Dimension of Environmental Policy, in: European Economic Review, Vol. 36, pp. 379-387.

Cesar, Herman S.J. (1994): Control and Game Models of the Greenhouse Effect. Economic Essays on the Comedy and Tragedy of the Commens, Berlin et al.

Chapman, Duane and Thomas Drennen (1990): Equity and Effectiveness of possible CO_2 Treaty Proposals; in: Contemporary Policy Issues, Vol. VIII, pp. 16-28.

Chander, Parash and Henry Tulkens (1992): Theoretical Foundations of Negotiations and Cost Sharing in Transfrontier Pollution Problems, in: European Economic Review, Vol. 36, pp. 388-398.

Cline, William R. (1992): The Economics of Global Warming, Washington D.C.

Cnossen, Sijbren and Herman Vollebergh (1992): Toward a Global Excise on Carbon, in: National Tax Journal, Vol. XLV, pp. 23-36.

Conrad, Jon M. and Anthony Scott (1987): Transfrontier Pollution: Cooperative and Noncooperative Solutions, Cornell Agricultural Economics Staff Paper No. 87-13.

Dasgupta, Partha (1990): The Environment as a Commodity, in: Oxford Review of Economic Policy, Vol. 6, pp. 51-67.

Dornbusch, Rudiger and James M. Poterba (eds.) (1991): Global Warming. Economic Policy Responses, Cambridge (Mass.) and London.

Dockner, Engelbert J. and Ngo van Long (1993): International Pollution Control: Cooperative versus Noncooperative Strategies, in: Journal of Environmental Economics and Management, Vol. 24, pp. 13-29.

Endres, Alred (1993): Internationale Vereinbarungen zum Schutz der globalen Umweltressourcen – Der Fall proportionaler Emissionsreduktion, in: Außenwirtschaft, 48. Jahrgang, S. 51-76.

Epstein, Joshua M. and Raj Gupta (1990): Controlling the Greenhouse Effect. Five Global Regimes Compared, Washington D.C.

Eyckmans, Johan, Stef Proost and Erik Schokkaert (1993): Efficiency and Distribution in Greenhouse Negotiations, in: Kyklos, Vol. 46, pp. 363-397.

Eyckmans, Johan, Stef Proost and Erik Schokkaert (1994): A Comparison of Three International Agreements on Carbon Emission Abatement, paper.

Falk, Ita and Robert Mendelssohn (1993): The Economics of Controlling Stock Pollutants: An Efficient Strategy for Greenhouse Gases, in: Journal of Environmental Economics and Management, Vol. 25, pp. 76-88.

Fankhauser, Samuel and Snorre Kverndokk (1992): The Global Warming Game – Simulations of a CO_2 Reduction Agreement, paper.

Feichtinger, Gustav und Richard F. Hartl (1986): Optimale Kontrolle ökonomischer Prozesse, Berlin, New York.

Folmer, Henk, Pierre v. Mouche and Shannon Ragland (1993a): Interconnected Games and International Environmental Problems, in: Environmental and Resource Economics, Vol. 3, pp. 313-335.

Folmer, Henk, Pierre v. Mouche and Shannon Ragland (1993b): Interconnected Games and International Environmental Problems. II, paper, Landbouwuniversiteit Wageningen.

Folmer, Henk and Ignazio Muzu (1992): Transboundary Pollution Problems, Environmental Policy and International Cooperation: An Introduction, in: Environmental and Resource Economics, Vol. 2, pp. 107-116.

Friedman, James W. (1977).: Oligopoly and the Theory of Games, Amsterdam et al.

Friedman, James W. (1986): Game Theory with Applications to Economics, New York, Oxford.

Fudenberg, Drew and Jean Tirole (1983): Sequential Bargaining with Incomplete Information; in Review of Economic Studies, Vol. 50, pp. 221-247.

Fudenberg, Drew and Jean Tirole (1993): Game Theory, Cambridge (Mass.) and London.

Golombek, Rolf, Cathrine Hagem and Michael Hoel (1993): Efficient Incomplete International Climate Agreements, CICERO Working paper 1993:4.

Grubb, Michael (1990): The Greenhouse Effect: Negotiating Targets, in: International Affairs, Vol. 66, pp. 67-89.

Grubb, Michael and James K. Sebenius (1992): Participation, Allocation and Adaptabilty in International Tradeable Emission Permit Systems for Greenhouse Gas Control, in: *OECD*: Climate Change. Designing a Tradeable Permit System, Paris, pp. 185-225.

Guttman, Joel M. (1978): Understanding Collective Action: Matching Behavior, in: American Economic Review, Papers and Proceedings, pp. 251-255.

Guttman, Joel M. (1991): Voluntary Collective Action, in: *Hillman, Ayre L.* (ed.): Markets and Politicians. Politicized Economic Choice, Boston et al., pp. 27-41.

Heal, Geoffrey (o.J): International Negotiations on Emission Control, Graduate School of Business, Columbia University, paper.

Heister, Johannes and Peter Michaelis (1991): Designing Markets for CO_2 Emissions and other Pollutants, Paper presented at the Egon-Sohmen-Foundation Conference on Economic Evolution and Environmental Concerns, Linz, Austria, August 30-31, 1991.

Heister, Johannes (1992): An Analysis of Policy Instruments to Reduce CO_2 Emissions, in: *Hope, Einar and Steinar Strom* (eds.): Energy Markets and Environmental Issues: A European Perspective, Oslo.

Heister, Johannes (1993): Who Will Win the Ozone Game?, Kiel Working Paper No. 579.

Heister, Johannes, Peter Michaelis et al. (1991): Umweltpolitik mit handelbaren Emissionsrechten. Möglichkeiten zur Verringerung der Kohlendioxid- und Stickoxidemissionen, Kieler Studien 237, Tübingen.

Hoel, Michael (1991a): Efficient International Agreements for Reducing Emissions of CO_2, in: The Energy Journal, Vol. 12, pp. 93-107.

Hoel, Michael (1991b): Global Environmental Problems: The Effect of Unilateral Actions Taken by One Country, in: Journal of Environmental Economics and Management, Vol. 20, pp. 55-69.

Hoel, Michael (1992a): Carbon Taxes. An International Tax or Harmonized Domestic Taxes? in: European Economic Review, Vol. 36, pp. 400-406.

Hoel, Michael (1992b): Emission Taxes in a Dynamic International Game of CO_2 Emissions, in: *Pethig, Rüdiger* (ed.): Conflicts and Cooperation in Managing Environmental Resources, Berlin et al., pp. 39-68.

Hoel, Michael (1992c): International Environment Conventions: The Case of Uniform Reduction of Emissions, in: Environmental and Resource Economics, Vol. 2, pp. 141-159.

Hoel, Michael (1992d): Principles for International Climate Cooperation, in: *Hope, Einar and Steinar Strom* (eds.): Energy Markets and Environmental Issues: A European Perspective, Oslo, pp. 199-209.

Hoel, Michael (1992e): The Role and Design of a Carbon Tax in an International Climate Agreement, in: *OECD*: Climate Change. Designing a Practical Tax System, Paris.

Hoel, Michael (1992f): Harmonization of Carbon Taxes in International Climate Agreements, paper.

Hoel, Michael (1993): Intertemporal Properties of an International Carbon Tax, in: Resource and Energy Economics, Vol. 15, pp. 51-70.

Holler, Manfred J. (1992): Ökonomische Theorie der Verhandlungen. Eine Einführung, 3. Aufl., München.

Holler, Manfred J. und Gerhard Illing (1993): Einführung in die Spieltheorie, 2. Aufl., Berlin u.a.

Hope, Einar and Steinar Strom (eds.) (1992): Energy Markets and Environmental Issues: A European Perspective, Oslo.

Intriligator, Michael D. (1971): Mathematic Optimization and Economic Theory, London et al.

Kaitala, Veijo, Matti Pohjola and Olli Tahvonen (1992): Transboundary Air Pollution and Soil Acidification: A Dynamic Analysis of an Acid Rain Game between Finland and the USSR, in: Environmental and Resource Economics, Vol. 2, pp. 161-181.

Kamien, Morton I. and Nancy L. Schwartz (1991): Dynamic Optimization. The Calculus of Variations and Optimal Control in Economcis and Management, 2nd ed., Amsterdam et al.

Keck, Otto (1992): Comments by Otto Keck, in: *Pethig, Rüdiger* (ed.): Conflicts and Cooperation in Managing Environmental Resources, Berlin et. al.

Kirchgässner, Gebhard (1992): Ansatzmöglichkeiten zur Lösung europäischer Umweltprobleme, in: Außenwirtschaft, 47. Jahrgang, S. 55-77.

Konrad, Kai A. (1993): Selbstbindung und die Logik kollektiven Handels, Habilitationsschrift, Universität München.

Kosobud, Richard F. and Thomas A. Daly (1984): Global Conflict or Cooperation over the CO_2 Climate Impact?, in: Kyklos, Vol. 37, pp. 638-659.

Kreps, David M. (1990): A Course in Microeconomic Theory, Princeton.

Kuckhinrichs, W., W. Pfaffenberger and W. Ströbele (eds.) (1993): Workshop on the Economics of the Greenhouse Effect. Modeling Strategies and Impacts, Konferenzen des Forschungszentrums Jülich, Band 13/1993, Jülich.

Kuhl, Heiner (1987): Umweltressourcen als Gegenstand internationaler Verhandlungen. Eine theoretische Transaktionskostenanalyse, Frankfurt/Main u.a.

Kverndokk, Snorre (1992): Tradeable CO_2 Emission Permits: Initial Distribution as a Justice Problem, CSERGE GEC Working Paper 92-35, Oslo.

Kverndokk, Snorre (1993a): Coalitions and Side Payments in International CO_2 Treaties, Research Department, Central Bureau of Statistics, Norway, Discussion Paper No. 97.

Kverndokk, Snorre (1993b): Global CO_2 Agreements: A Cost-Effective Approach, in: The Energy Journal, Vol. 14, pp. 91-112.

Levi, Maurice D. (1991): Bretton Woods: Blueprint for a Greenhouse Gas Agreement, in: Ecological Economics, 4, pp. 253-267.

Long, N. V. (1992): Pollution Control: A Differential Game Approach, in: Annals of Operation Research 37, pp. 283-296.

Mäler, Karl-Göran (1990): International Environmental Problems, in: Oxord Review of Economic Policy, Vol. 6, pp. 80-108.

Mäler, Karl-Göran (1991): Incentives in International Environmental Problems, in: *Siebert, Horst* (ed.): Environmental Scarcity: The International Dimension, Tübingen, pp. 75-93.

Mäler, Karl-Göran (1992): Critical Loads and International Environmental Cooperation, in: *Pethig, Rüdiger* (ed.).: Conflicts and Cooperation in Managing Environmental Resources, Berlin et al., pp. 71-81.

Manne, Alan S. and Richard G. Richels (1991): International Trade in Carbon Emission Rights: A Decomposition Procedure, in: American Economic Review, Papers and Proceedings, Vol. 81, pp. 137-141.

Martin, Wade E., Robert H. Patrick and Boleslaw Tolwinski (1993): A Dynamic Game of a Transboundary Pollutant with Asymmetric Players, in: Journal of Environmental Economics and Management, Vol. 24, pp. 1-12.

Mehlmann, Alexander (1988): Applied Differential Games, New York and London.

Michaelis, Peter (1992a): Global Warming: Efficient Policies in the Case of Multiple Pollutants, in: Environmental and Resource Economics, Vol. 2, pp. 61-77.

Michaelis, Peter (1992b): The Economics of Greenhouse Gas Accumulation. A Simulation Approach, Kiel Working Paper No. 528.

Mohr, Ernst (1990a): Burn the Forest!: A Bargaining Theoretical Analysis of a Seemingly Perverse Proposal to Protect the Rainforest, Kiel Working Paper No. 447.

Mohr, Ernst (1990b): International Environmental Negotiations and Nonexclusive Domestic Property Rights, Kiel Working Paper No. 452.

Mohr, Ernst (1991a): Klimaveränderung – Ansätze einer internationalen Politikkoordination, in: Beihefte zur Konjunkturpolitik, S. 83ff.

Mohr, Ernst (1991b): Global Warming: Economic Policy in the Face of Positive and Negative Spillovers, in: *Siebert, Horst* (ed.): Environmental Scarcity: The International Dimension, Tübingen, pp. 187-212.

Mohr, Ernst (1993): Sustainable Development and International Distribution: Theory and Application to Rainforests as Carbon Sinks, Kiel Working Paper No. 602.

Nordhaus, William D. (1991): To slow or not to slow: The Economics of the Greenhouse Effect, in: The Economic Journal, 101, pp. 920-937.

Nordhaus, William D. (1992): A Sketch of the Economics of the Greenhouse Effect, in: American Economic Review, Papers and Proceedings, Vol. 81, No. 2, pp. 146-150.

Nunnenkamp, Peter (1992): International Financing of Environmental Protection. North-South Conflicts and Concepts and Financial Instruments and Possible Solutions, Kiel Working Paper No. 512.

Oates, Wallace E. (1991): Global Environmental Management Towards an Open Economy Enviromental Economics, Working paper No. 91-17, University of Maryland, Department of Economics.

Oates, Wallace E. and Paul R. Portney (1991): Economic Incentives and the Containment of Global Warming, Working paper No. 91-18, University of Maryland, Department of Economcs.

OECD (1992a): Climate Change. Designing a Practical Tax System, Paris.

OECD (1992b): Climate Change. Designing a Tradeable Permit System, Paris.

Olsson, Clas (1988): The Cost-Effectiveness of Different Strategies Aimed at Reducing the Amount of Sulphur Deposition in Europe, Research Report 261 EFI, Stockholm.

Ordeshook, Peter C. (1986): Game Theory and Political Theory. An Introduction, Cambridge et al.

Parson, Edward A. and Richard J. Zeckhauser (o.J.): Cooperation in the Unbalanced Commons, Ver. 6.3, mimeo.

Pearce, David (1991a): The Role of Carbon Taxes in Adjusting to Global Warming, in: The Economic Journal, 101, pp. 938-948.

Pearce, David (1991b): Blueprint 2: Greening the World Economy, London.

Pethig, Rüdiger (1982): Reciprocal Transfrontier Pollution, in: *Siebert, Horst* (ed.): Global Environmental Resources: The Ozone Problem, Frankfurt a.M. and Bern, pp. 57-93.

Pethig, Rüdiger (ed.) (1992): Conflicts and Cooperation in Managing Environmental Resources, Berlin u.a.

Piggott, John, John Whalley and Randall Wigle (1991): How Large Are the Incentives to Join Sub-Global Carbon Reduction Initiatives? Diskussionsbeiträge, Serie II, Nr. 154, Universität Konstanz.

Poterba, James M. (1991): Tax Policy to Combat Global Warming: On Designing a Carbon Tax, in: *Dornbusch, Rudiger and James M. Poterba* (eds.): Global Warming. Economic Policy Responses, pp. 71- 98.

Prittwitz, Volker (1988): Several Approaches to the Analysis of International Environmental Policy, Wissenschaftszentrum Berlin für Sozialforschung, FS II 88-308.

Proost, S. and D. Van Regemorter (1992): Economic effects of a Carbon Tax. With a General Equilibrium Illustration for Belgium, in: Energy Economics, pp. 136-149.

Rapoport, A. and A.M. Chammah (1966): The Game of Chicken, in: American Behavioral Scientist, Vol. 10, pp. 10-28.

Rauscher, Michael (19990): Can Cartelisation Solve the Problem of Tropical Deforestation?, in: Weltwirtschaftliches Archiv, S. 378-387.

Rose, Adam and Stevens Brand (1993): The Efficiency and Equity of Marketable Permits for CO_2 Emissions, in: Resource and Energy Economics, 15, pp. 117-146.

Roth, Alvin E. (1979): Axiomatic Models of Bargaining, Berlin et al.

Rubinstein, A. (1982): Perfect Equilibrium in a Bargaining Model, in: Econometrica, Vol. 50, pp. 97-109.

Sautter, Hermann (Hrsg.) (1992): Entwicklung und Umwelt, Schriften des Vereins für Socialpolitik, Neue Folge Bd. 215.

Schelling, Thomas C. (1963): The Strategy of Conflict, New York.

Schelling, Thomas C. (1991): Economic Responses to Global Warming: Prospects for Cooperative Approaches, in: *Dornbusch, Rudiger and James M. Poterba* (eds.): Global Warming. Economic Policy Responses, Cambridge (Mass.) and London, pp. 197-221.

Schelling, Thomas C. (1992): Some Economics of Global Warming, in: American Economic Review, Vol. 82, pp. 1-14.

Siebert, Horst (ed.) (1982): Global Environmental Resources: The Ozone Problem, Frankfurt a.M. and Bern.

Siebert, Horst (ed.) (1991): Environmental Scarcity: The International Dimension, Tübingen.

Siebert, Horst (1992): Economics of the Environment, 3rd ed., Berlin et al.

Simonis, Udo E. (1992): Globale Klimakonvention. Konflikt oder Kooperation zwischen Industrie- und Entwicklungsländern, in: *Sautter, Herrman* (Hrsg.): Entwicklung und Umwelt, Schriften des Vereins für Socialpolitik, Neue Folge Bd. 215, S. 171-205.

Smith, Douglas A. and Keith Vodden (1989): Global Environmental Policy: The Case of Ozone Depletion, in: Canadian Public Policy – Analyse de Politiques, XV:4, pp. 413-423.

Sondhof, Harald (1992): UNCED: No Consensus on Combating the Greenhouse Effect?, in: Intereconomics, pp. 3-8.

Stähler, Frank (1992): Managing Global Pollution Problems by Reduction and Adaption Policies, Kiel Working Paper No. 542.

Stähler, Frank (1993): On the Economics of International Environmental Agreements, Kiel Working Paper No. 600.

Sugden, Robert (1984): Reciprocity: The Supply of Public Goods Through Voluntary Contributions, in: The Economic Journal, Vol. 94, pp. 772-787.

Tietenberg, Tom H. (1985): Emission Trading: An Exercise in Reforming Pollution Policy, Resources for the Future, Washington D.C.

Underdal, Arild (1992): Leadership in International Environmental Negotiations: Designing Feasible Solutions, CICERO-Working Paper.

Van der Ploeg, Frederick and Aart J. de Zeeuw (1992): International Aspects of Pollution Control, in: Environmental and Resource Economics, Vol. 2, pp. 117-139.

von Weizsäcker, C. Christian (1991): Chancen und Probleme internationaler Konventionen für den Umweltschutz, in: Zeitschrift für Energiewirtschaft 4/91, S. 233-237.

von Weizsäcker, C. Christian and Heinz Welsch (1991): Institutional Arrangements for Transfrontier Air Pollution, in: *Siebert, Horst* (ed.): Environmental Scarcity: The International Dimension, Tübingen, pp. 117-137.

Wagner, Adolf (Hrsg.) (1993): Dezentrale Entscheidungsfindung bei externen Effekten. Innovation, Integration und internationaler Handel, Tübingen.

Welsch, Heinz (1991): Ökonomische Ansätze zur Gestaltung energiebezogener Klimaschutzabkommen, in: Zeitschrift für Energiewirtschaft, Nr. 4/91, S. 238-247.

Welsch, Heinz (1992a): An Equilibrium Framework for Global Pollution Problems, paper, Institute of Energy Economics, University of Cologne.

Welsch, Heinz (1992b): Equity and Efficiency in International CO_2 Agreements, in: *Hope, Einar and Steinar Strom* (eds.): Energy Markets and Enviromental Issues: A European Perspective, Oslo, pp. 211-225.

Welsch, Heinz (1993): Emission Quotas and the Participation in CO_2 Reduction Agreements, in: *Kuckhinrichs, W., W. Pfaffenberger and W. Ströbele* (eds.): Workshop on the Economics of the Greenhouse Effect. Modeling Strategies and Impacts, Konferenzen des Forschungszentrums Jülich, Band 13/1993, Jülich, pp. 139-172.

Whalley, John and Randall Wigle (1991): Cutting CO_2 Emissions: The Effects of Alternative Policy Approaches, in: The Energy Journal, 12, pp. 109-124.

Young, H.P. (1990): Sharing the Burden of Global Warming, paper, School of Public Affairs, University of Maryland.

Stichwortverzeichnis

Allokationsregime 29, 46ff., 70, 211f.
Auflagenlösung 29f., 41, 55ff., 65, 70f., 210f.

Basiskoalition 164f., 172, 218

Carrot and stick 184
Chicken-Game 8ff., 195, 207
Critical-load-Konzept 70, 210

Differentialspiel 121, 127, 131f., 136f., 216
Diskontfaktor, -rate 107, 111, 117ff., 122, 129, 133f., 136, 164, 187, 190, 194f., 198f., 201, 215f.

Effizienzgewinn 8, 10, 24, 26, 29, 36, 105, 112, 115, 130, 135, 164, 209, 216
– Kosten-Effizienzgewinn 14, 35, 208
– Niveau-Effizienzgewinn 14, 35, 208
Emissionsnutzenfunktion (Brutto-) 10ff.
Emissionsrechte 41ff., 50, 54ff., 69, 85f., 94, 211f.
Emissionsrechteallokation, siehe Allokationsregime
Emissionsrechteausstattung 42ff., 55ff., 71
Emissionsrechtehandel 44, 50, 58f., 62f., 67, 211
Emissionsteuersystem 69, 72ff., 99ff., 212ff.
– internationales 73ff., 99, 102, 212f.
Emissionsziel (Emissionshöchstgrenze) 41ff., 49, 55ff., 62, 64ff., 210ff.
Entscheidungspermanenz 105, 112, 220

Erstausstattungsregime 44, 67, 72, 212
Externalität 5, 189, 205
– reziproke 5, 205

Feedback-Ansatz 124, 127ff., 132, 137, 217
First mover 114, 179
Fiskalterm 81
Freifahrer 6ff., 64, 105, 133f., 160ff., 169f., 176, 180, 183, 195f., 198, 206, 215f., 218

Gefangenendilemma 6ff., 105, 190f., 194ff., 206f.
Globalschadstoff 2ff., 9ff., 41, 117, 205f., 219
Grandfathering 46, 50, 85f.
Gut, internationales öffentliches 5f., 9, 205f.

Handelsbeziehungen 2, 183f., 186, 190, 200, 218

Issue linking 184, 189f., 194, 200f., 219f.

Koalitionen 2, 13, 154, 160ff., 218
Kompensation 57, 77, 80, 175ff., 197
Konterkarierung 219
Kontrolltheorie 117
Konzentrationsniveau 5, 106, 117ff., 131, 135f., 205, 216f.
Konzession 193f., 200f., 219
Kooperationsgewinn, siehe Effizienzgewinn
Kosteneffizienz 14, 28, 31f., 36, 58f., 62, 72, 91, 93, 98, 101

Machtposition, siehe Verhandlungsmacht
Markov-Ansatz, siehe Feedback-

Ansatz Multibeziehungen 183, 186, 188, 200, 218
Multiple benefit 219

Nash-Lösung 7f., 12, 16ff., 34, 90, 97f., 108f., 111, 113f., 116, 122ff., 134f., 152f., 155, 185ff. 190, 194ff., 196, 208, 215, 217
Nash-Gleichgewicht, siehe Nash-Lösung
Nash-Verhandlungslösung 22ff., 28f., 35, 114, 130, 137, 142ff., 150, 154f., 157, 165, 186, 209, 217
 - verallgemeinerte 28f.
Neuverhandlungsstabilität 111, 132, 134, 164, 196
Nichtverschlechterungsbedingung (Teilnahmebedingung) 26ff., 36, 63f., 72, 76, 81f., 87, 89, 97f., 101f., 162, 175f., 185, 209, 213

Openloop-Ansatz 121ff., 127f., 136f., 217
Ozonloch 1, 5

Pareto-Grenze 18ff., 26, 29, 89, 154ff.
Potentialinsuffizienz 46, 52, 154, 172, 182, 184, 187, 189, 200, 219

Rahmenbedingungen 2, 37, 67, 72, 79, 93f., 99, 105, 110, 131f., 164f., 172, 177, 182, 214, 219
 - dynamische 105, 116, 121, 131f., 135, 137, 214, 216f.
 - kooperative 142, 153, 158
 - nichtkooperative 138, 152, 158
 - stationäre 105f., 112, 131ff., 214, 216
Reaktionskurve 16f., 139ff.

Redistributionsschlüssel 73f., 81, 83ff., 87, 89ff., 99, 101, 212f.
Reputationsschäden (reputational damages) 189, 191, 193, 200f.
Rubinstein-Ansatz 114

Sanktionen 160, 173ff., 182, 184ff., 200, 219f.
Sanktionsintensität 174, 176ff.
Sanktionskosten 173f., 176ff., 184f., 188
Schadenskostenfunktion 10ff.
Schadstoffabbaurate 117, 119, 136, 216
Schadstoffakkumulation 117, 135, 216
Seitenzahlungen, siehe Transfers
Selbstbindung 2, 124, 138, 142ff., 149ff., 153, 157ff., 163, 166, 184f., 217
 - altruistische 138, 140, 145, 147, 158, 217
 - egoistische 138, 149, 156ff., 217f.
Self-enforcing 37, 129, 162, 164, 166, 177, 210
Stackelberg-Ansatz 113f., 124ff., 136, 163, 217
Steuerlösung 73ff., 94ff., 99, 101, 123, 212, 214
Steuersatz 69, 74ff., 119ff., 123, 136f., 212ff.
Steuersystem, siehe Emissionsteuersystem
Suasion-Spiel 195ff., 201

Tensor-Spiel 191ff.
Teilspielperfektheit 108, 111, 113f., 116, 124, 127, 131f., 135f., 152f., 155f., 188
Tit-for-tat-Strategie 107, 133, 196ff., 201, 215
Transfers 18ff., 24, 26f., 32, 35f., 49, 62, 75, 81, 84, 99, 114ff., 135f., 150, 154, 161, 164ff.,

172f., 175f., 178ff., 184ff., 188ff., 193, 200f., 209, 218, 220
Treibhauseffekt 1, 5f., 205, 220
Trigger-Strategie 109ff., 131f., 134, 137, 190ff., 196, 200, 215ff.

Umweltkoalitionen, siehe Koalitionen

Verhandlungsmacht 24ff., 36, 89, 209
Vermeidungskostenfunktion 10ff.
Vermeidungsnutzenfunktion (Brutto-) 10ff.

Wiederholtes Spiel 121, 131ff., 137f., 191f., 200f., 217, 219
– endlich 107ff., 133, 215
– unendlich (Superspiel) 109, 134, 164, 195f., 201, 215
Wohlfahrtsfunktion 10f., 14, 18ff., 24ff., 34, 36, 41f., 51, 54, 58, 63, 70, 74, 81ff., 89, 100, 113, 115, 117, 135, 138ff., 150, 158, 167, 173, 205, 207, 209f., 212, 217
– intertemporale 107, 109, 117, 127, 129, 133, 136
Wohlfahrtsmöglichkeitenkurve, siehe Pareto-Grenze

Zeithorizont 2, 47, 105, 110, 131
– endlicher 107, 133f., 215
– unendlicher 109
Zeitpräferenz 87f., 107, 110f., 114f., 119, 133, 190, 194, 215f.
Zertifikate, siehe Emissionsrechte
Zertifikatelösung 41f., 44ff., 50, 57f., 63ff., 68f., 72f., 93f., 101, 149, 210ff.
Zertifikatemarkt 58, 60ff., 65, 67f., 72f., 211
Zertifikatepreis 43, 58f., 61, 63, 66ff., 72, 211

MIX
Papier aus verantwortungsvollen Quellen
Paper from responsible sources
FSC® C105338

If you have any concerns about our products,
you can contact us on
ProductSafety@springernature.com

In case Publisher is established outside the EU,
the EU authorized representative is:
**Springer Nature Customer Service Center GmbH
Europaplatz 3, 69115 Heidelberg, Germany**

Printed by Libri Plureos GmbH
in Hamburg, Germany